中国劳动关系学院“十三五”规划教材
普通高等教育“十三五”规划教材

U0794440

# 防火防爆技术

胡广霞　主编

中国石化出版社

## 内 容 提 要

本书以企业防火防爆技术为主线，以现行规范、标准为依据，系统介绍了燃烧理论基础、爆炸理论基础、危险品及其危险特性、防火防爆的基本措施、工业建筑防火防爆和灭火技术等内容。

本书可作为高等院校安全工程及相关专业的教材使用，也可作为安全管理人员、安全工程技术人员以及其他生产管理人员的参考用书。

**图书在版编目(CIP)数据**

防火防爆技术／胡广霞主编. — 北京 ：中国石化出版社，2018.2(2022.1重印)
普通高等教育“十三五”规划教材　中国劳动关系学院“十三五”规划教材
ISBN 978-7-5114-4725-8

Ⅰ.①防… Ⅱ.①胡… Ⅲ.①防火-高等学校-教材 ②防爆-高等学校-教材 Ⅳ.①X932

中国版本图书馆 CIP 数据核字(2018)第 005707 号

未经本社书面授权，本书任何部分不得被复制、抄袭，或者以任何形式或任何方式传播。版权所有，侵权必究。

**中国石化出版社出版发行**
地址：北京市东城区安定门外大街 58 号
邮编：100011 电话：(010)57512500
发行部电话：(010)57512575
http://www.sinopec-press.com
E-mail：press@sinopec.com
北京富泰印刷有限责任公司印刷
全国各地新华书店经销
*
787×1092 毫米 16 开本 12.75 印张 320 千字
2018 年 2 月第 1 版　2022 年 1 月第 3 次印刷
定价：38.00 元

# 前　　言

防火防爆一直是安全科学技术界研究的重要内容，也是安全工程专业教学的重要专业课程。随着安全科学技术的迅速发展，新技术和新方法不断涌现，相关法律法规、技术规范与标准也在不断更新，给防火防爆技术增添了丰富的内容，“防火防爆技术”课程教学内容改革不断深化。

本书内容主要包括燃烧与爆炸的基本理论、危险品及其危险特性、防火防爆的基本措施、工业建筑防火防爆和灭火技术等方面。编写过程中力求教材的科学性、系统性、新颖性和整体构思的完整性。教材结构和编写体例安排紧紧围绕基础理论知识的学习，突出案例教学和实践教学，着重提高学生的专业理论水平和实际工作技能。本书适用于安全工程专业人才培养教学需要，也可作为安全管理人员和安全工程技术人员的参考书。

本书在编写过程中，得到了中国劳动关系学院各级领导的大力支持，孟燕华教授百忙中细致地审阅了本书，并提出了十分宝贵的指导性意见，在此表示衷心的感谢；教材编写内容参阅了有关学者、专家的研究成果，在此对他们表示诚挚的谢意。

由于本书涉及面广，内容十分丰富，编者水平所限，书中内容难免有不妥之处，恳请读者和有关专家提出宝贵意见，以便在今后修订和完善。

编　者

# CONTENTS 目录

# 第一章　绪　　论

**学习目标**

1. 了解我国火灾与爆炸事故形势；
2. 了解火灾爆炸事故的特点与原因；
3. 掌握课程的主要内容。

## 第一节　我国火灾与爆炸事故形势

### 一、我国当前火灾事故形势

火的使用是人类文明发展的重要标志。火的出现，使人类认识到火能替自身服务，从此人类开始有意识地研究制造和控制火的技术，人类社会的发展时时刻刻伴随着火的利用。直到今天，火的使用越来越广泛，冶金、化工、制造、航空、航天、汽车等行业的发展均与火的使用密切相关。可以说，没有火就没有人类社会，更没有人类发达文明的今天。

然而火是具有两重性的。当火失去控制，可能引发火灾，给人类带来灾难。火灾可以使人们辛苦多年创造和积累的财富转瞬间化为灰烬，火灾可以使茂盛的森林和广袤的草原变成荒野，火还可无情地夺去许多人的生命。根据联合国“世界火灾统计中心”的统计，火灾造成的损失，美国不到 7 年翻一番，日本平均 16 年翻一番，我国平均 12 年翻一番。“国际消防技术委员会”对全球火灾调查统计表明，近几年全球每年发生 600 万～700 万起火灾，有 65000～75000 人在火灾中丧命。由此可见，火灾防治是人类社会的一项长期的重要任务。

火灾是失去控制的燃烧现象。从我国多年来发生火灾的情况来看，随着社会和经济建设的发展，城市化的推进，人民物质文化生活水平的提高，在生产和生活中用火、用电以及采用具有火灾危险性的设备、工艺逐渐增多，发生火灾的危险性也相应地增加，火灾发生的起数及造成的财产损失呈现上升的趋势，图 1-1 为 2000—2016 年我国火灾起数与直接财产损失统计数据。图 1-2 是 2000—2016 年我国火灾伤亡统计数据，从趋势图上看出我国火灾人员伤亡情况总体呈现下降的趋势，但是 2013—2016 年期间伤亡情况有所上升。由此可见，2000—2016 年间我国共发生火灾 330. 4 万起，平均每年的火灾直接财产损失超过 21. 3 亿元，死亡 1783 余人。

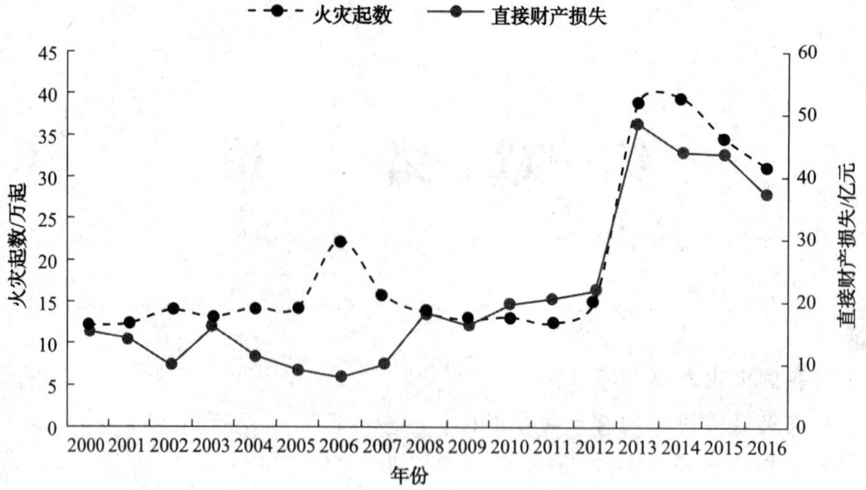


图 1-1　2000—2016 年我国火灾起数与直接财产损失统计

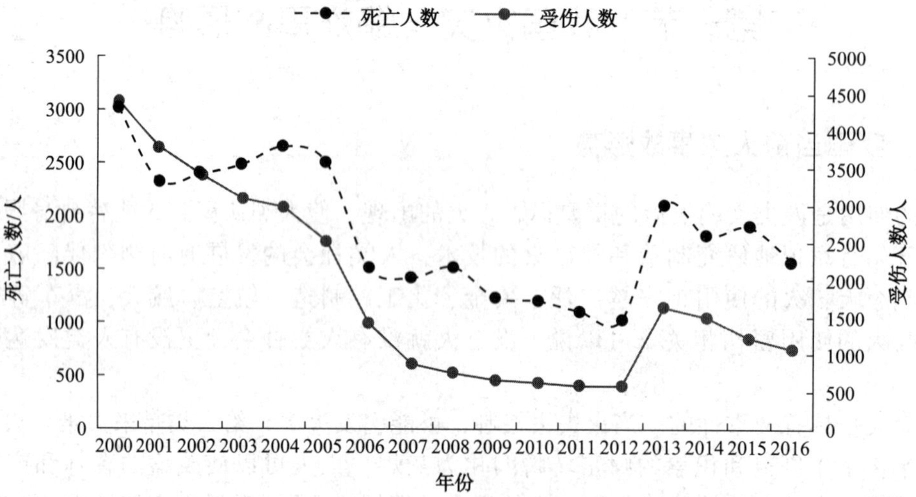


图 1-2　2000—2016 年我国火灾伤亡统计

## 二、我国当前爆炸事故形势

近年来，我国安全生产形势逐年好转，事故起数由 2002 年的 107.3 万起下降至 2015 年的 28.2 万起，死亡人数由 13.9 万人下降至 6.6 万人，连续 13 年实现事故起数和死亡人数双下降。2015 年反映安全发展水平的 4 项主要相对指标降至历年最低，亿元国内生产总值生产安全事故死亡率为 0.098，工矿商贸就业人员 10 万人生产安全事故死亡率为 1.071，道路交通万车死亡率为 2.08，煤矿百万吨死亡率为 0.162。全国安全生产局面虽然总体稳定向好，但形势依然严峻。例如 2015 年全国发生了 38 起重特大事故，平均不到 10 天就有一起重特大事故发生，其中，发生特别重大事故 4 起，死亡 289 人。在这些事故中，与爆炸密切相关的、占比最大的主要为煤矿瓦斯事故、石油化工事故。

我国是世界上最大的煤炭生产与消费国，煤炭在我国的能源结构中占有重要地位，对我国经济发展具有重要意义。然而煤矿所面临的重大灾害事故是相当严峻的，造成的损失是极其惨重的。由于煤矿事故多，死亡人数多，造成了我国煤矿的百万吨死亡率一直居高不下。特别是煤矿重大及特大瓦斯(煤尘)灾害事故的频发，不但造成国家财产和公民生命的巨大损失，而且严重影响了我国的国际声誉。在我国煤矿事故中，瓦斯事故尤为严重，占事故总数的35%以上。例如2001—2016年我国煤矿共发生瓦斯爆炸事故773起，死亡6952人，见图1-3。

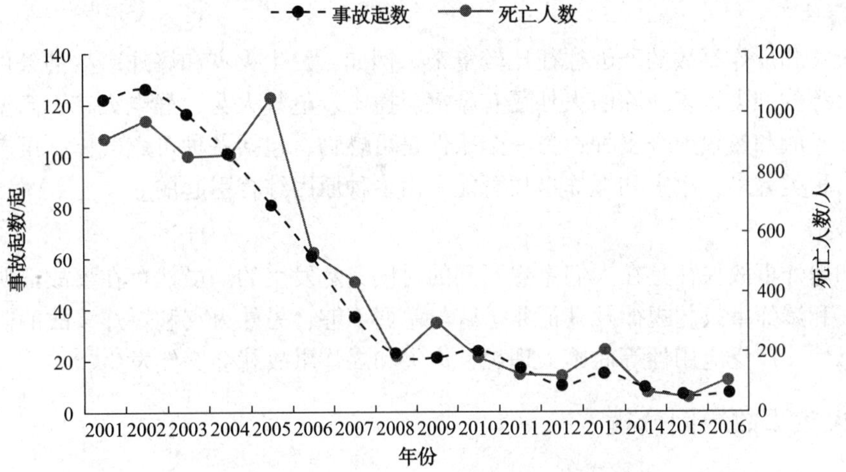


图1-3　2001—2016年我国煤矿瓦斯爆炸事故统计

近20年来，我国的石油化学工业得到了迅速发展，目前拥有的大中型石油化工企业几乎遍布全国，每年为国家提供大量的石油化工产品，为我国国民经济的迅速发展和人民生活的改善做出了巨大贡献。与此同时，石化工业的火灾和爆炸事故也频频发生，造成群死群伤和重大财产损失，石化行业的安全生产形势十分严峻。2007—2014年我国化工企业发生较大及以上级别事故122起，死亡677人，见图1-4。

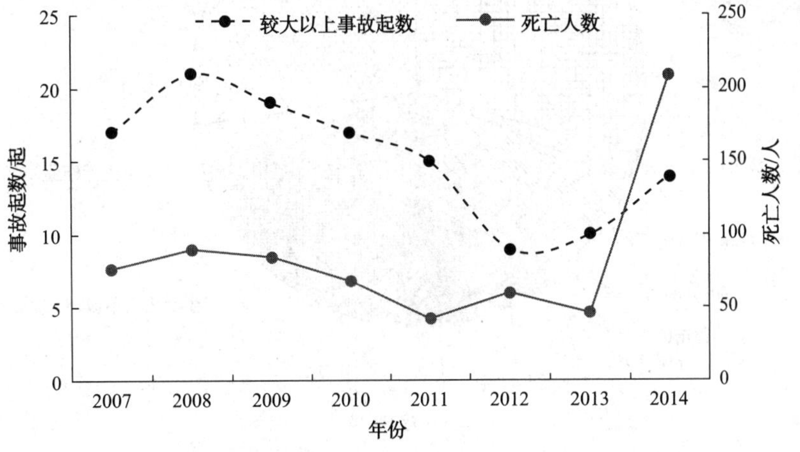


图1-4　2007—2014年我国化工事故较大及其以上级别事故数目与死亡人数

# 第二节　火灾爆炸事故的特点与原因

## 一、火灾与爆炸事故的特点

### 1. 严重性

火灾和爆炸事故是严重危害人民生命财产、直接影响经济发展和社会稳定的最常见的一种灾害。随着经济建设的快速发展，物质财富的急剧增多和新能源、新材料、新设备的广泛开发利用，以及城市建设规模不断扩大和人民物质文化生活水平的不断提高，火灾和爆炸事故发生频率越来越高，造成的损失越来越大。

2. 复杂性

发生火灾和爆炸事故的原因往往比较复杂。例如，发生火灾和爆炸事故的条件之一是点火源，点火源的种类很多，除明火外还有摩擦、撞击、电气火花、静电火花、高温表面、化学反应热、光能和热辐射等多种；另一个条件是可燃物，包括各种可燃气体、可燃液体和可燃固体等，种类繁多，火灾和爆炸事故可能是由多种原因综合引起的。

3. 突发性

火灾和爆炸事故往往是在人们意想不到的时候突然发生的。虽然存在事故征兆，但由于人们对火灾和爆炸事故的规律及其征兆了解与掌握不够，另外火灾和爆炸事故的监测、报警等手段可靠性、广泛应用性等尚不太理想，火灾和爆炸事故就会突然发生。

## 二、火灾事故原因分析

我国每年都要进行火灾统计，包括原因统计分析，见图 1–5 和图 1–6。在火灾统计中，将火灾的直接原因分为 11 类。

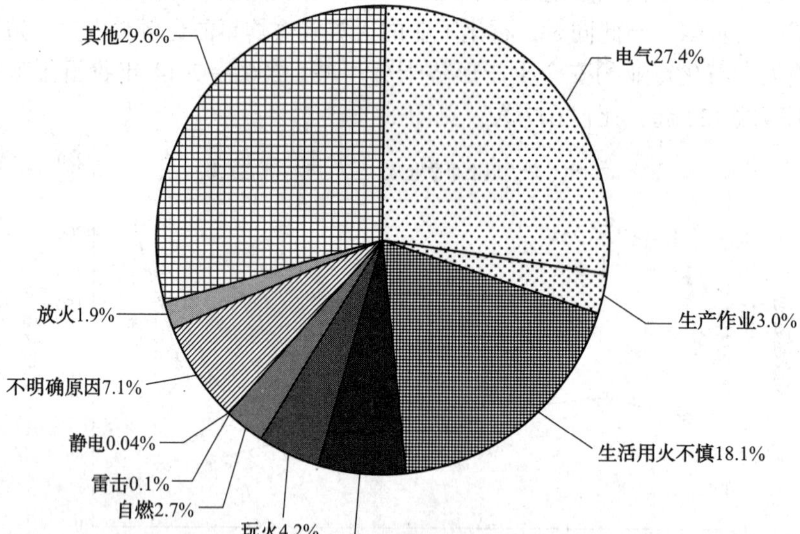


图 1–5　2014 年起火原因起数比例图

（1）电气：电气设备超负荷、电气线路短路、接触不良等引发火灾。

（2）生活用火不慎：炊事用火、取暖用火、灯火照明等用火不慎等引发火灾。

（3）违反安全规定：在易燃易爆车间动用明火，引起爆炸起火；在化工生产中出现超温超压、冷却中断、操作失误而又处理不当；将性质相抵触的物品混存在一起，引起燃烧爆炸；焊接和切割的火星和熔渣酿成的火灾等。

（4）吸烟：乱扔烟头、火柴杆，这是造成卧室、宾馆客房和森林火灾的主要原因之一。

（5）玩火：小孩玩火，燃放烟花、爆竹等引发火灾。

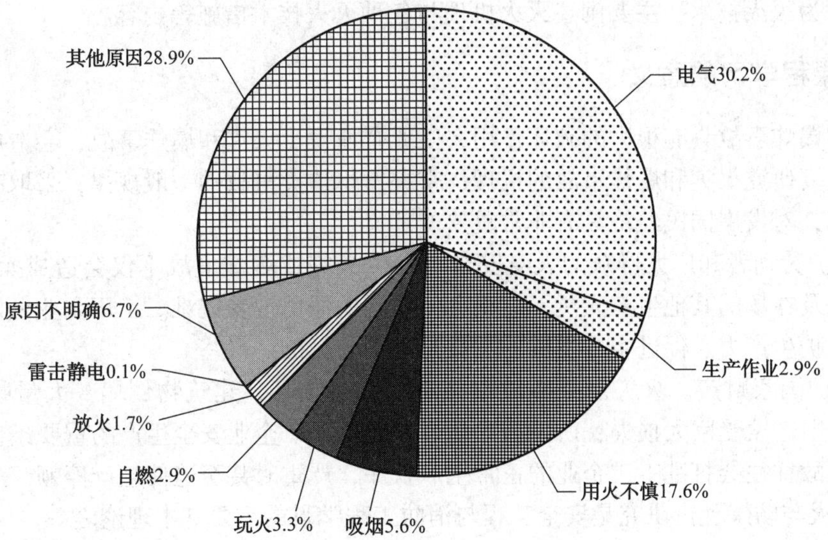


图 1-6　2015 年起火原因起数比例图

(6) 纵火：如刑事犯罪纵火等。

(7) 自燃：物质受热；植物、涂油物、煤堆垛过大、过久而又受潮、受热；化学危险品遇水、遇空气、相互接触、撞击、摩擦自燃。

(8) 雷击起火：无防雷设施、防雷设施设计不合理等引发火灾。

(9) 静电：无除静电设施、设备未接地等引发火灾。

(10) 其他：不属于以上类型的其他原因，如战争。

(11) 不明原因：火灾原因无法查明的。

# 第三节　课程性质、内容与研究意义

## 一、课程性质与主要内容

防火防爆技术课程是安全工程专业的重要课程之一，也是安全工程专业的必修课。通过课程学习，掌握火灾和爆炸的机理、影响火灾和爆炸的主要技术参数，掌握防火与防爆的基本理论及采取各种安全措施的理论依据并能够在实际工作中加以应用。本书内容设置如下：

第一章为绪论，主要阐述我国当前火灾与爆炸事故形势、火灾与爆炸事故原因分析以及课程性质、课程内容等。

第二章和第三章为燃烧和爆炸理论基础，主要阐述燃烧及燃烧条件、燃烧形式与燃烧过程、燃烧和爆炸机理、燃烧和爆炸的重要参数等内容。

第四章为危险品及其危险特性，主要阐述易燃气体、易燃液体、易燃固体等各种危险品的危险特性。

第五章为防火防爆的基本措施，主要阐述目前常用的火灾爆炸预防控制技术的基本原理及方法。

第六章为工业建筑防火防爆，主要阐述建筑材料的高温性能、建筑物耐火等级、建筑总平面布局、建筑防火分区、分隔、建筑安全疏散、厂房和仓库防爆等内容。

第七章为灭火技术，主要阐述灭火机理与各种灭火技术措施等内容。

## 二、课程学习的意义

火灾和爆炸事故具有很大的破坏作用，工业企业发生火灾和爆炸事故，会造成严重的后果。所以认真研究火灾和爆炸事故的机理，掌握发生这类事故的一般规律，采取有效的防火与防爆措施，对发展国民经济具有非常重要的意义。

(1)保护劳动者和广大群众的人身安全。发生火灾或爆炸事故不仅会造成操作者伤亡，而且还会危及在场的其他生产人员，甚至会使周围的居民遭受灾难。工厂企业做好防火防爆工作，对保护生产力、促进生产发展的意义是显而易见的。

(2)保护国家财产。火灾爆炸事故往往造成设备损坏，建筑物倒塌，大量物资化为乌有，使国家财产蒙受巨大损失，所以防火防爆是实现工矿企业安全生产的重要条件。发生火灾和爆炸事故往往会打乱工矿企业的正常生产秩序，严重时甚至迫使生产停顿。

(3)防火与防爆理论研究是安全工程与消防工程学科的重要基本理论之一。

## 复习思考题

1. 简述我国当前火灾爆炸安全的基本形势。
2. 结合具体火灾事故案例说明工业企业火灾的特点。
3. 简要介绍“防火防爆技术”课程的主要教学内容和课程教学要求。

# 第二章　燃烧理论基础

**学习目标**

1. 掌握燃烧的定义、燃烧的条件、燃烧的理论；
2. 掌握燃烧的形式、燃烧的过程，了解燃烧的产物；
3. 掌握可燃物质燃烧速度的影响因素，了解热值的计算方法；
4. 掌握物质完全燃烧所需空气量的计算。

## 第一节　燃烧的本质

### 一、燃烧的定义

燃烧是可燃物与氧化剂作用发生的放热反应，通常伴有火焰、发光和(或)发烟的现象。燃烧是一种氧化反应，氧气是最常见的氧化剂，但氧化剂并非限于氧气。在化学反应中，失掉电子的物质被氧化，得到电子的物质被还原，氧化并不限于同氧的化合。例如金属钠在氯气中燃烧，炽热的铁在氯气中燃烧等，它们虽然没有同氧化合，但所发生的反应却是激烈的氧化反应，并伴有发光和放热现象。

放热、发光和生成新物质是燃烧现象的三个主要特征。根据这三个特征，可以区别燃烧现象与其他现象。如灯泡中的钨丝接通电源后虽然同时发光、放热，但这并不是一种燃烧现象，因为它没有发生化学反应，没有产生新物质，而只是由电能变为光能的一种物理现象；又如铁生锈是一种氧化反应，生成新物质氧化铁，但反应不激烈，虽然放热，但放出的热量不足以使反应产物发光，所以也不是燃烧现象。

物质的燃烧是一种氧化反应，而氧化反应不一定是燃烧，能够被氧化的物质不一定都能燃烧，而能燃烧的物质一定能被氧化。简言之：氧化反应包括燃烧，而燃烧只是氧化反应中的一类。

### 二、燃烧条件

燃烧现象十分普遍，但其发生必须具备一定的条件。燃烧必须同时具备可燃物、氧化剂、点火源三个条件，才有可能发生。

1. 可燃物

一般说来，凡是能在空气、氧气或其他氧化剂中发生燃烧反应的物质都称为可燃物，否则称为不燃物。可燃物既可以是单质，如碳、硫、磷、氢、钠、铁等，也可以是化合物或混合物，如乙醇、甲烷、木材、煤炭、棉花、纸、汽油等。

可燃物按其组成可分为无机可燃物和有机可燃物两大类。从数量上讲，绝大部分可燃物为有机物，少部分为无机物。

无机可燃物主要包括化学元素周期表中Ⅰ~Ⅲ主族的部分金属单质(如钠、钾、镁、钙、铝等)和Ⅳ~Ⅵ主族的部分非金属单质(如碳、磷、硫等)以及一氧化碳、氢气和非金属氢化物等。不论是金属还是非金属，完全燃烧时都变成相应的氧化物，而且这些氧化物均为不燃物。

有机氧化物种类繁多，其中大部分含有碳(C)、氢(H)、氧(O)元素，有的还含有少量氮(N)、磷(P)、硫(S)等。这些元素在可燃物中都不是以游离状态存在，而是彼此化合为有机化合物。碳是有机可燃物的主要成分，它基本上决定了可燃物发热量的大小。碳的发热量为 $3.35\times10^7$J/kg。氢是有机可燃物中含量仅次于碳的成分。它的发热量是碳的 4 倍多，为 $1.42\times10^8$J/kg。有的有机可燃物中还含有少量硫、磷，它们也能燃烧并放出热量，其燃烧产物($SO_2$、$P_2O_5$ 等)会污染环境，对人有害。

2. 氧化剂

凡是能和可燃物发生反应并引起燃烧的物质，称为氧化剂。氧化剂的种类很多。氧气是一种最常见的氧化剂，它存在于空气中(体积分数约为 21%)，故一般可燃物质在空气中均能燃烧。例如 1kg 木柴完全燃烧需 4~5$m^3$ 空气，1kg 石油完全燃烧需 10~12$m^3$ 空气。空气供应不足时燃烧就会不完全，隔绝空气能使燃烧停止。

其他常见的氧化剂有卤族元素：氟、氯、溴、碘。此外还有一些化合物，如硝酸盐、氯酸盐、重铬酸盐、高锰酸盐及过氧化物等，它们的分子中含氧较多，当受到光、热或摩擦、撞击等作用时，都能发生分解放出氧气，能使可燃物氧化燃烧，因此它们也属于氧化剂。

3. 点火源

点火源是指具有一定能量，能够引起可燃物质燃烧的能源，也称着火源。点火源的种类很多，如摩擦、撞击、电气火花、静电火花、高温表面、化学反应热、光能和热辐射等。

可燃物、氧化剂和点火源是构成燃烧的三个要素，缺一不可。但是，即使具备了三要素并且相互结合、相互作用，燃烧也不一定发生。要发生燃烧还必须满足以下条件：

(1)具备一定数量的可燃物。在一定条件下，可燃物若不具备足够的数量，就不会发生燃烧。例如在温度为20℃条件下，用明火接触汽油和煤油时，汽油会立刻燃烧起来，煤油则不会。这是因为汽油的蒸气量已经达到了燃烧所需浓度(数量)，而煤油的蒸发量不够，在气相中浓度较低，接触明火也不会被点燃。

(2)有足够数量的氧化剂。要使可燃物质燃烧，或使可燃物质不间断地燃烧，必须供给足够数量的空气(氧气)，否则燃烧不能持续进行。一般可燃物质当空气中的氧的体积分数低于 14%时就不会发生燃烧。表 2-1 中列出了几种可燃物燃烧时的最低氧的体积分数。

**表 2-1 几种可燃物燃烧所需氧的最低体积分数**

| 可燃物名称 | 氧的最低体积分数/% | 可燃物名称 | 氧的最低体积分数/% |
|---|---|---|---|
| 汽油 | 14.4 | 乙炔 | 3.7 |
| 乙醇 | 15.0 | 氢气 | 5.9 |

续表

| 可燃物名称 | 氧的最低体积分数/% | 可燃物名称 | 氧的最低体积分数/% |
|---|---|---|---|
| 煤油 | 15.0 | 大量棉花 | 8.0 |
| 丙酮 | 13.0 | 黄磷 | 10.0 |
| 乙醚 | 12.0 | 橡胶屑 | 12.0 |
| 二硫化碳 | 10.5 | 蜡烛 | 16.0 |

(3)点火源要具有一定的能量。能引起一定浓度可燃物燃烧所需的最小能量称为最小引燃能量。物质能否燃烧，取决于点火源的强度，点火源的强度低于最小引燃能量便不能引起可燃物燃烧。例如一根火柴可点燃一张纸而不能点燃一块木头；又如气焊火花温度可达1000℃以上，它可以将达到一定浓度的可燃气与空气的混合气体引燃爆炸，但却不能将木块、煤块引燃。某些可燃物的最小点火能量见表2-2。

**表2-2　某些可燃物的最小点火能量**

| 物质名称 | 最小点火能量/mJ | 物质名称 | 最小点火能量/mJ |
|---|---|---|---|
| 汽油 | 0.2 | 甲醇(2.24%) | 0.215 |
| 氢(28%~30%) | 0.019 | 呋喃(4.4%) | 0.23 |
| 乙炔(7.7%) | 0.019 | 苯(2.7%) | 0.55 |
| 甲烷(8.5%) | 0.28 | 丙酮(5.0%) | 1.2 |
| 丙烷(5%~5.5%) | 0.26 | 甲苯(2.3%) | 2.5 |
| 乙醚(5.1%) | 0.19 | 醋酸乙烯(4.5%) | 0.7 |

总之，要使可燃物发生燃烧，不仅要同时具有三个基本条件，而且每一条件都须具有一定的“量”，并彼此相互作用，否则就不能发生燃烧。燃烧三要素可表示为封闭的三角形，通常称之为着火三角形，如图2-1(a)所示。

经典的着火三角形一般足以说明燃烧得以发生和持续进行的原理。但是根据燃烧的链锁反应理论，很多燃烧的发生和持续都有自由基(游离基)作为“中间体”，因此，着火三角形应扩大为一个包括说明自由基参加燃烧反应的着火四面体，即可燃物、氧化剂、点火源和链式反应自由基，如图2-1(b)所示。

(a) 着火三角形

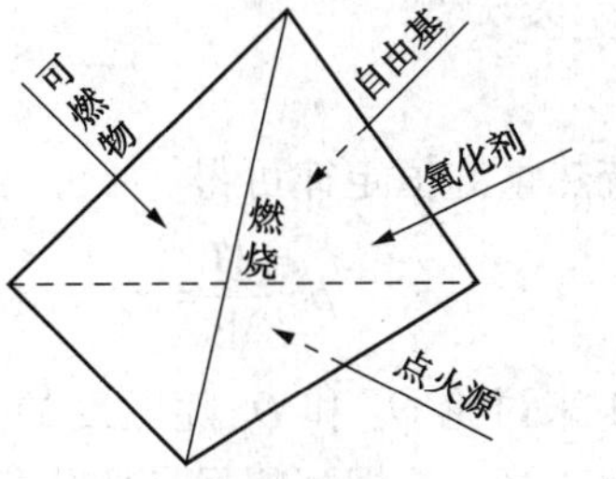

(b) 着火四面体

图2-1　着火三角形和着火四面体

## 三、燃烧理论

1. 热自燃理论

现以某种可燃混合气的热自燃介绍这种理论。设在某一体积为 $V$、表面积为 $S$ 的密闭空间中存在一定的可燃混合气，开始时其氧化速率很慢，但随着温度的升高，其反应速率亦逐渐加快；与此同时，可燃气会通过系统的壁面向外散热。若系统的放热速率大于散热速率，则到一定时间就会达到该可燃物的着火温度，进而发生着火。为了便于分析，还要做以下主要假设：

(1)密闭空间中的可燃混合气的温度与浓度分布均匀。空间的壁温在反应前与环境温度 $T_0$ 相同，在反应过程中与混合气的温度相同。

(2)开始时刻混合气的初温与环境温度相同，为 $T_0$，反应过程中混合气的瞬时温度为 $T$，假定密闭空间内各点的温度、浓度相同。其中既无自然对流，又无强迫对流。

(3)环境与密闭空间之间有对流换热，其表面传热系数为 $h$，它不随温度变化。

(4)着火前反应物浓度的变化很小，即 $\rho=\rho_0=$常数。

混合气体化学反应产生的热量为

$$Q_e=vQ \tag{2-1}$$

式中　$Q_e$——密闭空间内单位体积混合气体在单位时间内反应放出的热量，通称放热速率，kJ/(m³·s)；

$v$——化学反应速度，mol/(m³·s)；

$Q$——可燃气反应热，kJ/mol。

可燃气体向四周散失的热量为

$$Q_r=hS(T-T_0)/V \tag{2-2}$$

式中　$Q_r$——密闭空间内单位体积混合气体在单位时间内向外界散发的热量，通称散热速率，kJ/(m³·s)；

$h$——可燃气体与四周介质的传热系数。

可燃气体自身升温所需要的热量：

$$Q_s=\rho c_v\frac{dT}{dt} \tag{2-3}$$

式中　$\rho$——可燃气体的密度；

$c_v$——质量定容热容；

$t$——时间。

根据反应系统热量守恒定律可得

$$\rho c_v\frac{dT}{dt}=vQ-hS(T-T_0)/V=Q_e-Q_r \tag{2-4}$$

现结合图 2-1 来讨论 $Q_e$ 和 $Q_r$ 随温度的变化状况。设可燃混合气由 $A$、$B$ 两种组分组成，且反应形式为 2 级。根据阿累尼乌斯公式，其化学反应速率可表示为

$$v=Zc_Ac_Be^{-\frac{E}{RT}} \tag{2-5}$$

则

$$Q_e=QZc_Ac_Be^{-\frac{E}{RT}} \tag{2-6}$$

式中　$Z$——频率因子，m³/(mol·s)；

$c_A$、$c_B$——反应物 $A$ 和 $B$ 的浓度，$mol/m^3$；

$E$——反应的活化能，$kJ/m^3$；

$R$——普适气体常数，$kJ/(mol \cdot K)$；

$T$——气体的热力学温度，K。

根据上式，可认为放热速率与温度成指数曲线关系。而系统的散热速率可认为与其内外温差呈线性关系。随着环境温度 $T_0$ 的不同，可得到图 2-2 中所示的一组平行的散热曲线，其中 $T_{01}$、$T_{02}$、$T_{03}$ 分别代表三种不同的环境温度，且 $T_{01}<T_{02}<T_{03}$。若环境温度较高，散热速率较慢，于是 $Q_e$ 与 $Q_r$ 有 $A$ 和 $B$ 两个交点。

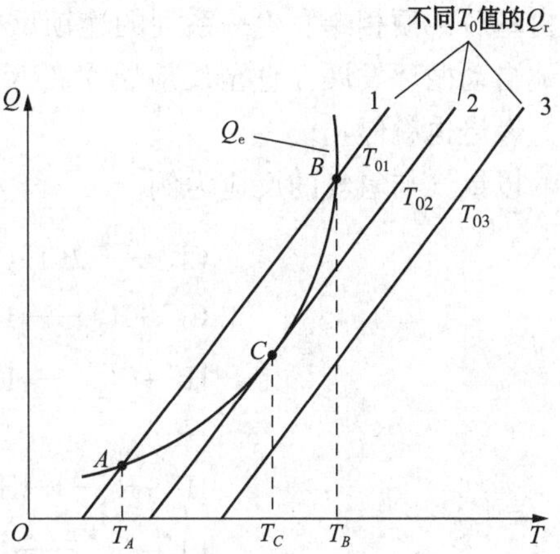


图 2-2　放热速率和散热速率与系统温度关系图

反应开始时，可燃混合气的温度等于环境温度 $T_0$，因此散热损失 $Q_r=0$。在缓慢化学反应的影响下，混合气的温度上升。随着混合气与环境的温差逐渐增大，散热速率也逐渐增大，逐渐接近放热速率，并最终使系统的放热速率等于散热速率，即达到 $A$ 点。故 $A$ 点是个稳定工况点，就是说，即使系统发生微小的温度扰动，结果都能使混合气的温度回到 $T_A$，反应不会自动加速而着火。

从 $A$ 点到 $B$ 点的过程中，散热速率一直大于放热速率。对此，如果仅依靠系统自身的反应，其温度不可能继续升高。只有由外界向系统补充能量，才可能使系统从 $A$ 点过渡到 $B$ 点。

$B$ 点则是不稳定工况点。当系统到达该点时，如果某些原因致使系统的温度略有增加，则由于系统的放热速率总是大于散热速率，从而使系统达到着火温度，即自动加速至着火。相反，若对系统提供一个温度略低的扰动，则由于散热速率总是大于放热速率，使系统的温度不断下降，直至返回 $A$ 点。

若环境温度 $T_0$ 增加，则系统的散热曲线将会向右平移。最终可出现放热曲线和散热曲线在 $C$ 点相切的情况。$C$ 点的物理意义是系统的放热速率与散热速率达到平衡，它也是一个不稳定工况点。若在某些因素影响下，系统的温度出现下降，则系统返回 $A$ 点；若由于某些原因使系统的温度继续升高，则将使系统的反应自动加速直至发生着火。因此 $C$ 点标志着系统由低温缓慢反应到自动加速反应的过渡。根据着火的定义，$C$ 点便代表热自燃点，$T_C$ 是该可燃混合气的热自燃温度。

由上所述，热自燃理论成功地说明了可燃物质由于自加热而引起的着火燃烧或由阴燃到明燃以及起爆的现象。

2. 链反应自燃理论

人类用火已有几十万年的历史，然而人们对燃烧实质的认识却远远不够。18 世纪前，欧洲盛行燃烧素学说，直到 1777 年法国科学家拉瓦锡提出了燃烧的氧学说，认为燃烧是可燃物与氧的化合反应，同时放出光和热，这是对燃烧科学的一大贡献。在此基础上进一步研究燃烧的反应机理。曾有燃烧的分子碰撞理论、活化能理论及过氧化物理论等。20 世纪初，苏联科学家谢苗诺夫创建了燃烧的链式反应理论，才比较圆满地对燃烧机理做了解释，得到了各国化学界的公认。

自由基又称游离基，是单质或化合物分子中的共价键在外界能量(如光、热等)作用下分裂而成的含有不成对价电子的原子或原子团。如氢基($H^{\bullet}$)、氢氧基($OH^{\bullet}$)等。由于自由基比分子有更多的活化能，活性非常强，一般在普通条件下是不能稳定存在的，很容易自行结合成稳定的分子，或与其他分子碰撞产生新的自由基。当反应物中一旦被引发产生少量的自由基后，便相继发生一系列的连锁反应，在反应中自由基始终交替生成和消失，使反应不断地自动循环发展，直至反应物全部反应完为止。当自由基全部消失时，连锁反应就会中断，燃烧也就停止。

以氯气与氢气的反应为例：

$$Cl_2 \xrightarrow{能量} 2Cl^{\bullet} \quad ① \qquad 链的引发$$

$$\left.\begin{aligned} Cl^{\bullet}+H_2 &\longrightarrow HCl+H^{\bullet} \quad ② \\ H^{\bullet}+Cl_2 &\longrightarrow HCl+Cl^{\bullet} \quad ③ \end{aligned}\right\} \qquad 链的发展(链的传递)$$

……

$$\left.\begin{aligned} H^{\bullet}+H^{\bullet} &\longrightarrow H_2 \quad ④ \\ Cl^{\bullet}+Cl^{\bullet} &\longrightarrow Cl_2 \quad ⑤ \end{aligned}\right\} \qquad 链的终止$$

从上例可以看出，链式反应一般可以分为链的引发、链的发展(链的传递)及链的终止三个阶段。

(1)链引发阶段　分子在某种能量的作用下生成自由基，使链反应开始，如①式。

(2)链发展阶段　自由基很不稳定，易与反应物分子作用生成燃烧产物分子和新的自由基，使链反应得以持续下去，如②式、③式。

(3)链终止阶段　自由基减少、消失，使链反应终止。造成自由基消失的原因有：自由基相互碰撞生成分子；自由基撞击器壁将能量散失或被吸附等。

链式反应通常分直链反应与支链反应两种。直链反应的基本特点是：每个自由基与其他分子反应后只生成一个新自由基。氯气与氢气的反应是典型的直链反应。而在支链反应中，一个自由基与分子作用可以生成两个或两个以上的新自由基。

氧气和氢气的反应是典型的支链反应。其主要反应式如下：

$$H_2 \xrightarrow{能量} 2H^{\bullet} \quad ① \qquad 链的引发$$

$$\left.\begin{aligned} H^{\bullet}+O_2 &\longrightarrow O^{\bullet}+OH^{\bullet} \quad ② \\ O^{\bullet}+H_2 &\longrightarrow H^{\bullet}+OH^{\bullet} \quad ③ \\ OH^{\bullet}+H_2 &\longrightarrow H^{\bullet}+H_2O \quad ④ \end{aligned}\right\} \qquad 链的发展$$

……

$$\left.\begin{aligned} H^{\bullet} &\longrightarrow 在器壁销毁 \quad ⑤ \\ OH^{\bullet} &\longrightarrow 在器壁销毁 \quad ⑥ \end{aligned}\right\} \qquad 链的终止$$

支链反应同时分为链的引发、发展和终止三个阶段。请注意②式、③式为链的支化。由于支化，随着时间的延续，反应系统中自由基浓度增加的速度很快，因此反应速度也迅速加快，这是导致爆炸的一个重要条件。

链反应的着火条件分析：设在链引发阶段，活性基团的生成速率为 $W_1$，在链传递阶段，活性基团增长速度为 $W_2$，在链终止阶段，活性基团的销毁速度为 $W_3$。活性基团浓度 $n$ 越大，发生反应的机会越多，可认为 $W_2$ 正比于 $n$，并写为 $W_2=fn$，$f$ 为活性基团的生成速率常数。同时，$n$ 越大，发生碰撞机会也越多，销毁速度 $W_3$ 增加，即 $W_3$ 正比于 $n$，写为 $W_3 = gn$，$g$ 为链终止过程中活性基团销毁速度常数。

由于分支过程是由稳定分子分解成活性基团的过程，需要吸收能量，因此温度对 $f$ 影响很大，温度升高，$f$ 值增大，$W_2$ 也随着增大。链传递过程中因分支链引起的活性基团增长速度 $W_2$ 在活性基团数目增长中起决定作用。由于链终止反应是合成反应，需要放出能量，因此系统温度增高，$g$ 值减小，$W_3$ 也随着减小。

在整个连锁反应中，活性基团数目随时间的变化率为

$$\frac{dn}{dt} = W_1 + W_2 - W_3 = W_1 + fn - gn = W_1 + (f-g)n \tag{2-7}$$

令 $\varphi = f - g$，则上式可写成：

$$\frac{dn}{dt} = W_1 + \varphi n \tag{2-8}$$

当系统的温度较低时，$W_2$ 很小，$W_3$ 很大，可能出现 $\varphi = f - g < 0$ 的情况，反应速度不会自动加速至着火。

随着系统温度的升高，$W_2$ 进一步增加。当温度升高到一定温度时，$W_2 > W_3$，即 $\varphi > 0$，活性基团数目将随时间加速增加，从而使系统发生着火。$\varphi = 0$ 是着火的临界条件，与此对应的温度可近似取为自燃温度。

3. 强迫着火

(1) 强迫着火的特点

强迫着火也称为点燃，一般指用炽热的高温物体引燃火焰，使混合气的一小部分着火形成局部的火焰核心，然后这个火焰核心再把邻近的混合气点燃，这样逐层依次地引起火焰的传播，从而使整个混合气燃烧起来。下面首先分析强迫着火与自发着火的不同点：

①强迫着火仅仅在混合气局部(点火源附近)进行，而自发着火则在整个混合气空间进行。

②自发着火是全部混合气体都处于环境温度 $T_0$ 包围下，反应自动加速，使全部可燃混合气体的温度逐步提高到自燃温度而引起的。强迫着火时，混合气体处于较低的温度状态，为了保证火焰能在较冷的混合气体中传播，点火温度一般要比自燃温度高得多。

③可燃混合气能否被点燃，不仅取决于炽热物体附近局部混合气能否着火，而且还取决于火焰能否在混合气中自行传播。因此，强迫着火过程要比自发着火过程复杂得多。

强迫着火过程和自发着火过程一样，两者都具有依靠热反应和(或)链式反应推动的自身加热和自动催化的共同特征，都需要外部能量的初始激发，也有点火温度、点火延迟和点火可燃界限问题。但它们的影响因素却不同，强迫着火比自发着火影响因素复杂，除了可燃混合气的化学性质、浓度、温度和压力外，还与点火方法、点火能和混合气体的流动性质有关。

(2) 电火花点火

工程上常用的点火方法有炽热物体点火、火焰点火、电火花引燃等，不论采用哪一种点火方法，其基本原理都是使混合气局部受到外来的热作用而使之着火燃烧。电火花点火是一些燃烧设备的常用点火方式，也是造成火灾的重要原因。

电火花点火可以大体分为两个阶段：首先是电火花使局部气体着火，形成初始火焰中心；然后火焰由初始中心向未燃混合气中传播。如果能够形成初始火焰中心并出现稳定的火焰传播，则表明点燃成功。

电火花离开电极后，便依靠本身所具有的能量来点燃可燃混合气。对于含有某些可燃组分的混合气，在一定的温度和压力下，只有当电火花的能量大于某一极限值才能点燃成功，这一极限值称为最小点火能 $E_{min}$。点火能与电极间距之间的关系如图 2-3 所示。

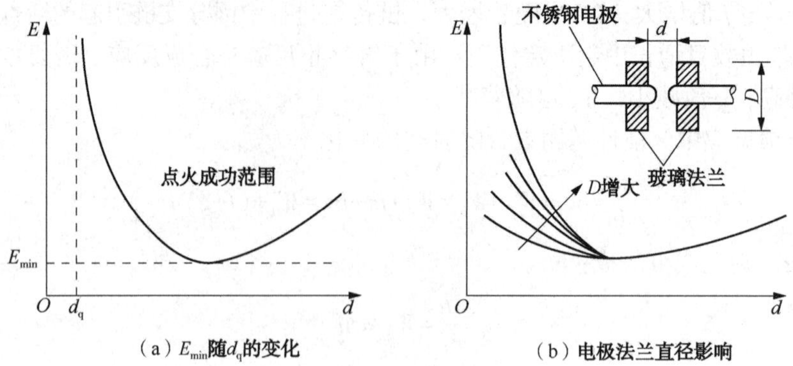


图 2-3　点火能与电极间距的关系曲线

可以看出，当电极间距 $d$ 很小时，点火比较困难。其主要原因是电极将从初始火焰中心吸收过量的热能以致火焰难以传播。在此情况下，要使点火成功，电火花必须具有很大的能量。当电极距离小到一定程度，混合气便不能用电火花点燃。这一距离称为熄灭距离（$d_q$）。随着 $d$ 的增加，点火能逐渐减小，并达到最小值，而后随着 $d$ 的继续增大而又有所增大。这种增大主要是电火花在较长距离的运动中向混合气中散失了过多的能量造成的。在可燃混合气中能够引发火焰的最小能量称为最小点火能 $E_{min}$。最小点火能和熄灭距离常用来表示各种可燃混合气的点燃性能。

$d_q$ 和 $E_{min}$ 两者之间具有如下关系：

$$E_{min}=Kd_q^2 \tag{2-9}$$

式中　$K$——比例常数，对于大多数碳氢化合物，$K$ 值约为 $7.12\times10^{-3}J/cm^2$。

可燃混合气的最小点火能和电极熄灭距离主要受以下因素影响：

①混合气的比定压热容 $c_p$ 越大，最小点火能越大。因为比定压热容大，混合气升温时吸收的热量多，难以很快达到着火温度。

②混合气的导热系数 $\lambda$ 越大，最小点火能越大。因为电火花发出的能量被迅速传导出去，而与火花接触的混合气的温度却不易升高。

③混合气的活化能大，最小点火能也大。因为反应物不易裂解，难以生成活性基团。

④混合气的压力大、初温高，最小点火能小。

⑤可燃气的燃烧热 $Q$ 大，最小点火能小，混合气容易点燃。

# 第二节　燃烧形式与燃烧过程

## 一、燃烧形式

可燃物质的燃烧形式分为气相燃烧和固相燃烧两种情况。由于绝大多数的可燃物质（包括气态、液态和固态的可燃物质）的燃烧都是在气态下进行的，因此，气相燃烧是可燃物质最基本的燃烧形式，其特点是燃烧过程中伴着火焰。固相燃烧的特点是在燃烧过程中，可燃物质始终处于固体状态，无汽化过程，没有火焰产生，只呈现光和热。固相燃烧也称为表面燃烧，焦炭的燃烧，金属铝、镁、钛的燃烧都是表面燃烧。

气相燃烧根据可燃物质的聚集状态不同，可分为以下四种形式：

(1)扩散燃烧

可燃气体(氢、甲烷、乙炔以及苯、酒精、汽油蒸气等)从管道、容器的裂缝流向空气时，可燃气体分子与空气分子互相扩散、混合，混合浓度达到爆炸极限范围内的可燃气体遇到火源即着火并能形成稳定火焰的燃烧，称为扩散燃烧。

从管道口或裂纹处流出的可燃气体发生扩散燃烧时，当气流速度小于燃烧波的传播速度时，就会发生回火现象，燃烧波就会向管道内传播，传播方向是以着火位置为中心向四面八方的未燃气体混合物传播。如果是在密闭容器或管道内的气体混合物发生这种现象，就会发生气体混合物的爆炸。

(2)混合燃烧

可燃气体和助燃气体在管道、容器和空间扩散混合，混合气体的浓度已在爆炸极限范围内，遇到火源即发生燃烧，称为混合燃烧，混合燃烧是在混合气体分布的空间快速进行的，煤气、液化石油气泄漏后遇明火发生的燃烧爆炸即是混合燃烧，失去控制的混合燃烧往往能造成重大的经济损失和人员伤亡。

(3)蒸发燃烧

可燃液体在火源和热源作用下，蒸发出的蒸气发生氧化分解而进行的燃烧，称为蒸发燃烧。蒸发燃烧刚开始时，蒸发速度慢，蒸气量少，火焰也不高。随着燃烧时间的延长，火焰对液体表面的热辐射使液体表面温度升高。如果此时不能隔绝空气，直到可燃液体完全烧尽，燃烧才会停止。酒精、苯、甲醇等的燃烧就是蒸发燃烧。苯、硫黄等在常温下虽为固体，但在受热后即升华产生蒸气或熔融后产生蒸气，因而也属于蒸发燃烧。

(4)分解燃烧

可燃物质在燃烧过程中首先遇热分解出可燃性气体，分解出的可燃性气体再与氧进行的燃烧，称为分解燃烧。原油、脂类等高沸点的可燃液体，石蜡、沥青等低熔点的可燃固体，木材、煤、棉麻纤维、纸、合成树脂等复杂可燃固体的燃烧，都属于分解燃烧。石油及其产品等多组分的可燃液体燃烧时，先挥发出来的是低沸点的组分，高沸点的组分刚开始挥发很少，这样在燃烧的过程中就使得高沸点组分的含量相对增加，液体的闪点、密度、黏度越来越高，这些难挥发的高沸点可燃液体受热后分解出可燃性气体，这些可燃性气体再进行燃烧。因此，这类液体的燃烧也属于分解燃烧。

## 二、燃烧过程

可燃物质的聚集状态不同，其受热后所发生的燃烧过程也不同。除结构简单的可燃气体(如氢气)外，大多数可燃物质的燃烧并非是物质本身在燃烧，而是物质受热分解出的气体或液体蒸气在气相中的燃烧。图 2-4 是物质燃烧过程示意图。

1. 气体燃烧

气体燃烧的情况比较简单。可燃气体燃烧所需要的热量只用于本身的氧化分解，并使其达到自燃点而燃烧。因此一般说来，气体比较容易燃烧，而且燃烧速度较快。

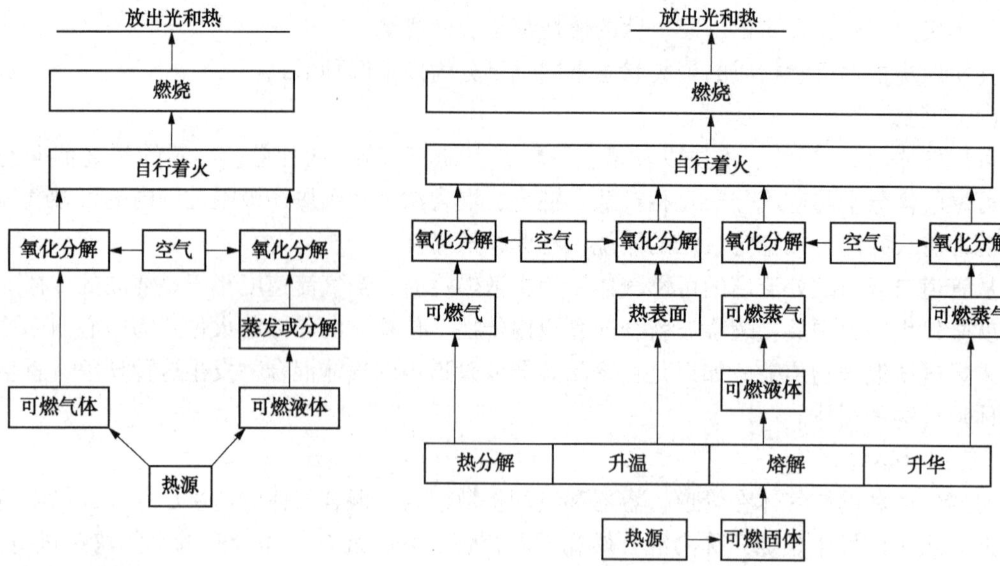


（a）可燃气体和液体的燃烧过程　　（b）可燃固体的燃烧过程

图 2-4　不同状态物质燃烧过程示意图

2. 液体的燃烧

可燃液体在点火源作用(加热)下，首先蒸发成蒸气，其蒸气进行氧化分解后达到自燃点而燃烧。只由液体产生的蒸气进行的燃烧叫作蒸气燃烧，而由液体热分解产生可燃气体再燃烧的叫作分解燃烧。蒸发燃烧和分解燃烧都属气相燃烧。

3. 固体的燃烧

多数固体呈气相燃烧，有些固体则是同时产生气相燃烧与固相燃烧。

不同化学组成的固体燃烧过程有所不同。有些固体，如硫、磷、石蜡、梯恩梯(TNT)炸药等，受热时首先熔化为液体，然后蒸发、燃烧。而有些组成较为复杂的固体，如沥青、木材等则是受热后首先分解成气态和液态产物，而后气态产物和液态产物的蒸气着火燃烧即气相燃烧。在蒸发、分解过程中会留下一些不分解、不挥发的固体，燃烧可在气-固相界面进行，即呈固相燃烧。

无论哪一种可燃物的燃烧，燃烧过程都放出大量的热。放出的热量加热了可燃物，使其未燃烧部分达到自燃点，又发生燃烧。这样就使燃烧持续下去，直至三要素之一丧失，如可燃物质烧完或者(在密闭空间)氧气耗尽，燃烧才会停止。

4. 可燃物质燃烧的温度-时间曲线

可燃物质燃烧过程中，温度变化是很复杂的。以木材为例进行分析。木材是由多种元素(主要是碳、氢、氧)组成的化合物。木材在点火源作用(加热)下，温度低于 110℃ 时只放出自由水分(干燥过程)，130℃ 开始分解，到 150℃ 变色，150~200℃ 时其分解产物主要是化学结晶水和二氧化碳，此时还不能燃烧；在 200℃ 以上分解出一氧化碳、氢和碳氢化合物，此时开始燃烧；到 300℃ 时析出的产物最多，此时燃烧也最激烈。最后剩下的碳不再分解，发生固相燃烧。

根据可燃物质燃烧的一般规律可画出一条温度-时间曲线，见图 2-5。

图中，$T_A$ 为可燃物开始加热的温度。最初一段时间，加热的大部分热量用于可燃物的熔化(相变)和分解，因为相变或分解反应都是吸热的，故可燃物温度上升比较缓慢。到 $T_B$ 时可燃物开始氧化，由于温度尚低，氧化速度还不快，氧化反应所放出的热量不足以补充系统向外散发的热量和相变、分解吸收的热量，若此时点火源停止加热，仍不能引起燃烧。如继续加热，则温度上升加快，到了 $T_C$ 时，氧化产生的热量与散热、吸热相平衡。若温度再稍升高，则打破了平衡状态，即系统氧化生热大于散热、吸热。此时即使停止加热，系统温度亦能自行升高，到 $T_D$ 就出现火焰并燃烧起来。$T_C$ 为理论上的自燃点，$T_D$ 为开始出现火焰的温度，即通常测得的自燃点。$t_A \sim t_C$ 这段时间称为预备期，若此时将热源移走，即可终止燃烧过程，但这个时期不容易被察觉。$t_C \sim t_D$ 这段延滞时间称为诱导期，又称着火感应期。

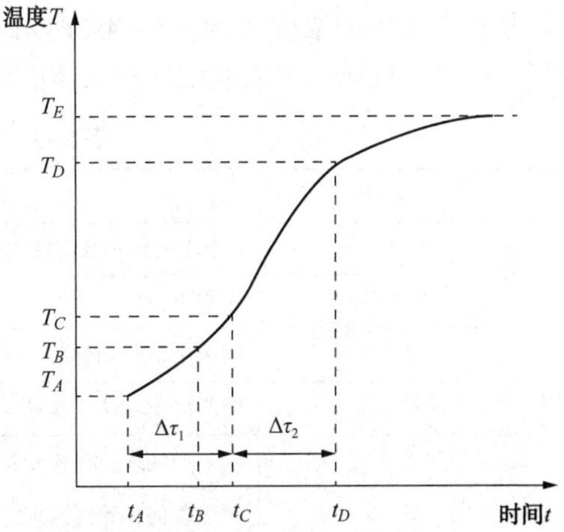


图 2-5　可燃物质受热燃烧的温度-时间曲线

诱导期(着火感应期)的存在，可在测定可燃物质自燃点时观察得到。将测定的容器加热到某一物质的自燃点，但导入该物质后并不会立即自行着火，而要经过若干时间才出现火焰。

诱导期在防火安全上有实际意义。当可燃物处于诱导期时，温度急剧升高，产生大量烟气，容易被察觉，一些固体可燃物的诱导期较长，可利用诱导期温度急剧升高、产生烟气的信息，带动防火灭火装置，制止火灾的发生。

## 三、燃烧产物

物质燃烧后产生不能继续燃烧的新物质(如 $CO_2$、$SO_2$、水蒸气等)，这种燃烧叫作完全燃烧；物质燃烧后产生还能继续燃烧的新物质(如 CO，未燃尽的碳、甲醇、丙酮等)，则叫作不完全燃烧。燃烧得完全还是不完全与氧化剂的供给程度以及其他燃烧条件有直接关系。

燃烧产物的成分是由可燃物的组成及燃烧条件所决定的。

无机可燃物多数为单质，其燃烧产物的组成较为简单，主要是它的氧化物。如 $Na_2O$、CaO、$CO_2$、$SO_2$ 等。

有机可燃物的主要组成为：碳(C)、氢(H)、氧(O)、硫(S)、磷(P)和氮(N)。其中碳、氢、磷、硫在完全燃烧时生成二氧化碳($CO_2$)、水($H_2O$)、二氧化硫($SO_2$)和五氧化二磷($P_2O_5$)。氧(作为氧化剂)在燃烧过程中消耗掉了。氮在一般情况下不参与反应而呈游离状态($N_2$)析出。在特定条件下，氮也能被氧化生成一氧化氮(NO)和二氧化氮($NO_2$)，或与一些燃烧中间产物生成氰化氢(HCN)等。如果因空气不足或温度较低，发生不完全燃烧时，就不仅会产生上述完全燃烧产物，同时还会生成一氧化碳(CO)、酮类、醛类、醇类、酚类、醚类等。

例如木材完全燃烧时产生二氧化碳、水蒸气和灰分，而在不完全燃烧时，除上述产物以外还有一氧化碳、甲醇、丙酮、乙醛、醋酸以及其他干馏产物。

下面介绍几种主要的燃烧产物。

(1)二氧化碳($CO_2$)　$CO_2$ 是碳完全燃烧的产物，为无色、无嗅气体，密度为 1.52kg/m$^3$。

当其在空气中的浓度达到3%~4%时对人体健康有害；浓度达7%~10%时，可使人昏迷不醒，以致窒息死亡。二氧化碳对人体的影响见表2-3。

**表2-3　二氧化碳对人体的影响**

| $CO_2$ 含量/% | 对人体的影响 |
| --- | --- |
| 0.55 | 6个小时内不会有任何症状 |
| 1~2 | 引起不快感 |
| 3 | 呼吸中枢受到刺激，呼吸增加，脉搏、血压升高 |
| 4 | 有头痛、目花、耳鸣、心跳等症状 |
| 5 | 喘不过气来，在30min内引起中毒 |
| 6 | 呼吸急促，感到困难 |
| 7~10 | 数分钟内会失去知觉，以致死亡 |

（2）一氧化碳（CO）　CO是碳不完全燃烧的产物，为无色、无嗅、剧毒可燃性气体，密度0.97kg/m$^3$。空气中含一氧化碳12.5%~74%时，能形成爆炸性混合气体，遇火会发生爆炸。空气中一氧化碳浓度为0.5mg/L时，能使人中毒，一氧化碳的毒性较大，浓度达2~3mg/L时，可使人致死。一氧化碳能从血液的氧血红素里取代氧而与血红素结合形成一氧化碳血红素，从而使人感到严重缺氧。一氧化碳对人体的影响见表2-4。

**表2-4　一氧化碳对人体的影响**

| CO含量/% | 对人体的影响 |
| --- | --- |
| 0.01 | 几小时之内没有什么感觉 |
| 0.05 | 1h内影响不大 |
| 0.1 | 1h后头痛、作呕、不舒服 |
| 0.5 | 经过20~30min有死亡危险 |
| 1.0 | 吸气数次后失去知觉，经1~2min可中毒死亡 |

（3）二氧化硫（$SO_2$）　可燃物（主要是煤和石油）中的硫燃烧生成的产物。它无色但有刺激性臭味，比空气重2.26倍，易溶于水，易液化。二氧化硫有毒，是大气污染中危害较大的一种气体。所谓"酸雨"主要是由$SO_2$溶于空气里的水中形成的。二氧化硫严重伤害植物，刺激人的眼睛和呼吸道，腐蚀金属和建筑物，损害织物。在工矿企业的空气中$SO_2$允许含量不得超过0.02mg/L。二氧化硫对人体的影响见表2-5。

**表2-5　二氧化硫对人体的影响**

| $SO_2$ 含量 | | 对人体的影响 |
| --- | --- | --- |
| % | mg/L | |
| <0.0005 | ≤0.0146 | 长时间作用无危险 |
| 0.001~0.002 | 0.029~0.058 | 气管感到刺激、咳嗽 |
| 0.005~0.01 | 0.146~0.293 | 1h内无直接的危险 |
| >0.05 | ≥1.46 | 短时间内有生命危险 |

(4)五氧化二磷($P_2O_5$)　可燃物中磷完全燃烧的产物。它在常温常压下为白色固体粉末，燃烧时生成的 $P_2O_5$ 为气体，后因降温而凝固。它能溶于水生成偏磷酸($HPO_3$)或磷酸($H_3PO_4$)，纯 $P_2O_5$ 无特殊气味，但磷燃烧时伴随生成的 $P_2O_3$(或 $P_4O_6$)具有蒜味，因此磷燃烧时会闻到蒜味。$P_2O_5$ 有毒，能刺激呼吸器官，引起咳嗽和呕吐。

(5)氮氧化物　在特定条件下，氮与氧反应生成一氧化氮(NO)和二氧化氮($NO_2$)。NO 为无色气体；$NO_2$ 为棕红色气体，具有难闻气味，且有毒。硝酸和硝酸盐分解，硝酸纤维素及其他含氮有机化合物燃烧及含硝酸盐及亚硝酸盐炸药爆炸时，均会产生 NO 或 $NO_2$。氮氧化物对人体的影响见表 2-6。

**表 2-6　氮氧化物对人体的影响**

| 氮氧化物含量 | | 对人体的影响 |
|---|---|---|
| % | mg/L | |
| 0.004 | 0.19 | 长时间作用无明显反映 |
| 0.006 | 0.29 | 短时间内气管即感到刺激 |
| 0.01 | 0.48 | 短时间内刺激气管、咳嗽，继续作用对生命有危险 |
| 0.025 | 1.20 | 短时间内可迅速致死 |

(6)烟灰不完全燃烧产物　由悬浮在空气中未燃尽的固体颗粒及分解产物构成。烟灰颜色随不同的可燃物而异。如木材燃烧的烟灰呈灰黑色；石油类物质燃烧的烟灰呈黑色等。这一点可用来判断燃烧物的类别。参见表 2-7。烟灰能刺激呼吸道黏膜，引起咳嗽和流泪。

**表 2-7　几种可燃物燃烧时烟雾特征**

| 可燃物质 | 烟的特征 | | |
|---|---|---|---|
| | 颜色 | 嗅 | 味 |
| 木材 | 灰黑色 | 树脂嗅 | 稍有酸味 |
| 石油产品 | 黑色 | 石油嗅 | 稍有酸味 |
| 磷 | 白色 | 大蒜嗅 | |
| 镁 | 白色 | | 金属味 |
| 硝基化合物 | 棕黄色 | 刺激嗅 | 酸味 |
| 硫黄 | | 硫嗅 | 酸味 |
| 橡胶 | 棕黑色 | 硫嗅 | 酸味 |
| 钾 | 浓白色 | | 碱味 |
| 棉和麻 | 黑褐色 | 烧纸嗅 | 稍有酸味 |
| 丝 | | 烧毛皮嗅 | 碱味 |
| 黏胶纤维 | 黑褐色 | 烧纸嗅 | 稍有酸味 |
| 聚氯乙烯纤维 | 黑色 | 盐酸嗅 | 稍有酸味 |
| 聚乙烯 | | 石蜡嗅 | 稍有酸味 |
| 聚丙烯 | | 石油嗅 | 稍有酸味 |
| 聚苯乙烯 | 浓黑烟 | 煤气嗅 | 稍有酸味 |

续表

| 可燃物质 | 烟的特征 | | |
| --- | --- | --- | --- |
| | 颜色 | 嗅 | 味 |
| 锦纶 | 白烟 | 酰胺类嗅 | |
| 有机玻璃 | | 芳香 | 稍有酸味 |
| 酚醛塑料(以木粉为填料) | 黑烟 | 木头、甲醛嗅 | 稍有酸味 |
| 脲醛塑料 | | 甲醛嗅 | |
| 璃酸纤维 | 黑烟 | 醋嗅 | 有酸味 |

(7)烟雾　由悬浮在空气中的微小液滴形成。包括水滴及不完全燃烧产物如醛类、酮类等的液滴。

在各种火灾环境中，除了生成以上几种主要产物外，还有氯化氢、硫化氢、氰化氢以及水蒸气等。尤其是危险化学品的燃烧产物，随物质种类和燃烧条件不同有很大差异。有些危险化学品燃烧时会分解出剧毒气体，扑救这类物品造成的火灾时应视具体情况采取必要的措施，防止中毒。

## 第三节　燃烧特性

燃烧速度、燃烧热和燃烧温度是衡量燃烧特性的重要参数，了解这些参数对于了解燃烧具有重要的实际意义。

### 一、燃烧速度

燃烧速度是指在单位时间、单位体积内所消耗的可燃物质的量。燃烧速度并不是可燃物质本身的固有常数，它受许多因素如压力、温度、流动状况、容器大小(对液体)等的影响。

1. 气体燃烧速度

由于气体燃烧不需要像固体、液体那样经过熔化、蒸发等过程，而在常温下就具备了气态的燃烧条件，所以燃烧速度很快。气体的火焰传播速度受以下因素影响：

(1)组成、结构的影响

气体燃烧速度与气体分子的组成、结构有关，也和燃烧后放热多少有关。一般来说组成和结构比较简单的气体燃烧速度快些，燃烧后放热多的气体燃烧速度相对快些。气体的燃烧速度常以火焰传播速度来衡量。表 2-8 列出了部分可燃气体与空气的混合物在直径为 25.4mm 的管道中，火焰传播速度的试验数据(其浓度为在空气中完全燃烧时的当量浓度)。

**表 2-8　某些可燃气体在空气中的火焰传播速度**

| 气体名称 | 体积浓度/% | 最大火焰传播速度/(m/s) |
| --- | --- | --- |
| 氢气 | 38.5 | 4.83 |
| 一氧化碳 | 45.0 | 1.25 |
| 甲烷 | 9.8 | 0.67 |

续表

| 气体名称 | 体积浓度/% | 最大火焰传播速度/(m/s) |
| --- | --- | --- |
| 乙烷 | 6.5 | 0.85 |
| 丙烷 | 4.6 | 0.82 |
| 丁烷 | 3.6 | 0.82 |
| 乙烯 | 7.1 | 1.42 |
| 炼焦煤气 | 17.0 | 1.70 |
| 焦炭发生煤气 | 48.5 | 0.73 |
| 水煤气 | 43 | 3.1 |

(2)混合气中可燃气体的浓度

从理论上讲，火焰传播速度应在化学当量浓度时达到最大值。但实际测定表明，火焰传播的最大速度并不是在混合气中可燃物与氧化剂按化学当量比例燃烧时，而是在可燃物浓度稍高于化学当量浓度燃烧时。参见图 2-6。

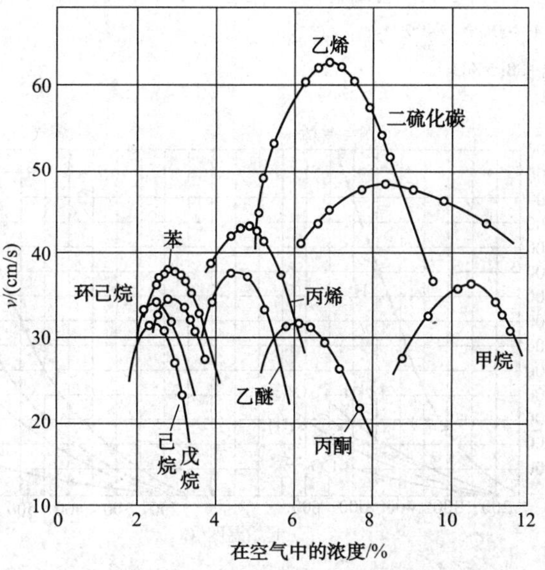


图 2-6　火焰传播速度与混合物组成的关系

(3)惰性气体浓度

在混合气中惰性气体浓度增加时，火焰传播速度降低；惰性气体的浓度越大，火焰传播速度降低得越快。惰性气体对火焰传播速度的影响见图 2-7。

(4)起始温度

可燃气体混合物起始温度越高，其火焰传播速度越快。温度对火焰传播速度的影响参见图 2-8 及图 2-9。

(5)测试管的管径

测试管的直径对火焰传播速度有明显的影响。一般说来，随着管径的增加火焰传播速度增大，但当达到某个极限直径时，火焰传播速度就不再增大；当管径减小时，火焰传播速度随之减小，小到某个极限直径时，火焰就不能传播。见表 2-9。

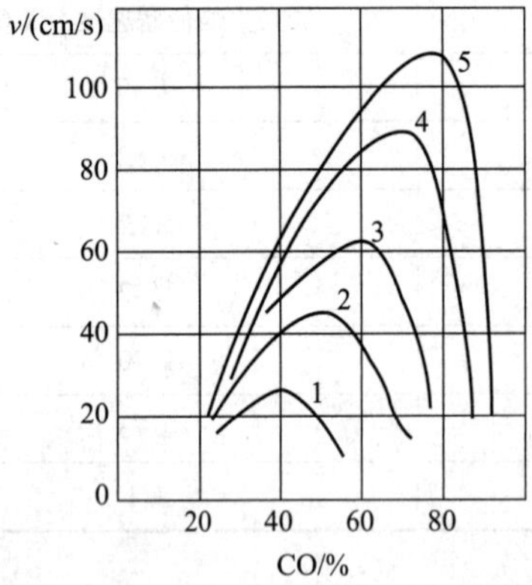


图 2-7　一氧化碳与氮和氧的混合物的火焰传播速度

1—87%$N_2$+13%$O_2$；2—79%$N_2$+21%$O_2$；3—70%$N_2$+30%$O_2$；4—60%$N_2$+40%$O_2$；5—11.5%$N_2$+88.5%$O_2$

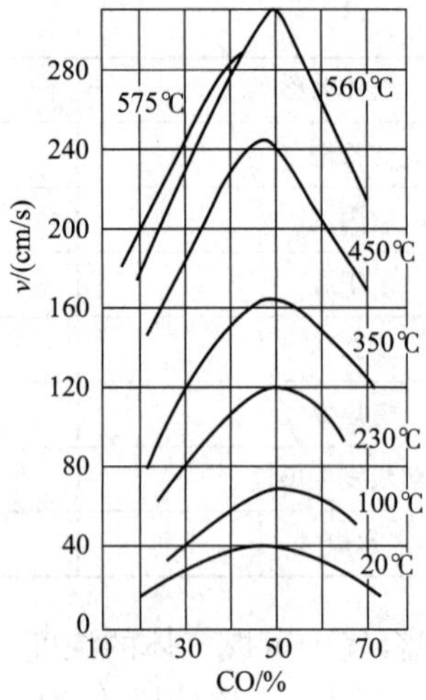


图 2-8　一氧化碳混合物的温度对其火焰传播速度的影响

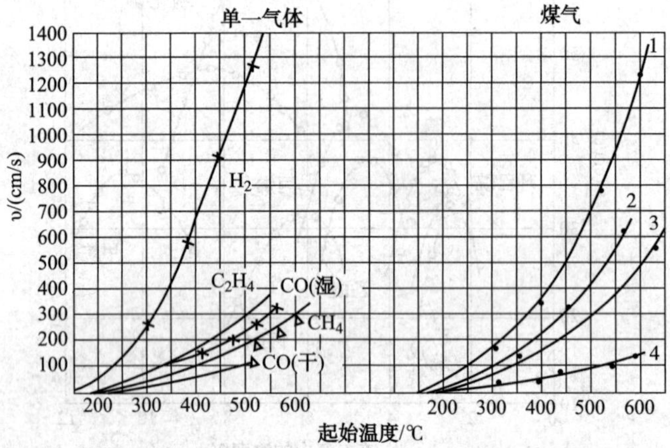


图 2-9　各种气体与空气混合物的火焰传播速度与温度的关系

1—CO+$H_2$；2—半水煤气；3—城市煤气；4—空气煤气

**表 2-9　甲烷混合气的火焰传播速度受管径影响的变化**

| 混合物中甲烷的浓度/% | 管子的直径/cm | | | | | |
|---|---|---|---|---|---|---|
| | 2.5 | 10 | 20 | 40 | 60 | 80 |
| 6 | 23.5 | 43.5 | 63 | 95 | 118 | 137 |
| 7 | 35 | 60 | 73.5 | 120 | 145 | 165 |
| 8 | 50 | 80 | 100 | 154 | 183 | 203 |
| 9 | 63.5 | 100 | 130 | 182 | 210 | 228 |
| 10 | 65 | 110 | 136 | 188 | 215 | 236 |

续表

| 混合物中甲烷的浓度/% | 管子的直径/cm | | | | | |
|---|---|---|---|---|---|---|
| | 2.5 | 10 | 20 | 40 | 60 | 80 |
| 11 | 54 | 94 | 110 | 170 | 202 | 213 |
| 12 | 35 | 74 | 80 | 123 | 163 | 185 |
| 13 | 22 | 45 | 62 | 104 | 130 | 138 |
| 13.5 | — | — | 40 | 90 | 115 | 132 |

2. 液体燃烧速度

液体的燃烧速度有质量速度和直线速度两种表示方法。质量速度是指单位时间内在单位面积上烧掉液体的质量，单位是 $kg/(m^2 \cdot h)$；直线速度是指单位时间内，烧掉液层的高度，单位是 mm/min。某些易燃液体的燃烧速度见表 2-10。

**表 2-10　液体物质的燃烧速度**

| 名称 | 比重 | 燃烧速度 | |
|---|---|---|---|
| | | 线速度/(mm/min) | 质量速度/[$kg/(m^2 \cdot h)$] |
| 航空汽油 | 0.73 | 2.1 | 91.98 |
| 车用汽油 | 0.77 | 1.75 | 80.88 |
| 煤油 | 0.835 | 1.10 | 55.11 |
| 直馏重油 | 0.938 | 1.41 | 78.1 |
| 丙酮 | 0.79 | 1.4 | 66.36 |
| 苯 | 0.879 | 3.15 | 165.37 |
| 甲苯 | 0.866 | 2.68 | 138.29 |
| 二甲苯 | 0.861 | 2.04 | 104.05 |
| 乙醚 | 0.715 | 2.93 | 125.84 |
| 甲醇 | 0.791 | 1.2 | 57.6 |
| 丁醇 | 0.81 | 1.069 | 52.08 |
| 戊醇 | 0.81 | 1.297 | 63.034 |
| 二硫化碳 | 1.27 | 1.745 | 132.97 |
| 松节油 | 0.86 | 2.41 | 123.84 |
| 醋酸乙酯 | 0.715 | 1.32 | 70.31 |

液体燃烧速度也不是固定不变的，而是受着各种因素的影响。

(1)燃烧区(火焰锋面)传给液体的热量

该热量不同，燃烧速度也不同。火焰锋面的热量主要以辐射形式向液面传递。如果其他条件不变，液面接受火焰热量越多，液体燃烧速度就越快。

(2)液体初始温度

液体的初温高，液体的蒸发速度快，液体燃烧速度也就快。见表 2-11。

**表 2-11　苯和甲苯在不同初温时的燃烧速度**

| | | | | | |
|---|---|---|---|---|---|
| 苯的温度/℃ | 16 | 40 | 57 | 60 | 70 |
| 燃烧速度/(mm/min) | 3.15 | 3.47 | 3.69 | 3.87 | 4.07 |
| 甲苯的温度/℃ | 17 | 52 | 82 | 98 | — |
| 燃烧速度/(mm/min) | 2.68 | 3.32 | 3.68 | 4.01 | — |

(3)液体储罐的直径

如果是储罐内的液体燃烧，其燃烧速度与储罐直径、罐内液面高低有关，一般是随储罐直径的增加燃烧速度加快。油罐的储油液面较高时，因上部空间较少，燃烧时火焰根部离液面较近，辐射传热较多，因此储油液面较高时的燃烧速度比液面较低的快。

图 2-10 示出煤油、汽油、轻油的燃烧速度随罐径变化的曲线。从中可以看出：

①罐径小于 10cm 时，燃烧速度随罐径增大而减小；

②罐径在 10~80cm 时，燃烧速度随罐径增大而增大；

③罐径大于 80cm 时，燃烧速度基本不随罐径变化。

(4)水含量

可燃液体(主要是石油产品)中水分含量增大时，由于燃烧时油中水分蒸发消耗了一部分热量，从而使燃烧速度减小。见图 2-11。

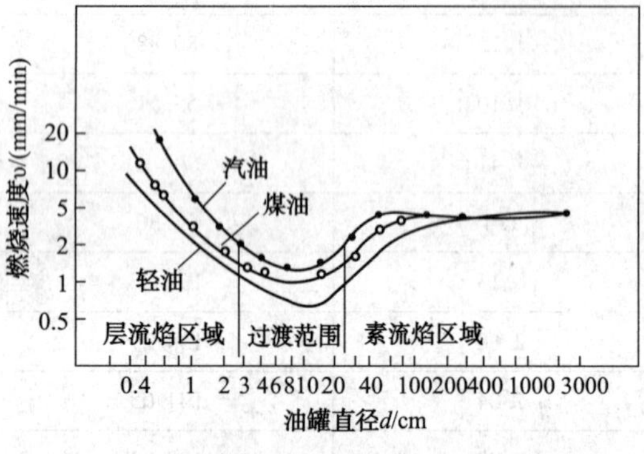


图 2-10　液体燃烧速度随储罐的直径不同而变化

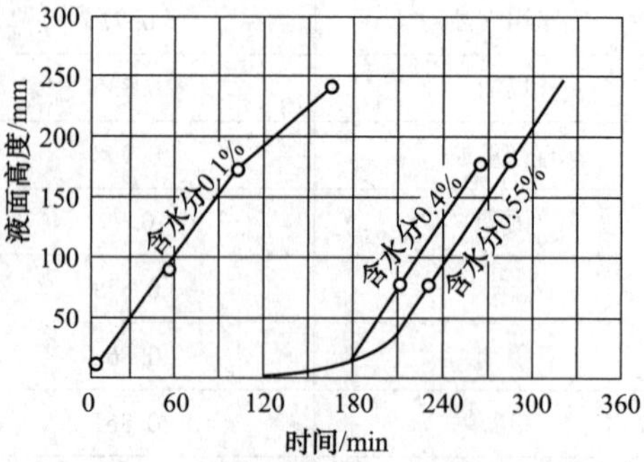


图 2-11　重油含水不同时的燃烧速度
(储罐直径：0.8m)

(5)风速

风速和风向对可燃液体的燃烧速度也有一定影响，风速增大使液体的燃烧速度加快，但当风速增大到某一临界值时往往也使燃烧速度降下来，甚至会吹灭火焰，因此风速与燃烧速度是一种曲线关系。风向对火焰沿液体表面蔓延有很大的影响，当风向与火焰蔓延的方向一致时，火焰的蔓延速度就急剧加快，这种情况的发生往往会带来极其严重的后果。见图 2-12。

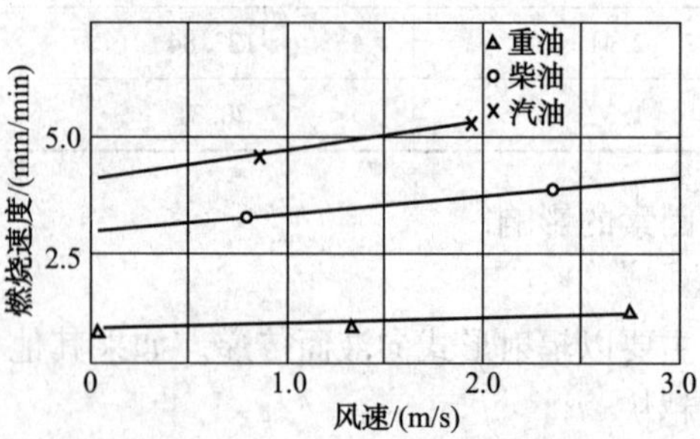


图 2-12　风速对石油产品燃烧速度的影响

3. 固体燃烧速度

固体的燃烧速度，一般要小于可燃气体和液体。表 2-12 列出了某些固体的燃烧速度。

**表 2-12　某些固体物质的燃烧速度**

| 物质名称 | 燃烧的平均速度/[kg/(m²·h)] | 物质名称 | 燃烧的平均速度/[kg/(m²·h)] |
|---|---|---|---|
| 木材(水分 14%) | 50 | 棉花(水分 6%~8%) | 8.5 |
| 天然橡胶 | 30 | 聚苯乙烯树脂 | 30 |
| 人造橡胶 | 24 | 纸张 | 24 |
| 布质电胶木 | 32 | 有机玻璃 | 41.5 |
| 醛酚塑料 | 10 | 人造短纤维(水分 6%) | 21.6 |

注：试样分别为木材——厚 2cm 的木板和板条；天然橡胶——重 10~30kg 的块；布质电胶木——厚 2~15cm、长 1m 的板条；酚醛塑料——一些废品(仪器壳、电气附件等)；纸——报纸；棉花——生产废花。

影响固体燃烧速度的主要因素有：

(1)易燃固体密度

燃烧速度可以理解为可燃物质在单位时间内的重量损失。易燃固体密度越大，燃烧速度越小。见图 2-13。

(2)固体含水量

固体含水量越高，其燃烧速度越小。这主要是因为潮湿的固体燃烧时要消耗一部分热量以蒸发水分。见图 2-14。

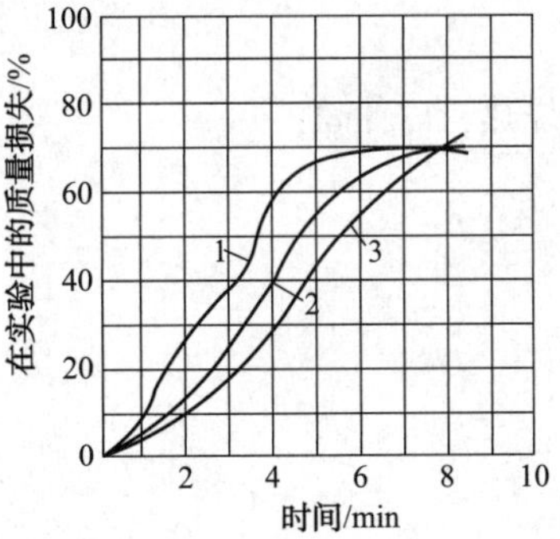


图 2-13　木材燃烧速度与其密度的关系

1—$r=0.35t/m^3$；2—$r=0.54t/m^3$；3—$r=0.62t/m^3$

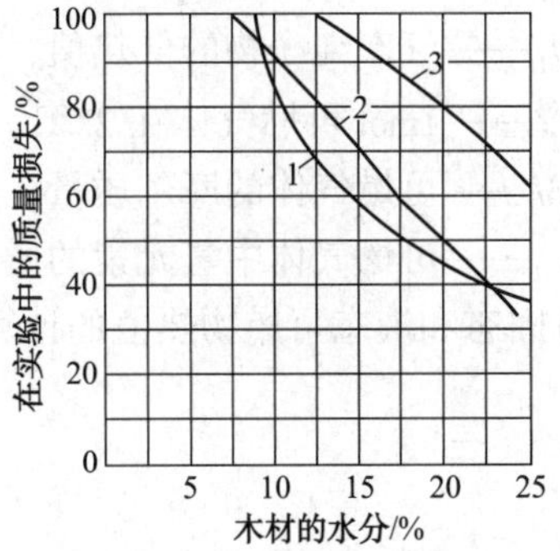


图 2-14　木材燃烧速度与水分的关系

1—枫树，$r=0.55t/m^3$；2—橡树，$t=0.71t/m^3$；3—山毛榉，$r=0.72t/m^3$

(3)固体的比表面积

比表面积即固体的表面积与其体积的比值。固体的粒度不同、几何形状不同，其比表面积也不同。

比表面积大，燃烧时单位体积固体承受的热量就大，因而燃烧速度大。参见图 2-15。

此外，固体的初温对燃烧速度也有影响：初温高，燃烧速度快。

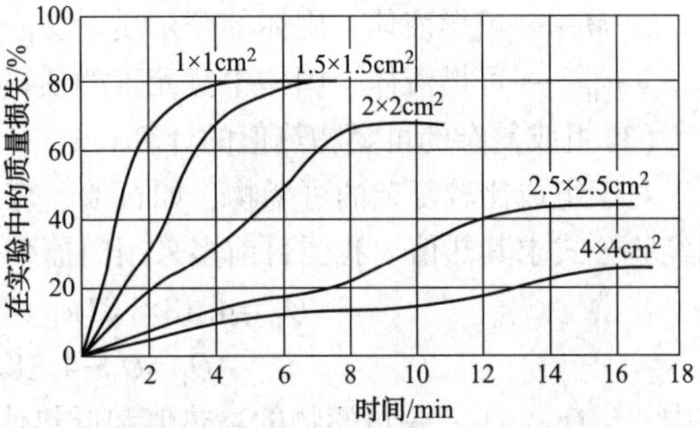


图 2-15　方木在不同断面时的燃烧速度

## 二、热值、燃烧热

在 1atm(1atm≈101.33kPa)、25℃标准状况时，1mol 可燃物质完全燃烧生成稳定的氧化物时所放出的热量，称为该物质的标准燃烧热。单位为 kJ/mol，符号为 $\Delta H_C^{\ominus}$。

在工程上习惯用热值的概念。单位质量(或单位体积)的可燃物质在完全燃烧时所放出的热量称为该物质的发热值，简称热值。单位为(kJ/kg)或($kJ/m^3$)。

物质的热值有高热值和低热值之分。高热值是指单位质量(单位体积)的可燃物质完全燃烧，生成的水蒸气全部冷凝成水所放出的热量；低热值则指单位质量(单位体积)可燃物质完全燃烧，生成的水蒸气不冷凝成水时放出的热量。两者相差的是水蒸气的蒸发热(冷凝热)。

对纯物质(包括单质和化合物)，其标准燃烧热和热值可直接查出。通常从手册中查取的标准燃烧热和热值是在标准大气压，25℃(298K)的条件下测得的，二者可进行换算。

(1)气态可燃物质热值的计算

$$Q_H=\frac{1000\times\Delta H_C^{\ominus}}{22.4} \tag{2-10}$$

$$Q_L=Q_H-10.09Mw_H \tag{2-11}$$

式中 $Q_H$——气态纯净物的高热值，$kJ/m^3$；

$Q_L$——气态纯净物的低热值，$kJ/m^3$；

$\Delta H_C^{\ominus}$——1mol 可燃气体在 25℃，1atm 条件下的燃烧热，kJ/mol；

$M$——可燃气体的摩尔质量，g/mol；

$w_H$——可燃气体中氢元素的质量分数,%。

(2)固态和液态可燃物热值的计算

$$Q_H=\frac{1000\times\Delta H_C^{\ominus}}{M} \tag{2-12}$$

$$Q_L=Q_H-226.1w_H \tag{2-13}$$

式中 $Q_H$——固态和液态纯净物的高热值，kJ/kg；

$Q_L$——固态和液态纯净物的低热值，kJ/kg；

$\Delta H_C^{\ominus}$——1mol 可燃液体、固体在 25℃，1atm 条件下的燃烧热，kJ/mol；

$M$——可燃液体、固体的摩尔质量，g/mol；

$w_H$——可燃液体、固体中氢元素的质量分数,%。

(3)组成复杂的可燃物热值的计算

对于组成比较复杂的可燃物，如石油、煤炭、木材等，其分子式一般无法确定，通常利用经验公式求其热值。我国目前多采用门捷列夫经验公式。即：

$$Q_H=4.18\times[81w_C+300w_H-26(w_O-w_S)] \tag{2-14}$$

$$Q_L=Q_H-4.18\times6(9w_H+w_W) \tag{2-15}$$

式中 $Q_H$、$Q_L$——可燃物的高热值和低热值，kJ/kg；

$w_C$、$w_H$、$w_S$、$w_W$——分别为可燃物中碳、氢、硫和水分的质量分数,%；

$w_O$——可燃物中氧和氮的质量分数,%。

【例 2-1】 求 5kg 木材燃烧的高、低发热量。

已知木柴组成：C—43%、O—41%、S—2%、H—7%、$H_2O$—7%。

解：$Q_H = 4.18 \times [81w_C + 300w_H - 26(w_O - w_S)]$

$= 4.18 \times [81 \times 43 + 300 \times 7 - 26(41-2)]$

$= 19098 kJ/kg$

$Q_L = Q_H - 4.18 \times 6(9w_H + w_W)$

$= 19098 - 4.18 \times 6(9 \times 7)$

$\approx 17518 kJ/kg$

5kg 木材的高发热量 = 19098×5 = 95490kJ

5kg 木材的低发热量 = 17518×5 = 87590kJ

答：5kg 木材的高热值为 95490kJ，低热值为 87590kJ。

一些可燃物质的燃烧热、热值数据见表 2-13。

**表 2-13 某些可燃气体热值**

| 气体 | 高热值 | | 低热值 | |
|---|---|---|---|---|
| | kJ/kg | $kJ/m^3_{标}$ | kJ/kg | $kJ/m^3_{标}$ |
| 氢 | 142050 | 12778 | 119562 | 10760 |
| 乙炔 | 49882 | 57912 | 48144 | 55894 |
| 甲烷 | 55760 | 39888 | 50116 | 35847 |
| 乙烯 | 49890 | 62396 | 46662 | 58360 |
| 乙烷 | 51699 | 65649 | 47311 | 58197 |
| 丙烯 | 48986 | 87085 | 45804 | 81224 |
| 丙烷 | 50242 | 93784 | 46264 | 83527 |
| 丁烯 | 48399 | 115137 | 45301 | 107601 |
| 丁烷 | 49404 | 121417 | 45636 | 108438 |
| 戊烷 | 49195 | 149887 | 45427 | 133978 |
| 一氧化碳 | 10161 | 12703 | — | — |
| 硫化氢 | 16789 | 25539 | 15617 | 24032 |

## 三、燃烧温度

可燃物在燃烧时所放出的热量，除小部分通过传导、对流、辐射等方式向燃烧体系环境传递外，大部分用于加热燃烧产物，所以燃烧产物所具有的温度，就称为燃烧温度。燃烧温度有理论燃烧温度和实际燃烧温度之分。

(1)理论燃烧温度

为了便于比较各种可燃物在一定条件下燃烧时所能达到的最高温度，一般引入理论燃烧温度的概念。理论燃烧温度，是指可燃物与空气在绝热条件下完全燃烧时，燃烧释放出的热量全部都传递给燃烧产物，使燃烧产物达到的最高温度。

(2)实际燃烧温度

实际燃烧温度，是指可燃物在实际条件下燃烧的产物温度，也包括火场条件下的燃烧温度。由于在火场条件下物质燃烧都进行得不完全，并且对周围的传热很多，所以实际燃烧温度总是低于理论燃烧温度。例如，松树的理论燃烧温度为1605℃，而实际的燃烧温度仅为1090℃。由于散热条件、可燃物与助燃物的比例、可燃物与助燃物在燃烧前的预热情况以及完全燃烧程度等因素的影响，实际中可燃物的燃烧温度也不是一个固定值。

(3)影响燃烧温度的主要因素

①可燃物的种类　不同的可燃物，由于其热值不同，在相同条件下燃烧时，其燃烧温度也不相同。例如，酒精火焰1180℃，二硫化碳火焰2195℃，煤油灯火焰780~1030℃，火柴火焰500~650℃，燃烧的烟卷700~800℃。燃烧温度并不是单一的与可燃物的热值有关，还与燃烧产物有关。一般情况下，热值增加时，燃烧产物的体积也是增加的，理论燃烧温度的增加幅度则主要看可燃物的热值与燃烧产物体积比值的增加幅度。

②过量空气系数$\alpha$　过量空气系数影响燃烧产物的生成量和成分，从而影响燃烧温度。理论燃烧温度规定的条件是$\alpha=1$，在保证可燃物完全燃烧的情况下，若$\alpha$值越大，理论燃烧温度则越低。

③可燃物与空气的预热温度　可燃物与空气的预热温度越高，燃烧温度也就越高。根据试验，只要把燃烧用的空气预热，就能显著提高燃烧温度，而且对热值高的可燃物的效果更为明显。例如，对发生炉煤气和高炉煤气，当空气预热温度提高200℃，则可提高燃烧温度约100℃；对于重油、天然气等燃料，预热温度提高200℃，则可提高燃烧温度约150℃。

④空气的富氧程度　可燃物在氧气或富氧空气中燃烧时，其燃烧温度要比在空气中燃烧时要高。例如，氢气在空气中燃烧时，火焰的最高温度为2130℃，而在纯氧中燃烧时，火焰的最高温度可达3150℃。

知道了可燃物的燃烧温度，可以大致确定其火灾危险性大小，据此可采取相应的预防措施。通常，可燃物的燃烧温度越高，火灾危险性就越大，起火后火势发展蔓延速度也就越快。部分可燃物的燃烧温度见表2-14。

**表2-14　部分可燃物的燃烧温度**　℃

| 物质名称 | 燃烧温度 | 物质名称 | 燃烧温度 | 物质名称 | 燃烧温度 |
|---|---|---|---|---|---|
| 甲烷 | 1800 | 丙酮 | 1000 | 钠 | 1400 |
| 乙烷 | 1896 | 乙醚 | 2861 | 石蜡 | 1427 |
| 丙烷 | 1977 | 原油 | 1100 | 一氧化碳 | 1680 |
| 丁烷 | 1982 | 汽油 | 1200 | 硫 | 1820 |
| 戊烷 | 1977 | 煤油 | 700~1030 | 二硫化碳 | 2195 |
| 己烷 | 1965 | 重油 | 1000 | 液化气 | 2110 |
| 苯 | 2032 | 烟煤 | 1647 | 天然气 | 2020 |
| 甲苯 | 2071 | 氢气 | 2130 | 石油气 | 2120 |
| 乙炔 | 2127 | 煤气 | 1600~1850 | 磷 | 900 |
| 甲醇 | 1100 | 木材 | 1000~1177 | 氨 | 700 |
| 乙醇 | 1180 | 镁 | 3000 | | |

# 第四节　燃烧参数计算

## 一、燃烧反应方程式

描述参加燃烧反应的各种物质变化过程的表达式，称为燃烧反应方程式。可燃物的燃烧一般是在空气中进行的，在空气中，氧气 $O_2$ 约占 21%(体积分数)，氮气 $N_2$(包括微量的惰性气体和其他气体)约占 79%，即 $V_{O_2}:V_{N_2}\approx 1:3.76$。$N_2$ 在燃烧过程中一般不参与化学反应，但空气中的 $N_2$ 总是与参与化学反应的 $O_2$ 按一定的比例(1∶3.76)进入燃烧体系。也就是说，空气燃烧时只要有 1 体积(或摩尔)的 $O_2$ 参加反应，就有 3.76 体积(或摩尔)的 $N_2$ 的参与，从而需要 4.76 体积(或摩尔)的空气。因此，研究空气中物质的燃烧反应，必须考虑 $N_2$ 的参与，并将相应量的 $N_2$ 写入燃烧反应方程式。

例如，碳完全燃烧的化学反应方程式为 $C+O_2 = CO_2$，每燃烧 1mol 的 C，就要消耗 1mol 的 $O_2$，也必然有 3.76mol 的 $N_2$ 同时进入燃烧体系。所以空气中碳的燃烧反应方程式为

$$C+O_2+3.76N_2 = CO_2+3.76N_2+Q$$

一般有机可燃物的分子式可表示为 $C_\alpha H_\beta O_\gamma$，其空气中完全燃烧反应方程式通式可表示为

$$C_\alpha H_\beta O_\gamma+\left(\alpha+\frac{\beta}{4}-\frac{\gamma}{2}\right)O_2+\left(\alpha+\frac{\beta}{4}-\frac{\gamma}{2}\right)\times 3.76N_2=\alpha CO_2+\frac{\beta}{2}H_2O+\left(\alpha+\frac{\beta}{4}-\frac{\gamma}{2}\right)\times 3.76N_2+Q$$

## 二、完全燃烧所需空气量的计算

1. 纯净物完全燃烧所需空气量的计算

1mol 可燃纯净物(单质或化合物)完全燃烧所需 $O_2$ 为 $N$mol，则所需的空气量为 4.76$N$mol。在实际的工作中，常把单位体积气体可燃物或单位质量的液体和固体可燃物完全燃烧所需的空气量称为单位空气量，简称空气量，用 $V_{air}$ 表示。

(1)气态纯净物

根据理想气体状态方程 $pV=nRT$，在相同状态下，气体的摩尔比等于其体积比。由燃烧反应方程式可知，如果 1mol 气态纯净物完全燃烧需要 $N$mol 的 $O_2$，所需的空气量为 4.76$N$mol，则 $1m^3$ 气态纯净物完全燃烧需要 $Nm^3$ 的 $O_2$，所需的空气量为 $4.76Nm^3$，即

$$V_{air}=4.76N \tag{2-16}$$

**【例 2-2】** 试求 $1m^3$ 乙炔完全燃烧所需的空气量。

**解：** 乙炔在空气中完全燃烧反应方程式

$$C_2H_2+\frac{5}{2}O_2 = 2CO_2+H_2O$$

$$V_{air}=4.76N=4.76\times\frac{5}{2}=11.9\quad m^3$$

**答：** $1m^3$ 乙炔完全燃烧所需的空气量为 $11.9m^3$。

(2)液态或固态纯净物

液态或固态纯净物，在标准状况下完全燃烧所需的空气量($m^3/kg$)可按下式计算：

$$V_{air}=4.76N\times\frac{22.4}{M} \tag{2-17}$$

式中　$M$——液态或固态可燃纯净物的摩尔质量，g/mol。

**【例 2-3】**　试求 1kg 乙醇在标准状况下完全燃烧所需的空气量。

**解**：乙醇在空气中完全燃烧反应方程式

$$C_2H_5OH+3O_2 = 2CO_2+3H_2O$$

已知：$N=3$，$M=46$g/mol

则　$$V_{air}=4.76N\times\frac{22.4}{M}=4.76\times3\times\frac{22.4}{46}\approx6.95\quad m^3$$

**答**：1kg 乙醇在标准状况下完全燃烧所需的空气量约为 6.95$m^3$。

2. 混合物完全燃烧所需空气量的计算

(1)固体和液体混合物

一般情况下，对于固体和液体可燃物，习惯上用质量分数表示其组成，其成分为

$$w(C)+w(H)+w(O)+w(N)+w(S)+w(A)+w(H_2O)=100\%$$

式中，$w(C)$、$w(H)$、$w(O)$、$w(N)$、$w(S)$、$w(A)$、$w(H_2O)$分别为可燃物中碳、氢、氧、氮、硫、灰分和水分的质量分数，其中，碳、氢和硫是可燃成分；氮、灰分和水分是不可燃成分；氧是助燃成分。

利用可燃物发生完全燃烧的燃烧反应方程式计算出的空气量称为理论空气量。计算理论空气量，应该首先计算可燃物中可燃成分(碳、氢、硫等)完全燃烧所需要的氧气量。如果知道了某种可燃物的元素组成，则根据反应前后的物质平衡关系，可以得到单位质量的该可燃物发生化学当量比燃烧所需的空气体积。例如，1kmol 的 C 完全燃烧需要 1kmol$O_2$，同时生成 1kmol 的 $CO_2$。而 1kmol C 的质量为 12kg，故 1kg 的 C 完全燃烧就需要 1/12kmol 的 $O_2$。对于 1kg 的 H 和 S，可类似求出它们完全燃烧所需的理论 $O_2$ 量分别为 1/4kmol 和 1/32kmol。

考虑到可燃物本身还含有$\frac{1}{32}\times\frac{w_O}{100}$kmol 的 O，在计算 $O_2$ 需要量时应当把这部分 O 的含量扣除。于是，1kg 可燃物完全燃烧所需要 $O_2$ 量(kmol)为

$$V_{O_2}=\frac{1}{12}\times\frac{w_C}{100}+\frac{1}{4}\times\frac{w_H}{100}+\frac{1}{32}\times\frac{w_S}{100}-\frac{1}{32}\times\frac{w_O}{100} \tag{2-18}$$

式中，$w_C$、$w_S$、$w_H$、$w_O$ 分别为该可燃物所含的碳、硫、氢、氧的元素分析组成。

燃烧 1kg 可燃物所需要的理论空气量($m^3$)为

$$V_{air}=\frac{22.4\times V_{O_2}}{0.21}=\frac{22.4}{0.21}\times\left(\frac{1}{12}\times\frac{w_C}{100}+\frac{1}{4}\times\frac{w_H}{100}+\frac{1}{32}\times\frac{w_S}{100}-\frac{1}{32}\times\frac{w_O}{100}\right) \tag{2-19}$$

**【例 2-4】**　求 1kg 木材完全燃烧所需要的理论空气量。

已知木材组分的质量分数为

$w_C=48\%$，$w_H=5\%$，$w_O=40\%$，$w_N=2\%$，$w_{H_2O}=5\%$。

**解**：燃烧 1kg 此木材所需理论空气量为

$$\begin{aligned}V_{air}&=\frac{22.4\times V_{O_2}}{0.21}=\frac{22.4}{0.21}\times\left(\frac{1}{12}\times\frac{w_C}{100}+\frac{1}{4}\times\frac{w_H}{100}+\frac{1}{32}\times\frac{w_S}{100}-\frac{1}{32}\times\frac{w_O}{100}\right)\\&=\frac{22.4}{0.21}\times\left(\frac{1}{12}\times48\%+\frac{1}{4}\times5\%-\frac{1}{32}\times40\%\right)\\&\approx4.27\quad m^3\end{aligned}$$

**答：**1kg 木材完全燃烧所需要的理论空气量为 4.27m³。

(2)气体混合物

由多种已知分子式和体积分数 $V_i$%的气体组成的气体可燃混合物，其完全燃烧所需的空气量可通过下式计算：

$$V_{air}=\frac{1}{0.21}V_{O_2}=\frac{1}{0.21}(\sum N_iV_i-O_2\%) \quad (2-20)$$

式中 $N_i$——各组分的气体完全燃烧所需要的理论氧气量，m³；

$V_i$——各组分的气体在混合气中的浓度,%。

若混气中含有 $N_2$、$CO_2$ 等既不燃烧也不助燃的气体，则不计入公式中。

**【例 2-5】** 试求完全燃烧 1m³ 高炉煤气所需的空气量。

已知高炉煤气的组成为 $CO_2$—12%、CO—25%、$CH_4$—1%、$H_2$—2%、$N_2$—60%。

**解：**高炉煤气中的可燃成分为 CO、$CH_4$ 和 $H_2$，无助燃成分。其燃烧反应方程式为

$$CO+\frac{1}{2}O_2 = CO_2$$

$$CH_4+2O_2 = CO_2+2H_2O$$

$$H_2+\frac{1}{2}O_2 = H_2O$$

由燃烧反应方程式可知：

$$CO \quad N_1=\frac{1}{2};\ CH_4 \quad N_2=2;\ H_2 \quad N_3=\frac{1}{2}$$

将有关数值代入式(2-20)，则

$$V_{air}=\frac{1}{0.21}(\sum N_iV_i-O_2\%)$$

$$=\frac{1}{0.21}\left(\frac{1}{2}\times25\%+2\times1\%+\frac{1}{2}\times2\%\right)$$

$$\approx0.74 \quad m^3$$

**答：**完全燃烧 1m³ 高炉煤气所需的空气量为 0.74m³。

## 三、理论空气量与实际空气量

在实际燃烧过程中，由于环境条件一般都不处于标准状态，供应的空气量往往不等于燃烧所需要的理论空气量。可燃物完全燃烧所需的实际空气量与理论空气量之差称为过量空气，实际空气量与理论空气量之比称为过量空气系数，常用 $\alpha$ 表示，即

$$\alpha=\frac{V_{实}}{V_{理}} \quad (2-21)$$

$\alpha$ 值一般在 1~2 之间，各种状态的可燃物完全燃烧时的 $\alpha$ 经验值为：气态物质 $\alpha$ 为 1.02~1.2；液态物质 $\alpha$ 为 1.1~1.3；固态物质 $\alpha$ 为 1.3~1.7。可燃物完全燃烧实际所需的空气量，可用过量空气系数 $\alpha$ 求算近似值。常见可燃物完全燃烧所需的理论空气量见表 2-15。

表 2-15　常见可燃物完全燃烧所需的理论空气量

| 物质名称 | $1m^3$ 可燃物燃烧所需空气量 | | 物质名称 | $1m^3$ 可燃物燃烧所需空气量 | |
|---|---|---|---|---|---|
| | $m^3$ | kg | | $m^3$ | kg |
| 乙炔 | 11.90 | 15.40 | 丙酮 | 7.53 | 9.45 |
| 氢 | 2.38 | 3.00 | 苯 | 10.25 | 13.20 |
| 一氧化碳 | 2.38 | 3.00 | 甲苯 | 10.30 | 13.30 |
| 甲烷 | 9.52 | 21.30 | 石油 | 10.80 | 14.00 |
| 丙烷 | 23.80 | 30.60 | 汽油 | 11.10 | 14.35 |
| 丁烷 | 30.94 | 40.00 | 煤油 | 11.50 | 14.87 |
| 水煤气 | 2.20 | 2.84 | 木材 | 4.26 | 5.84 |
| 焦炉气 | 3.68 | 4.76 | 碳 | 8.89 | 11.44 |
| 乙烯 | 14.28 | 18.46 | 硫 | 3.33 | 4.30 |
| 丙烯 | 21.42 | 27.70 | 磷 | 4.30 | 5.56 |
| 丁烯 | 28.56 | 36.93 | 钾 | 0.70 | 0.90 |
| 硫化氢 | 7.14 | 9.23 | 萘 | 10.00 | 12.93 |

当 $\alpha=1$ 时，表示实际供给的空气量等于理论空气量。从理论上讲，此时燃料中的可燃物质可以全部氧化，燃料与氧化剂的配比符合化学反应方程式的当量关系。此时的燃料与空气量之比称为化学当量比。

当 $\alpha>1$ 时，表示实际供给的空气量多于理论空气量。在实际的燃烧装置中，绝大多数情况下均采用这种供气方式，因为这样既可以节省燃料，也具有其他的有益作用。

无论 $\alpha=1$ 还是 $\alpha>1$，燃料的燃烧都是完全的，其主要区别在于燃烧以后所形成的产物成分比例不同。当 $\alpha>1$ 时，燃料与氧化剂反应完成以后，产物中还残留有部分未参加反应的氧化剂，这在分析燃烧产物时应该注意。

当 $\alpha<1$ 时，表示实际供给的空气量少于理论空气量。这种燃烧过程不可能是完全的，燃烧产物中尚剩余可燃物质，而氧气却消耗完毕，这样势必造成燃料浪费。但是，在某些情况下，如点火时，为使点燃成功，往往多供应燃料。一般情况下，应当避免 $\alpha<1$ 的情况。

综上所述，过量空气系数 $\alpha$ 是表明在由液体或者气体燃料与空气组成的可燃混合气中燃料和空气比的参数，其数值对于燃烧过程有很大影响，$\alpha$ 过大或者过小都不利于燃烧的进行。

## 四、完全燃烧产物量计算

完全燃烧时，燃烧产物的组成及生成量可根据物质中可燃组分的燃烧生成量求得。此时，燃烧产物的主要成分有：燃料中可燃成分的完全燃烧产物，如 $CO_2$、$H_2O$ 和 $SO_2$；燃料和空气中含有的氮 $N_2$；未燃完空气中的氧 $O_2$；水蒸气。

在燃烧产物计算过程中，燃料的量按 1kg（或 $1Nm^3$）来计算的。当完全燃烧时，燃烧产物的体积按上述组分组成得到：

$$V_p=V_{CO_2}+V_{SO_2}+V_{N_2}+V_{O_2}+V_{H_2O}$$

当 $\alpha=1$ 时，完全燃烧后燃烧产物的体积称为理论燃烧产物量，用符号 $V_P^0$ 来表示。

$$V_P^0=V_{CO_2}+V_{SO_2}+V_{N_2}^0+V_{H_2O}^0$$

式中，$V_{N_2}^0$、$V_{H_2O}^0$分别表示在理论空气需要量下完全燃烧后所得的理论氮气体积和理论水蒸气体积。

1. 固体和液体可燃物的燃烧产物量

固体和液体可燃物的燃烧产物生成量可分别由其中可燃组分的燃烧生成量而得。

按照完全燃烧的化学反应方程式，碳燃烧时的数量关系为

$$C+O_2 = CO_2$$

1kg 碳完全燃烧生成 $CO_2$ 的体积为$\frac{22.4}{12}m^3$，1kg 燃料中含有碳为$\frac{w_C}{100}kg$，1kg 燃料燃烧后生成的二氧化碳体积为

$$V_{CO_2}=\frac{22.4}{100}\times\frac{w_C}{12} \quad m^3/kg \tag{2-22}$$

同理可得，1kg 燃料燃烧后生成的二氧化硫体积为

$$V_{SO_2}=\frac{22.4}{100}\times\frac{w_S}{32} \quad m^3/kg \tag{2-23}$$

则三原子气体 $RO_2$ 的体积为

$$V_{RO_2}=\frac{22.4}{100}\left(\frac{w_C}{12}+\frac{w_S}{32}\right) \quad m^3/kg \tag{2-24}$$

理论氮气量的来源有两部分，一部分来源于燃料中的氮，另一部分来源于理论空气中的氮气。则理论氮气量为

$$V_{N_2}^0=\frac{22.4}{100}\times\frac{w_N}{28}+0.79V_{air}^0 \quad m^3/kg \tag{2-25}$$

理论水蒸气的来源有两部分，一部分来源于燃料中氢完全燃烧转化生成的水蒸气，另一部分来源于燃料中的水分形成的水蒸气。1kg 燃料中水分含量为$\frac{w_W}{100}kg$，所以，理论水蒸气量为

$$V_{H_2O}^0=\frac{22.4}{100}\left(\frac{w_H}{2}+\frac{w_W}{18}\right) \quad m^3/kg \tag{2-26}$$

因此，当 $\alpha=1$ 时，理论燃烧产物量为

$$\begin{aligned}V_P^0&=V_{CO_2}+V_{SO_2}+V_{N_2}^0+V_{H_2O}^0\\&=\frac{22.4}{100}\left(\frac{w_C}{12}+\frac{w_S}{32}+\frac{w_N}{28}+\frac{w_H}{2}+\frac{w_W}{18}\right)+0.79V_{air}^0 \quad m^3/kg\end{aligned} \tag{2-27}$$

当 $\alpha>1$ 时，空气量过量，这时过量的空气直接变为燃烧产物，实际燃烧产物量等于理论燃烧产物量加上过量的空气量。过量的空气量为

$$\Delta V_{air}=(\alpha-1)V_{air}^0 \quad m^3/kg \tag{2-28}$$

则实际燃烧产物量为

$$V_p=V_P^0+\Delta V_{air}=\frac{22.4}{100}\left(\frac{w_C}{12}+\frac{w_S}{32}+\frac{w_N}{28}+\frac{w_H}{2}+\frac{w_W}{18}\right)+(\alpha-0.21)V_{air}^0 \quad m^3/kg \tag{2-29}$$

2. 气体可燃物的燃烧产物量

气体燃料的成分可能有 CO、$CO_2$、$C_nH_m$、$H_2$、$H_2S$、$H_2O$、$N_2$ 和 $O_2$ 等，空气成分为 $N_2$、$O_2$ 和 $H_2O$。气体燃料和空气混合燃烧后产生的燃烧产物包括如 $CO_2$、$H_2O$、$N_2$、$O_2$、$SO_2$。

当 $\alpha=1$ 时，完全燃烧产生的烟气中，包括 $CO_2$、$SO_2$、$H_2O$ 和 $N_2$ 4 种成分，根据气体燃料完全燃烧方程式可计算出 $1m^3$ 气体燃料生成物的体积。

二氧化碳的体积 $V_{CO_2}$

$$V_{CO_2}=\frac{1}{100}(CO+CO_2+\sum nC_nH_m)\quad m^3/m^3 \tag{2-30}$$

二氧化硫的体积 $V_{SO_2}$

$$V_{SO_2}=\frac{V_{H_2S}}{100}\quad m^3/m^3 \tag{2-31}$$

理论氮气量 $V_{N_2}^0$

$$V_{N_2}^0=\frac{N_2}{100}+0.79V_{air}^0\quad m^3/m^3 \tag{2-32}$$

理论水蒸气量 $V_{H_2O}^0$

$$V_{H_2O}^0=\frac{1}{100}\left(H_2+H_2O+\sum\frac{m}{2}C_nH_m+H_2S\right)\quad m^3/m^3 \tag{2-33}$$

则，理论燃烧产物量为

$$\begin{aligned}V_P^0&=V_{CO_2}+V_{SO_2}+V_{N_2}^0+V_{H_2O}^0\\&=\frac{1}{100}\left[CO+CO_2+\sum\left(n+\frac{m}{2}\right)C_nH_m+2H_2S+H_2+H_2O+N_2\right]+0.79V_{air}^0\quad m^3/m^3\end{aligned} \tag{2-34}$$

当理 $\alpha>1$ 时，气体燃料燃烧产物计算与固体和液体的计算方法相同，其实际燃烧产物量为

$$\begin{aligned}V_p&=V_P^0+\Delta V_{air}\\&=\frac{1}{100}\left[CO+CO_2+\sum\left(n+\frac{m}{2}\right)C_nH_m+2H_2S+H_2+H_2O+N_2\right]+(\alpha-0.21)V_{air}^0\quad m^3/m^3\end{aligned} \tag{2-35}$$

由式(2-34)~式(2-35)可知，完全燃烧的理论燃烧产物量只与燃料成分有关系，燃料中的可燃成分含量越高，发热量越高，则 $V_P^0$ 也就越大。而实际燃烧产物量还与空气过量系数有关，燃烧时的空气系数越大，$V_p$ 也越大。燃烧产物的成分除与燃料的成分有关外，也与过量空气消耗系数有关，过量空气系数越大，则产物中的氧浓度越高，其氧化性越强。

## 复习思考题

1. 什么是燃烧？燃烧的主要特征是什么？
2. 简述链式反应热自燃理论，并用该理论分析着火条件。
3. 简述气体、液体和固体可燃物的燃烧过程各具有什么特点。
4. 影响气体燃烧速度的因素主要有哪些？
5. 简述火灾烟气的危害。
6. 已知木材组分的质量分数为：$w_C=43\%$，$w_H=7\%$，$w_O=41\%$，$w_N=3\%$，$w_{H_2O}=6\%$。试求 5kg 木材完全燃烧所需要的理论空气量。

# 第三章 爆炸理论基础

**学习目标**

1. 掌握爆炸的定义、爆炸的分类方法、爆炸发生的条件，了解爆炸的破坏作用；

2. 掌握爆炸极限的定义、爆炸极限的计算方法，了解爆炸极限的应用；

3. 了解可燃气体爆炸的典型形式和爆炸特性参数及其测定方法，掌握可燃气体爆炸效应计算；

4. 掌握粉尘爆炸的条件、影响粉尘爆炸的主要因素，了解粉尘爆炸的特点。

## 第一节 爆炸概述

### 一、爆炸的定义及分类

1. 爆炸的定义

爆炸是指物质从一种状态，经过物理变化或化学变化，突然变成另一种状态，并放出巨大的能量，而产生光和热或机械功。当物质从一种状态“突变”到另一种状态时，它的物理状态或化学成分发生急剧的转变，使其本身所具有的能量(位能)以急剧的速度释放出来，使周围的物体遭受到猛烈的冲击和破坏。雷电、火山爆发属于自然界的一种爆炸现象；工程建设中利用爆炸能量，造福人类的爆炸是人为受控的爆炸；在人们生产活动中，发生了违背人们意愿的爆炸，叫作事故性爆炸，如矿山井下瓦斯爆炸，锅炉、压力容器爆炸，粮食粉尘的爆炸等。

2. 爆炸的分类

(1)按照爆炸的能量来源分类

按照爆炸的能量来源，爆炸可分为物理爆炸、化学爆炸和核爆炸三大类。

①物理爆炸　是指体系中的物质因温度、压力或体积发生突变，而使得物理能量迅速释放并转化为机械功，这是一种物理变化过程，只发生物态变化，不发生化学反应。如蒸汽锅炉爆炸、轮胎爆炸、高压气瓶爆炸等。

②化学爆炸　是指体系中的物质在极短的时间内发生剧烈的化学反应，物质的化学能瞬间转化为大量热量，并产生高温、高压而引起的爆炸，是一种化学变化过程。如炸药的爆炸，可燃气体、可燃粉尘与空气形成的爆炸性混合物的爆炸，均属化学爆炸。

③核爆炸　是指物质的原子核发生裂变反应或聚变反应时，瞬间放出巨大能量而形成的爆炸现象。如原子弹、氢弹的爆炸。

(2)按爆炸反应相态分类

按照参加爆炸反应物的相态，可分为气相爆炸、液相爆炸和固相爆炸。见表 3-1 与表 3-2。

**表 3-1　气相爆炸类型**

| 类型 | 爆炸原理 | 举　例 |
|---|---|---|
| 混合气体爆炸 | 可燃气体和助燃气体以适当的浓度混合，由于燃烧波或爆炸波的传播而引起的爆炸 | 空气或氢气、丙烷、乙醚等混合气的爆炸 |
| 气体的爆炸分解 | 单一气体由于分解反应产生大量的反应热引起的爆炸 | 乙炔、乙烯、氯乙烯等在分解时引起的爆炸 |
| 粉尘爆炸 | 空气中飞散的易燃性粉尘，由于剧烈燃烧引起的爆炸 | 空气中飞散的铝粉、镁粉等引起的爆炸 |
| 喷雾爆炸 | 空气中易燃烧液体被喷成雾状物在剧烈的燃烧时引起的爆炸 | 油压机喷出的油珠、喷漆作业引起的爆炸 |

**表 3-2　液相、固相爆炸类型**

| 类型 | 爆炸原因 | 举　例 |
|---|---|---|
| 混合危险物质的爆炸 | 氧化性物质与还原性物质或其他物质混合引起爆炸 | 硝酸和油脂、液氧和煤粉、高锰酸钾和浓酸、无水顺丁二酸和烧碱等混合时引起的爆炸 |
| 易爆化合物的爆炸 | 有机过氧化物、硝基化合物、硝酸酯等燃烧引起爆炸和某些化合物的分解反应引起爆炸 | 丁酮过氧化物、三硝基甲苯、硝基甘油等的爆炸；叠氮化铅、乙炔铜等的爆炸 |
| 导线爆炸 | 在有过载电流流过时，使导线过热，金属迅速气化而引起爆炸 | 导线因电流过载而引起的爆炸 |
| 固相转化时造成爆炸 | 固相相互转化时放出热量，而造成空气急速膨胀而引起爆炸 | 无定形锑转化成结晶形锑时由于放热而造成爆炸 |
| 蒸汽爆炸 | 由于过热，发生快速蒸发而引起的爆炸 | 熔融的矿渣与水接触，钢水与水混合产生蒸汽爆炸 |

(3)按照爆炸速度分类

在化学爆炸中，根据爆炸传播速度，又可分为爆燃、爆炸和爆轰。

①爆燃　物质爆炸时的燃烧速度为每秒数米，爆炸时无多大破坏力，声响也不大。如无烟火药在空气中的快速燃烧，可燃气体混合物在接近爆炸浓度上限或下限时的爆炸即属于此类。

②爆炸　物质爆炸时的燃烧速度为每秒十几米至数百米，爆炸时能在爆炸点引起压力激增，有较大的破坏力，有震耳的声响。可燃气体混合物在多数情况下的爆炸，以及火药遇火源引起的爆炸即属于此类。

③爆轰　物质爆炸的燃烧速度为每秒数千米。爆轰时的特点是突然引起极高压力，并产生超音速的“冲击波”。例如，梯恩梯(TNT)炸药的爆轰速度为6800m/s。

## 二、爆炸发生的条件

1. 物理爆炸发生条件

物理爆炸是一种因体系中物理能量失控而导致物质以极快的速度释放能量，转化为光、热、机械功等能量形式的爆炸现象。从锅炉爆炸、压力容器爆炸等常见物理爆炸角度看，物理爆炸发生条件可归结为：爆炸体系内存有高压气体或在爆炸瞬间生成高温高压气体或蒸气急剧膨胀，以及爆炸体系与周围介质之间发生急剧的压力突变。

2. 化学爆炸发生条件

化学爆炸过程具有反应过程放热、反应过程速度极快并能自动传播和反应过程中生成大量气体产物三个特征，这三个特征也是任何化学反应导致爆炸的基本条件，三者互相关联，缺一不可。

(1)反应过程放热

这是化学反应能否成为爆炸反应的最重要的基础条件，也是爆炸过程的能量来源，没有这个条件，爆炸过程就不能发生。

如硝酸铵的分解反应：

$$NH_4NO_3 \xrightarrow{\text{低温加热}} NH_3+HNO_3-170.7kJ$$

$$NH_4NO_3 \xrightarrow{\text{用雷管引爆}} N_2+2H_2O+0.5O_2+126.4kJ$$

前者硝酸铵用作化肥在农田里发生缓慢的分解反应，反应过程吸热，根本不能爆炸；当硝酸铵被雷管引爆，发生放热的分解反应，可以用作矿山炸药。

(2)反应过程速度极快并能自动传播

混合爆炸物质是事先充分混合，氧化剂和还原剂充分接近的体系，许多炸药的氧化剂和还原剂共存于一个分子内，所以它们能够发生快速的逐层传递的化学反应，使爆炸过程能以极快的速度进行，这是爆炸反应同一般化学反应的一个最突出的不同点。一般化学反应也可以是放热的，而且有许多化学反应放出的热量甚至比爆炸物质爆炸时放出的热量大得多，但它未能形成爆炸现象，其根本原因就在于它们的反应速度慢。例如 1kg 木材的燃烧热为 16700kJ，它完全燃烧需要 10min；1kg 梯恩梯(TNT)炸药爆炸热量只有 4200kJ，它的爆炸反应只需要几十微秒，两者所需的时间相差千万倍。由于爆炸物质的反应速度极快，实际上可以近似认为，爆炸反应所放出的能量来不及逸出，全部聚集在爆炸物质爆炸前所占据的体积内，从而造成了一般化学反应所无法达到的能量密度。正是由于这个原因，爆炸物质爆炸才具有巨大的功率和强烈的破坏作用。

例如每公斤煤块和每公斤煤气的燃烧热都是 29000kJ，一块 1kg 的整煤完全燃烧约需 10min，而 1kg 煤气和空气混合后，只需 0.2s 即可烧完，属于爆炸过程，同样这些煤气和空气形成的混合气，在炸药引爆的条件下只需 0.7ms 就能反应完毕。根据功率与做功时间成反比的关系，可算出它们的功率如下：1kg 发热量为 29000kJ 的煤块燃烧时发出的功率为 48kW，1kg 发热量为 29000kJ 的煤气和空气的混合气爆炸时发出的功率为 $1.4\times10^5$kW，1kg 发热量为 29000kJ 的煤气和空气的混合气发生爆轰时发出的功率为 $4.1\times10^7$kW。这个例子清楚地说明爆炸过程的高速度和相应的释放反应热的高速度是爆炸过程的主要特征。

(3)反应过程中形成大量气体产物

气体在通常大气条件下密度比固体和液体物质要小得多，它具有可压缩性，它比固体和液体有大得多的体积膨胀系数，是一种优良的工质。爆炸物质在爆炸瞬间生成大量气体产物，由于爆炸反应速度极快，它们来不及扩散膨胀，都被压缩在爆炸物质原来所占有的体积内，爆炸过程在生成气体产物的同时释放出大量的热量，这些热量也来不及逸出，都加热了生成的气体产物，这样就导致在爆炸物质原来所占有的体积造成处于高温高压状态的气体。这种气体作为工质，在瞬间膨胀就可以做功，由于功率巨大，就能对周围物体、设备、房屋造成巨大的破坏作用。例如 1L 炸药在爆炸瞬间可以产生 1000L 左右的气体产物，它们被强烈地压缩在原有的体积内，再由于 3000~5000℃的高温，这样就形成了数十万个大气压的高温高压气体源，它们瞬间膨胀，功率巨大，破坏力也是巨大的。由上述可见，爆炸过程必须有气体产物生成是发生爆炸现象的必要条件。

爆炸过程必须生成气态产物才能造成爆炸作用，这一结论也可以通过一些不生成气体产物的强烈放热反应来说明，生成气体产物是产生爆炸作用的必要条件。例如，铝热剂反应：

$$2Al+Fe_2O_3 = Al_2O_3+2Fe+8290kJ$$

此反应热效应很大，足以使产物加热到 3000℃的高温，而且反应速度也相当快，但终究由于不形成气体产物而不具有爆炸能力。

## 三、爆炸的破坏作用

爆炸引起的破坏作用主要表现是爆炸冲击波、地震波、碎片或飞石、有毒气体和二次爆炸等。

### 1. 爆炸冲击波

爆炸形成的冲击波是一种通过空气传播的压力波，产生的高温、高压、高能量密度的气体产物，以极高的速度向周围膨胀，强烈压缩周围的静止空气，使其压力、密度和温度突然升高，像活塞运动一样向前推进，产生波状气压向四周扩散冲击。这种冲击波能造成附近建筑物的破坏，其破坏程度与冲击波能量的大小有关，并与建筑物的坚固程度及其距离产生冲击波中心的远近有关。冲击波对建筑物的破坏和对生物体杀伤作用见表 3-3 和表 3-4。

**表 3-3　冲击波对砖墙建筑物的破坏**

| 超压力/$\times10^5$Pa | 建筑物破坏情况 |
|---|---|
| <0.02 | 基本上没有破坏 |
| 0.02~0.12 | 玻璃窗的部分或全部破坏 |
| 0.12~0.3 | 门窗部分破坏，砖墙出现小裂纹 |
| 0.3~0.5 | 门窗大部分破坏，砖墙出现严重裂纹 |
| 0.5~0.76 | 门窗全部破坏，墙砖部分倒塌 |
| >0.76 | 墙倒屋塌 |

**表 3-4　冲击波对生物体的杀伤作用**

| 超压力/$\times10^5$Pa | 对生物体的杀伤情况 |
|---|---|
| <0.1 | 无损伤 |
| 0.1~0.25 | 轻伤，出现 1/4 的肺气肿，2~3 个内脏出血点 |
| 0.25~0.45 | 中伤，出现 1/3 的肺气肿，1~3 片内脏出血，一个大片内脏出血 |

续表

| 超压力/$\times10^5$Pa | 对生物体的杀伤情况 |
| --- | --- |
| 0.45~0.75 | 重伤，出现1/2的肺气肿，3个以上的片状出血，2个以上大片内脏出血 |
| >0.75 | 伤势严重，无法挽救，死亡 |

2. 地震波

地震波由若干种波组成，根据波传播的途径不同，波可分为体积波和表面波。爆炸引起的地震波，常常会造成在爆源附近的地面及地面一切物体产生颠簸和摇晃，当振动达到一定的强度时，可造成爆炸区周围建筑物和构筑物的破坏。例如，某市的亚麻厂发生粉尘爆炸时，有连续3次爆炸，结果在该市地震局的地震检测仪上，记录了在7s之内的曲线上出现3次高峰。在爆炸波及的范围内，这种地震波会造成建筑物的震荡、开裂、松散倒塌等后果。

3. 碎片或飞石

爆炸的机械破坏效应会使容器、设备、装置以及建筑材料等的碎片四处飞散，其距离一般可达100~500m，在相当大的范围内造成伤害。

在工程爆破中，特别是进行抛掷爆破和用裸露药包进行破碎时，个别岩石块可能飞散得很远，常常造成人员、设备和建筑物的损坏。

4. 有毒气体

在爆炸反应中会生成一定量的CO、NO、$H_2S$、$SO_2$等有毒气体。特别是在有限空间内发生爆炸时，有毒气体会导致人员中毒或死亡。

5. 二次爆炸

发生爆炸时，如果车间、库房(如制氢车间、汽油库或其他建筑物)里存放有可燃物资，会造成火灾；高空作业人员受冲击波或震荡作用，会造成高处坠落事故；粉尘作业场所轻微的爆炸冲击波会使积存于地面上的粉尘扬起，造成更大范围的二次爆炸等。

## 第二节 爆炸极限

### 一、爆炸极限的概念

可燃气体(或蒸气、粉尘)与空气的混合物，并不是在任何浓度下，遇到火源都能爆炸，而是必须在一定的浓度范围内，遇火源才能发生爆炸。当可燃性气体、蒸气或可燃粉尘与空气(或氧)在一定浓度范围内均匀混合，遇到火源发生爆炸的浓度范围称为爆炸浓度极限，简称爆炸极限。通常将其最低浓度称为爆炸下限，最高浓度称为爆炸上限。爆炸极限是表征可燃气体、蒸气和可燃粉尘危险性的主要参数。爆炸极限一般用可燃气在空气中的体积分数来表示。

### 二、爆炸极限的影响因素

爆炸极限值不是一个物理常数，它随条件的变化而变化。在判断某工艺条件下的爆炸危险性时，需根据危险物品所处的条件来考虑其爆炸极限，如在火药、起爆药、炸药烘干工房内可燃蒸气的爆炸极限与其他工房在正常温度下的极限是不一样的，在受压容器和在正常压力下的爆炸极限亦有所不同；其他因素如点火源的能量，容器的形状、大小，火焰的传播方向，惰性气体与杂质的含量等均对爆炸极限有影响。下面分别进行讨论。

1. 温度的影响

混合爆炸气体的初始温度越高，爆炸极限范围越宽，则爆炸下限越低，上限越高，爆炸危险性增加。这是因为，在温度增高的情况下，活化分子增加，分子和原子的动能也增加，使活化分子具有更大的冲击能量，爆炸反应容易进行，使原来含有过量空气(低于爆炸下限)或可燃物(高于爆炸上限)而不能使火焰蔓延的混合物浓度变成可以使火焰蔓延的浓度，从而扩大了爆炸极限范围。丙酮的爆炸极限受温度影响的情况见表3-5。

**表3-5 丙酮爆炸极限受温度的影响**

| 混合物温度/℃ | 爆炸下限/% | 爆炸上限/% |
|---|---|---|
| 0 | 4.2 | 8.0 |
| 50 | 4.0 | 9.8 |
| 100 | 3.2 | 10.0 |

2. 压力的影响

一般而言，初始压力增大，气体爆炸极限也变大，爆炸危险性增加。这是因为，在高压下混合气体的分子浓度增大，反应速度加快，放热量增加，且在高气压下，气体分子间热传导性好，热损失小，有利于可燃气体的燃烧或爆炸。甲烷混合气初始压力对爆炸极限的影响见表3-6。

**表3-6 甲烷混合气初始压力对爆炸极限的影响**

| 初始压力/MPa | 爆炸下限/% | 爆炸上限/% |
|---|---|---|
| 0.1 | 5.6 | 14.3 |
| 1 | 5.9 | 17.2 |
| 5 | 5.4 | 29.4 |
| 12.5 | 5.7 | 45.7 |

值得重视的是，当混合物的初始压力减小时，爆炸极限范围缩小；当压力降到某一数值时，则会出现下限与上限重合，这就意味着初始压力再降低时，混合气体不会发生爆炸。把爆炸极限范围缩小为零的压力称为爆炸的临界压力。甲烷在3个不同的初始温度下，爆炸极限随压力下降而缩小的情况如图3-1所示。因此，密闭设备进行减压操作对安全是有利的。

3. 惰性介质的影响

若在混合气体中加入惰性气体(如氮、二氧化碳、水蒸气、氩、氦等)，随着惰性气体含量的增加，爆炸极限范围缩小。当惰性气体的浓度增加到某一数值时，爆炸上下限趋于一致，使混合气体不发生爆炸。这是因为，加入惰性气体后，使可燃气体的分子和氧分子隔离，它们之间形成一层不燃烧的屏障，而当氧分子冲击惰性气体时，活化分子失去活化能，使反应键中断。若在某处已经着火，则放出热量被惰性气体吸收，热量不能积聚，火焰不能蔓延到可燃气分子上去，可起到抑制作用。惰性气体氩、氦，阻燃性气体二氧化碳及水蒸气、氮气的浓度对甲烷气体爆炸极限的影响如图3-2所示。

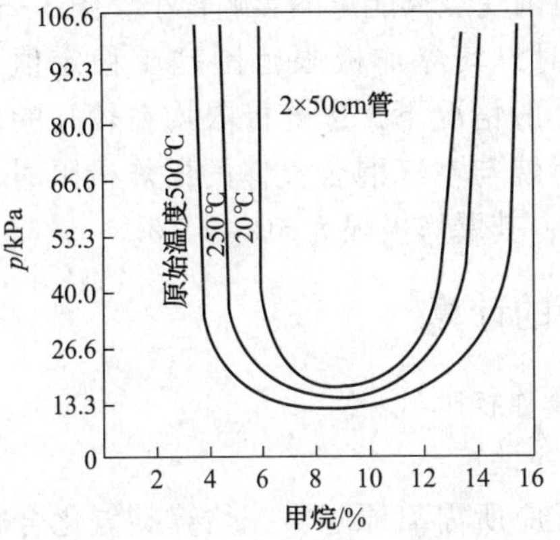


图 3-1　甲烷在减压下的爆炸极限图

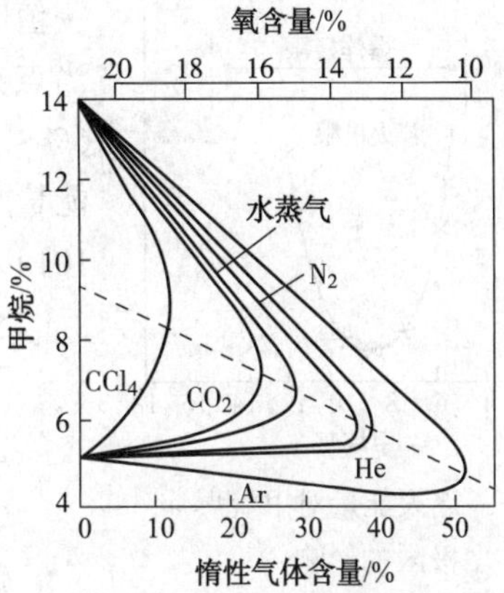


图 3-2　惰性气体浓度对甲烷爆炸极限的影响

由图 3-2 可知，混合气体中惰性气体浓度的增加，使空气的浓度相对减少，在爆炸上限时，可燃气体浓度大，空气浓度小，混合气中氧浓度相对减少，故惰性气体更容易把氧分子和可燃性气体分子隔开，对爆炸上限产生较大的影响，使爆炸上限迅速下降。同理，混合气体中氧含量的增加，爆炸极限扩大，尤其对爆炸上限提高得更多。可燃气体在空气中和纯氧中的爆炸极限比较见表 3-7。

**表 3-7　可燃气体在空气和纯氧中的爆炸极限**

| 物质名称 | 在空气中的爆炸极限/% | 在纯氧的爆炸极限/% |
|---|---|---|
| 甲烷 | 4. 9~15 | 5~61 |
| 乙烷 | 3~15 | 3~66 |
| 丙烷 | 2. 1~9. 5 | 2. 3~55 |
| 丁烷 | 1. 5~8. 5 | 1. 8~49 |
| 乙烯 | 2. 75~34 | 3~80 |
| 乙炔 | 2. 55~80 | 2. 3~93 |
| 氢 | 4~75 | 4~95 |
| 氨 | 15~28 | 13. 5~79 |
| 一氧化碳 | 12~74. 5 | 15. 5~94 |

4. 爆炸容器对爆炸极限的影响

爆炸容器的材料和尺寸对爆炸极限有影响。若容器材料的传热性好，管径越细，火焰在其中越难传播，爆炸极限范围变小。当容器直径或火焰通道小到某一数值时，火焰就不能传播下去。这一直径称为临界直径或最大灭火间距。如甲烷的临界直径为 0. 4~0. 5mm，氢和乙炔为 0. 1~0. 2mm。目前一般采用直径为 50mm 的爆炸管或球形爆炸容器。

5. 点火源的影响

点火源的活化能量越大，加热面积越大，作用时间越长，爆炸极限范围也越大。图 2-4 是电点火能量对甲烷、空气混合气体爆炸极限的影响。从图中可以看出，当火花能量达到某

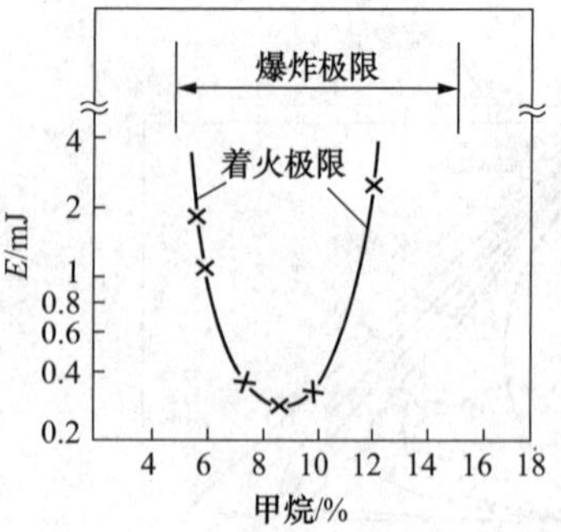


图 3-3 点火能量对甲烷爆炸极限的影响

一值时，爆炸极限范围受点火能量的影响较小。图 3-3 中，当点火能量为 10J 时，其爆炸极限范围趋于稳定值，为 6%~15%。所以，一般情况下，爆炸极限均在较高的点火能量下测得。如测甲烷与空气混合气体的爆炸极限时，用 10J 以上的点火能量，其爆炸极限为 5%~15%。

## 三、爆炸极限的计算

1. 单一气体的爆炸极限

(1)利用经验公式估算

根据完全燃烧反应所需氧原子数，估算碳氢化合物的爆炸下限和上限，其经验公式如下：

$$L_{下}=\frac{100}{4.76(N-1)+1} \tag{3-1}$$

$$L_{上}=\frac{4\times100}{4.76N+4} \tag{3-2}$$

式中 $L_{下}$——碳氢化合物的爆炸下限,%；

$L_{上}$——碳氢化合物的爆炸上限,%；

$N$——每摩尔可燃气体完全燃烧所需氧原子数。

注：用上述公式计算爆炸上限误差较大。

**【例 3-1】** 试求乙烷在空气中的爆炸下限和上限。

**解**：写出乙烷的燃烧反应式，求出 $N$ 值。

$$C_2H_6+3.5O_2 = 2CO_2+2H_2O$$

则

$$N=7$$

将 $N$ 值分别代入公式得

$$L_{下}=\frac{100}{4.76(N-1)+1}=\frac{100}{4.76(7-1)+1}=\frac{100}{29.56}=3.38\%$$

$$L_{上}=\frac{4\times100}{4.76N+4}=\frac{4\times100}{4.76\times7+4}=\frac{400}{37.32}=10.7\%$$

**答**：乙烷在空气中的爆炸下限为 3.38%，爆炸上限为 10.7%。

试验测得乙烷的爆炸下限为 3.0%，爆炸上限为 12.5%，对比上述估算结果，可知用此方法估算的爆炸上限值小于试验测得的值。

(2)通过化学计量浓度估算

按可燃气体在空气中完全燃烧时，理论混合比 $X_0$(%)计算，这是一个半理论半经验的方法。

理论混合比即可燃气与空气中的氧气恰好完全反应时，可燃气在空气中的浓度(%体积)。也称化学当量比、化学计量浓度等。

如果把空气中氧气的浓度取为 20.9%，则可燃气在空气中的理论混合比的计算式为

$$X_0=\frac{100}{1+n_0/0.209} \tag{3-3}$$

$$L_{下}=0.55X_0 \tag{3-4}$$

$$L_{上}=4.8\sqrt{X_0} \tag{3-5}$$

式中　$X_0$——可燃气体摩尔分数，也就是完全燃烧时在混合气体中该可燃气体的含量，%；

$n_0$——每摩尔可燃气体完全燃烧所需的氧分子摩尔数。

**【例 3-2】** 按化学计量浓度法计算甲烷在空气中的爆炸下限和爆炸上限。

**解：**写出甲烷的燃烧反应式

$$CH_4+2O_2 = CO_2+2H_2O$$

$$X_0=\frac{100}{1+n_0/0.209}=\frac{100}{1+2/0.209}\approx 9.46\%$$

$$L_{下}=0.55\ X_0=0.55\times 9.46=5.2\%$$

$$L_{上}=4.8\sqrt{X_0}=4.8\times\sqrt{9.46}=14.8\%$$

**答：**甲烷在空气中的爆炸下限为 5.2%和爆炸上限为 14.8%。

2. 多种可燃气体组成的混合物的爆炸极限计算

由多种可燃气体组成爆炸性混合气体的爆炸极限，可根据各组分的爆炸极限进行计算。其计算公式如下：

$$L_m=\frac{100}{\frac{V_1}{L_1}+\frac{V_2}{L_2}+\frac{V_3}{L_3}+\cdots\frac{V_n}{L_n}} \tag{3-6}$$

式中　$L_m$——爆炸性混合气的爆炸极限，%；

$L_1$、$L_2$、$L_3$——组成混合气各组分的爆炸极限，%；

$V_1$、$V_2$、$V_3$——各组分在混合气中的浓度，%。

$$V_1+V_2+V_3+\cdots=100\% \tag{3-7}$$

**【例 3-3】** 某种天然气的组成如下：甲烷 80%，乙烷 15%，丙烷 4%，丁烷 1%，各组分相应的爆炸下限分别为 5.0%、3.0%、2.1%和 1.9%，求此天然气的爆炸下限。

**解：**将各组分的爆炸下限代入公式，得天然气的爆炸下限为

$$L_{下}=\frac{100}{\frac{V_1}{L_1}+\frac{V_2}{L_2}+\frac{V_3}{L_3}+\frac{V_4}{L_4}}=\frac{100}{\frac{80}{5.0}+\frac{15}{3.0}+\frac{4}{2.1}+\frac{1}{1.9}}\approx 4.27\%$$

**答：**此天然气的爆炸下限是 4.27%。

式(3-6)用于煤气、水煤气、天然气等混合气爆炸极限的计算比较准确，而对于氢与乙烯、氢与硫化氢、甲烷与硫化氢等混合气及一些含二硫化碳的混合气体，计算的误差较大。

3. 含有惰性气体组成混合物的爆炸极限计算

如果爆炸性混合气体中含有惰性气体如氮、二氧化碳等，计算爆炸极限时，可先求出混合物中由可燃气体和惰性气体分别组成的混合比，再从图 3-4 和图 3-5 中找出它们的爆炸极限，并分别代入式(3-6)中求得。

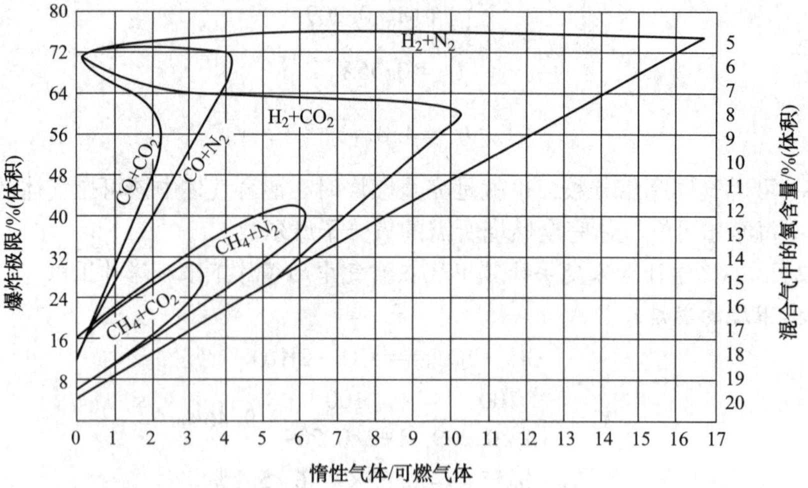


图 3-4　氢、一氧化碳、甲烷和氮、二氧化碳混合气爆炸极限

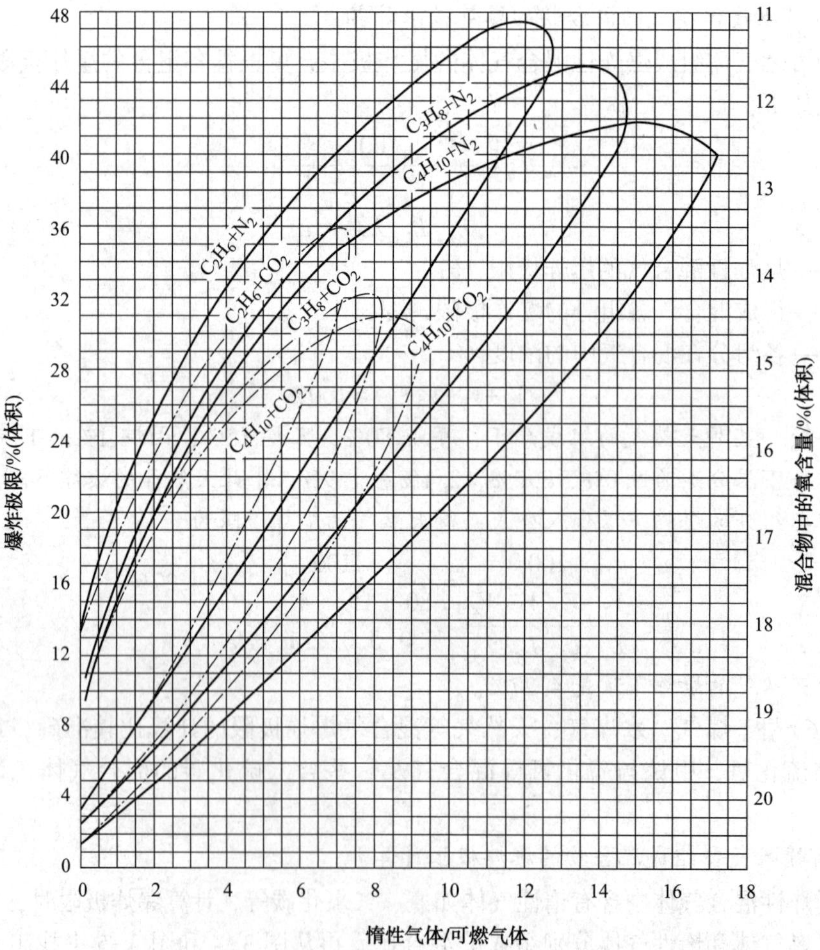


图 3-5　乙烷、丙烷、丁烷和氮、二氧化碳混合气爆炸极限

【例 3-4】 求某回收煤气的爆炸极限，其组分为：CO 58%，$CO_2$ 19.4%，$N_2$ 20.7%，$O_2$ 0.4%，$H_2$ 1.5%。

**解**：将煤气中的可燃气体和惰性气体组合为两组：

(1)CO 和 $CO_2$，即 58(CO)+19.4($CO_2$)= 77.4%(CO+$CO_2$)

其中，惰性气体/可燃气体 = $CO_2$/CO = 19.4/58 = 0.33

由图 2-6 中查得 $L_上$ = 70%，$L_下$ = 17%。

(2)$N_2$ 和 $H_2$，即 1.5($H_2$)+20.7($N_2$)= 22.2%($N_2$+$H_2$)

其中，惰性气体/可燃气体 = $N_2$/$H_2$ = 20.7/1.5 = 13.8

从图 2-7 查得 $L_上$ = 76%，$L_下$ = 64%

将上述数据代入下式即可求得煤气的爆炸极限：

$$L_m = \frac{100}{\frac{V_1}{L_1}+\frac{V_2}{L_2}+\frac{V_3}{L_3}+\cdots\frac{V_n}{L_n}}$$

$$L_下 = \frac{100}{77.4/17+22.2/64} = 20.3\%$$

$$L_上 = \frac{100}{77.4/70+22.2/76} = 71.5\%$$

**答**：该煤气的爆炸极限为 20.3%~71.5%。

## 四、爆炸极限的应用

(1)根据爆炸极限区分可燃物质的爆炸危险程度。从而尽可能用爆炸危险性小的物质代替爆炸危险性大的物质。

(2)爆炸极限可作为评定和划分可燃物质危险等级的标准。

(3)根据爆炸极限选择防爆电机和电器。例如，生产或储存爆炸下限不小于 10%的可燃气体，可选用任一防爆型电气设备；爆炸下限小于 10%的可燃气体，应选用隔爆型电气设备。

(4)确定建筑物的耐火等级、层数和占地面积。例如，储存爆炸下限小于 10%的物质，库房建筑最多允许层数为一层，并且必须是一级、二级耐火等级。

(5)依据爆炸极限制定安全操作规程以及研究采取各种防爆技术措施。

# 第三节 可燃气体的爆炸

## 一、可燃气体爆炸的典型形式

### 1. 可燃气体的分解爆炸

能够发生爆炸性分解的气体，在温度、压力等作用下发生分解反应，会释放相当数量的热量，从而给燃爆提供了所需的能量。生产中常见的乙炔、乙烯、环氧乙烷和二氧化氮等气体，都具有发生分解爆炸的危险。因此，在生产中必须采取相应的防护措施，防止发生这类事故。

2. 可燃混合气的爆炸

(1) 可燃气体与空气的混合气

将可燃气体或蒸气按一定比例与空气混合均匀，一经点燃，化学反应瞬间完成并形成爆炸。火焰是以一层层同心球面的形式向各方传播的。火焰速度在距着火点 0.5~1m 处是不变的，为每秒若干米，甚至还小些。此后逐渐加速达每秒数百米乃至数千米。若火焰传播途中有障碍，将由于气体温度上升，压力急剧增加而造成极大的破坏作用。

(2) 可燃气体与氧气的混合气

用氧气代替空气形成的混合气，与可燃气体和空气混合所形成的爆炸无本质上的区别。与后者相比前者的爆炸上限明显提高，而爆炸下限变化不大。

(3) 可燃气体与其他助燃气的混合气

可燃气体或可燃蒸气与其他助燃性气体混合亦可导致爆炸。如氯与氢混合性气体在一定比例时具有爆炸性。当混合气中的氢气浓度为 50%时，发生的爆炸作用最强烈。在常温常压条件下，其爆炸下限为 5%（体积浓度）、爆炸上限为 85%（体积浓度）、最大爆炸压力为 850kPa。

在工业生产中，可燃混合气的爆炸最为常见，是造成火灾爆炸的重要方面。矿井瓦斯爆炸、化工企业的爆炸是典型的混合性气体爆炸。研究可燃混合气的爆炸具有重要的实际意义。

## 二、可燃混合气体的爆炸机理

许多可燃混合气的爆炸可以用热自燃理论解释。燃烧和爆炸都是可燃物与氧化剂之间的化学反应，当系统的温度升高到一定程度时，反应的速率将迅速加快，于是便引发了燃烧或爆炸。

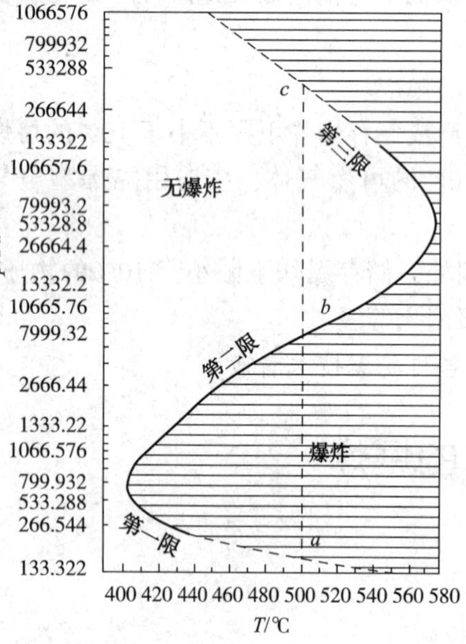


图 3-6　氢和氧混合物（2：1）爆炸区间

不过也有一些爆炸现象用热自燃理论是无法解释的，而根据着火的连锁反应理论则可给出更合理的说明，例如氢气与氧气混合物的爆炸。图 3-6 表示的是氢和氧按完全反应的浓度（$2H_2+O_2$）组成的混合气发生爆炸的温度和压力区间。从图中可以看出，当压力很低且温度不高时（如在温度 500℃和压力不超过 200Pa 时），由于游离基很容易扩散到器壁上销毁，此时游离基销毁速度超过支链产生速度，因而反应进行较慢，混合物不会发生爆炸；当温度为 500℃，压力升高到 200Pa 和 6666Pa 之间时（如图中的 $a$ 和 $b$ 点之间），由于产生支链速度大于销毁速度，链反应很猛烈，就会发生爆炸；当压力继续提高，超过 $b$ 点（大于 6666Pa）以后，由于混合物内分子的浓度增高，容易发生链中断反应，致使游离基销毁速度又超过链产生速度，链反应速度趋于缓和，混合物又不会发生爆炸了。

图 3-6 中 $a$ 和 $b$ 点时的压力，即 200Pa 和 6666Pa，分别是混合物在 500℃时的爆炸低限和爆炸高限。随着温度增加，爆炸极限会变宽。这是由于链反应需要有一定的活化能，链分支反应速度随温度升高而增加，而链终止的反应却随温度的升高而降低，故升高温度对产生

链反应有利，结果使爆炸极限变宽，在图上呈现半岛形。当压力再升高超过 $c$ 点（大于666610Pa）时，开始出现下列反应：

$$H^{\bullet}+O_2 \longrightarrow HO_2^{\bullet}$$

$$HO_2^{\bullet}+H_2 \longrightarrow H^{\bullet}+H_2O_2$$

$$HO_2^{\bullet}+H_2O \longrightarrow OH^{\bullet}+H_2O_2$$

产生游离基 $H^{\bullet}$ 和 $OH^{\bullet}$，这两个反应是放热的，结果使反应释放出的热量超过从器壁散失的热量，从而使混合物的温度升高，进一步加快反应，促使释放出更多的热量，导致热爆炸的发生。

## 三、可燃气体爆炸特性参数及其测定方法

1. 爆炸极限

可燃气体的爆炸极限越宽，爆炸下限越低，则气体的危险性越大。例如，乙炔爆炸极限是1.5%~82%，乙烷爆炸极限是3.0%~12.5%，两者相比，前者的爆炸极限范围比后者大得多，因此乙炔的爆炸危险性比乙烷大得多。

根据GB/T 12474—2008《空气中可燃气体爆炸极限测定方法》的规定，在常温常压下，可燃气体与空气混合物爆炸极限实验测试装置如图3-7所示。爆炸极限测定装置主要由反应管、点火装置、搅拌装置、真空泵、压力计、电磁阀等组成。其中，反应管用硬质玻璃制成，管长（1400±50）mm，内径 $\phi$（60±5）mm，管底装有通径不小于 $\phi$25mm 的泄压阀，装置安放在可升温至50℃的恒温箱内，电火花点火能量大于混合物最小点燃能量，放电电极位于管横截面中心，距反应管底部不小于100mm，电极间距为3~4mm。

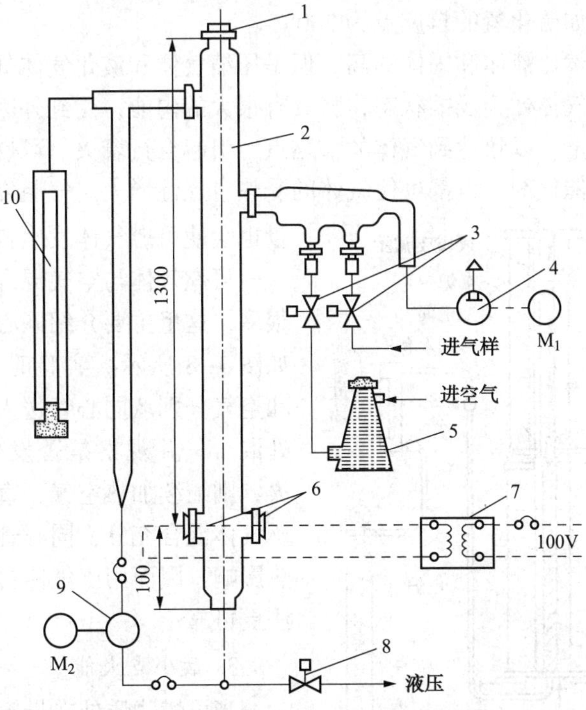


图3-7　爆炸极限测定装置示意图

1—安全塞；2—反应管；3—电磁阀；4—真空泵；5—干燥瓶；6—火花放电电极；7—电压互感器；8—液压电磁阀；9—搅拌泵；10—压力计；$M_1$、$M_2$—电动机

试验测试时，先检查装置密闭性，装置抽真空度至不大于667Pa，停泵后5min，压力计下降不大于267Pa，然后按分压法配制混合气体。为使反应管内可燃气体与空气混合均匀，采用无油搅拌泵对已配好的混合气搅拌5~10min，停止搅拌后打开反应管底部泄压阀开始点火，观察火焰能否传至管顶。在相同试验条件下重复三次，如果火焰均未传至管顶，则改变进样量进行下一个浓度测试。在测试爆炸下限时，试验样品每次增加量不大于10%，而爆炸上限测试时则要求样品每次减少量不大于2%。通过试验找出可燃气体在最接近火焰传播与不传播时的两个体积分数，取其平均值即为爆炸极限。

$$L=(L_1+L_2)/2 \tag{3-8}$$

式中 $L$——爆炸极限；

$L_1$、$L_2$——火焰传播与不传播所对应的体积分数。

部分可燃气体在空气中的爆炸极限测试数据见表3-8。

**表3-8 部分可燃气体与空气混合物爆炸极限值**

| 可燃气体 | 分子式 | 化学计量浓度/% | LEL/% | UEL/% |
|---|---|---|---|---|
| 甲烷 | $CH_4$ | 9.5 | 5.0 | 14.0 |
| 乙烷 | $C_2H_6$ | 5.6 | 3.0 | 12.5 |
| 丙烷 | $C_3H_8$ | 4.0 | 2.1 | 9.5 |

2. 自燃点

可燃气体在没有接触明火就能引起着火时的最低温度称为自燃点。同一物质的自燃点随压力、浓度、散热等条件及测试方法不同而异。大部分可燃气体的自燃点都在300~700℃，仅有少数气体例外，如硫化氢的自燃点为260℃。

气体的自燃点虽然比液体和固体的高，但是压缩气体和液化气体却对热极其敏感，容易受热自燃。另外，若气体处于压缩状态，将具有很大的内能，受到外因作用后，可导致压力剧增，产生大量的热量，以致达到气体的自燃点，引起自行着火。可燃气体的浓度增大、容器增大或者存在活性催化剂，也都可使气体的受热自燃性增大。气瓶发生爆炸时，放出的热量也会使可燃气体发生自燃。

可燃气体与空气混合物自燃温度测试方法很多，这里主要介绍同心管测试法，测试装置如图3-8所示。实验时，已加热的可燃气体和空气分别从同心管送入，使之在同心管出口处混合，并观察是否发生着火。如果没有着火，则继续加热空气，直至发生着火。如果可燃气体混合充分，同心管测试法可避免器壁散热影响，因而用于气体自燃温度测定较其他方法更可靠。

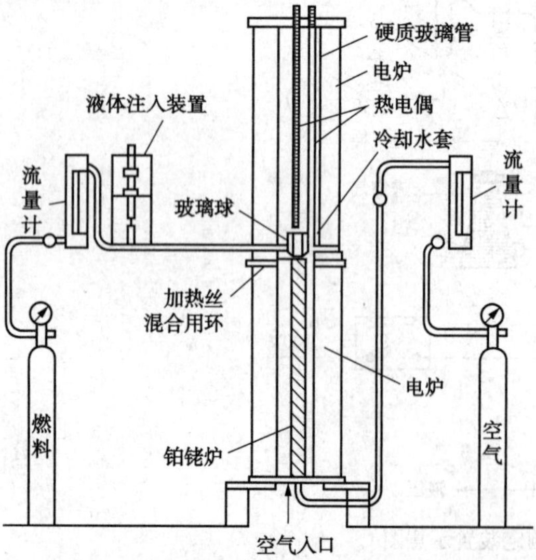


图3-8 气体自燃温度测试装置

3. 最小点火能

当可燃物质处在最敏感条件下时，点燃该物质所需的最小能量称为最小点火能。物质的最小点火能越低，其火灾危险性也就越大。点火源的能量低于这个临界值时，可燃混合系便不会被点燃。最小点火能的测定一般用电火花法进行测定。最小点火能的测试装置由配气系统、反应器、点火系统和分析系统构成。

配气系统的结构如图 3-9 所示，在该系统内可燃气体与空气在规定的温度下按照一定的比例均匀混合。

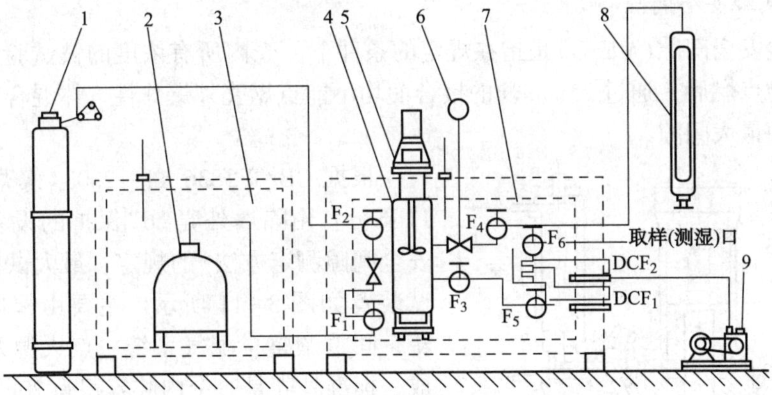


图 3-9　点火能测定装置配气系统

1—空气瓶；2—蒸气发生器；3—温箱Ⅰ；4—混合器；5—搅拌器；
6—压力真空表；7—温箱Ⅱ；8—压力计；9—真空泵；
—真空阀；—电磁阀

反应器通过给定能量来触发混合气体反应，其结构如图 3-10 所示。它使用有机玻璃制成，容积为 300mL，在其两侧装有电极调节器，用来调节电极间隙。其上部装有安全阀，当反应器内压力超过 140kPa 时即可泄压，反应器应密封良好。

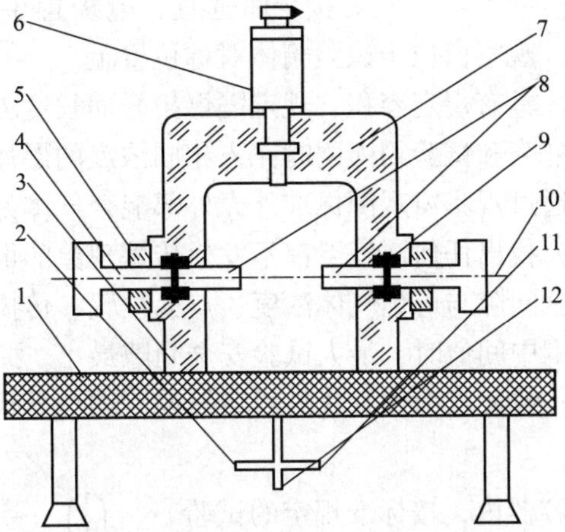


图 3-10　点火能测定装置的反应器

1—底座；2—排气口；3—密封圈；4—电极调节杆；5—压紧螺栓；6—安全阀；7—反应器；
8—电极；9—密封圈；10—电极引线；11—进气口；12—压力表接头

点火系统使用可调可控的高压静电来产生规定能量的电火花，从而引发混合气体的燃烧反应。

分析系统一般为气相色谱仪，可对试验气体的体积浓度进行精细分析。

最小点火能($E_{min}$)的计算：

$$E_{\min}=\frac{1}{2}C_0V^2 \tag{3-9}$$

式中　$V$——25 次试验方法确定的最低点燃电压，V；

$C_0$——敏感电容量，pF。

4. 最大试验安全间隙

最大试验安全间隙（MESG）是指在规定的条件下，壳内所有浓度的被试验气体或蒸气与空气的混合物点燃后，通过 25mm 长的接合面均不能点燃壳外爆炸性气体混合物的外壳空腔两部分之间的最大间隙。

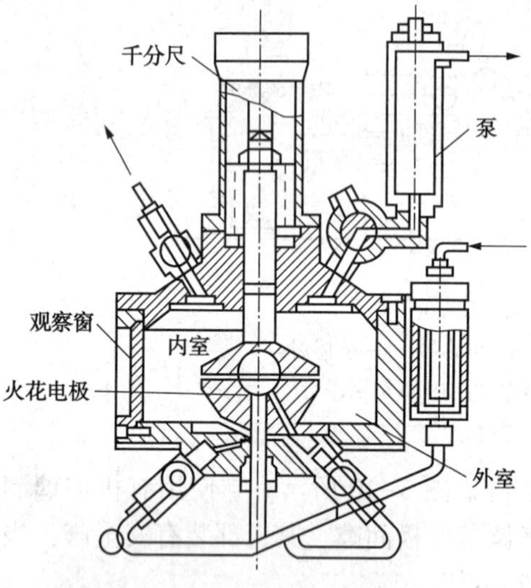


图 3-11　最大试验安全间隙试验装置

根据 GB/T 3836.11—2008《爆炸性环境　第 11 部分：由隔爆外壳"d"保护的设备　最大试验安全间隙测定方法》的规定，最大试验安全间隙测试装置如图 3-11 所示，主要由标准外壳、试验箱、间隙调整、配气系统、点火源及观察窗等构成。标准外壳是一个内腔容积为 $20cm^3$，隔爆接合面长度为 25mm 球形容器。试验箱是一个内径为 $\phi$200mm，高度为 75mm 圆柱形箱体。外壳间隙火花电极可通过千分表精确调整和测出，标准外壳充气进口直径为 $\phi$3mm，进气通道容积为 $5cm^3$，试验箱进气口由 7 个直径 $\phi$2mm 通孔组成，进出气管道上装有防回火阻火器。采用电极放电火花点火，电极间间隙为 3mm，放电通路与平面法兰接合面垂直，电极置于距法兰内缘 14mm 处，且与两平面法兰中心线对称，观察窗位于试验箱体对称位置上。

在常温常压下，先将一具有规定容积、规定隔爆接合面长度 $L$ 和可调间隙 $d$ 的标准外壳置于试验箱内，并往标准外壳和试验箱内同时充入相同浓度的爆炸性气体混合物，然后点燃标准外壳内部混合气体，通过观察窗观测标准外壳外部混合气体是否被点燃。调整标准外壳间隙，改变混合气体浓度，找出任何浓度下都不发生传爆现象的最大壳体间隙，即为最大试验安全间隙。最大试验安全间隙与可燃气体浓度、点火位置、传播通道长度等有关，当可燃气体浓度处于爆炸极限范围中间值时，最大试验安全间隙最小。此外，增大可燃气体初始压力，或减小传火通道长度，或使点火位置紧靠内室器壁，均会导致最大试验安全间隙减小。

5. 爆炸指数

爆炸指数是指在 $1m^3$ 容器内，按标准规定的试验方法，测定的一定浓度反应物爆炸特性的各种数量值。

根据 GB/T 803—2008《空气中可燃气体爆炸指数测定方法》，气体爆炸指数在 $1m^3$ 标准爆炸装置中测定，如图 3-12 所示。装置的主要部分是一个体积为 $1m^3$ 的圆柱形爆炸容器，其长度与直径之比通常为 1∶1。为造成紊流，有一个 5L 小室，可以用空气加

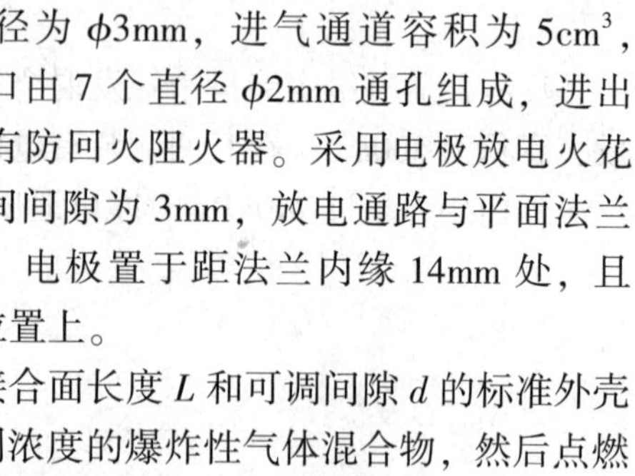


图 3-12　$1m^3$ 标准爆炸试验装置

压到 2MPa，通过快速动作阀门和内径 19mm 管子与爆炸容器相连。快速动作阀门可在 10ms 内打开，将 5L 小室内的高压空气喷入爆炸容器内，该阀与爆炸容器内一个半圆形、内径为 19mm 的管相连，半圆形管上钻有 $\phi4\sim6$mm 的小孔，小孔的总面积约为 300$mm^2$。可燃气体与空气混合气体由电火花点燃，电极板间距为 3~5mm，爆炸压力由安装在容器壁上的压力传感器测得。

对于静止可燃气体与空气混合物爆炸指数测试，先在 1$m^3$ 容器内配制可燃气体与空气混合物，启动压力记录仪，然后开动点火源，并记录下爆炸压力-时间历史曲线。在一个较宽浓度范围内对可燃气体、空气混合物进行爆炸测试，分别绘制出 $p_m$、$(dp/dt)_m$ 及 $K$ 与浓度关系曲线，然后，从曲线上分别确定出可燃气体、空气混合物的 $p_{max}$、$(dp/dt)_{max}$ 及 $K_{max}$ 值，或直接利用公式 $K=(dp/dt)_m V^{1/3}$ 求出 $K_{max}$。

对于紊流可燃气体、空气混合物爆炸指数测试，先在 1$m^3$ 容器内配制可燃气体、空气混合物，在 5L 小室内充入 2MPa 压缩空气，启动压力记录仪后启动快速动作阀门，在给定点火延迟时间后点火，使紊流混合气体发生爆炸，并记录爆炸压力-时间历史曲线。随后测试及数据处理方法与静止工况下相同。

## 四、可燃气体爆炸效应计算

1. 爆炸温度

可燃气体的爆炸温度是指该物质爆炸所放出的全部热量用来加热反应产物，使其达到的最高温度。爆炸温度与燃烧温度实质上是相同的，可以根据反应前后物质的能量守恒关系确定。实际上，反应放出的热量不可能全部用于加热产物，但因为爆炸速度极快，是在近乎绝热的情况下进行的，所以物质的燃烧热可近似地看作全部用于提高产物的温度，一般将反应的理论放热温度作为爆炸温度。

为了计算爆炸温度，还要做以下三点假设：①可燃气体的爆炸过程是一定容过程；②爆炸过程是绝热过程；③爆炸产物的热容只是温度的函数。

(1)根据反应热计算爆炸温度

①设反应物质按化学当量比混合，列出其完全反应方程。若反应是在空气中进行的，则需要考虑反应中附加带入的氮气。

②根据表 3-9 确定各种产物的摩尔定容热容。

**表 3-9　气体平均摩尔定容热容的计算式**

| 气体名称 | $c_{v,i}$/[kJ/(kmol·℃)] |
|---|---|
| 单原子气体(Ar、He、金属蒸气及其他) | 20.84 |
| 双原子气体($N_2$、$O_2$、$H_2$、CO、NO) | 20.08+0.00188$t$ |
| $CO_2$、$SO_2$ | 37.66+0.00243$t$ |
| $H_2O$、$H_2S$ | 16.74+0.00900$t$ |
| 四原子气体($NH_3$ 及其他) | 41.84+0.00188$t$ |
| 五原子气体($CH_4$ 及其他) | 50.21+0.00188$t$ |

注：$t$ 为燃烧产物温度,℃。

③计算每摩尔可燃气体生成产物的总热容。

④认为燃烧热全部用于加热产物，根据反应热求出爆炸温度。

**【例 3-5】** 求甲苯-空气混合气的爆炸温度。

设：混合气中含有氧气量恰好能使甲苯完全燃烧，甲苯的燃烧热 $Q_v=3730000\text{J/mol}$，室温为 17℃，压力为 $1.01\times10^5\text{Pa}$。

**解**：(1)列出完全燃烧反应方程式

$$C_7H_8+9O_2 \xlongequal{} 7CO_2+4H_2O$$

由于空气中含有氮，尽管氮不参加反应，但它也要吸收燃烧反应放出的热量，也应列入方程式。

空气中： $N_2:O_2=79:21$

所以 $9O_2$ 对应的 $N_2$ 量为 $9\times79/21=33.86\text{mol}$

$$C_7H_8+9O_2+33.86N_2 \xlongequal{} 7CO_2+4H_2O+33.86N_2$$

由反应式可见，爆炸前气体总摩尔数 43.86mol，爆炸后气体总摩尔数 44.86mol。

(2)计算每摩尔可燃气体生成产物的总热容

$CO_2$ 的摩尔定容热容 $C_{v,CO_2}=37.66+0.00243t$ kJ/kmol · ℃

$H_2O$ 的摩尔定容热容 $C_{v,H_2O}=16.74+0.00900t$ kJ/kmol · ℃

$N_2$ 的摩尔定容热容 $C_{v,N_2}=20.08+0.00188t$ kJ/kmol · ℃

燃烧产物的总热容

$$c_v=\sum n_i c_{v,i}$$

式中 $n_i$——反应式中各组分的系数；

$c_{v,i}$——各组分的摩尔定容热容。

甲苯燃烧燃烧产物的总热容：

$$\begin{aligned}c_v&=7\times(37.66+0.00243t)+4\times(16.74+0.00900t)+33.86\times(20.08+0.00188t)\\&=1010.49+0.1167t\end{aligned}$$

(3)由热平衡式计算最高爆炸温度

$$Q_v=c_v(t-t_0)$$

式中 $t_0$——室温，℃；

$Q_v$——可燃气定容燃烧热，kJ/kmol。

由于最高爆炸温度比室温高很多，所以 $t_0$ 可以忽略

$$Q_v=c_v\cdot t$$

把甲苯燃烧热和产物的总热容代入

$$3730000=(1010.49+0.1167t)t$$

最后求得 $t_m=2792.6℃$

$$T_m=t_m+273=3065.6\text{K}$$

**答**：甲苯在空气中的最高爆炸温度是 3065.6K。

2. 根据燃烧反应方程式与气体的内能计算爆炸温度

可燃气体或蒸气的爆炸温度可利用能量守恒定律估算，即根据爆炸后各生成物内能之和与爆炸前各种物质内能及物质的燃烧热的总和相等的规律进行计算。用公式表达为

$$\sum u_2=\sum Q+\sum u_1 \tag{3-10}$$

式中　$\sum u_2$——燃烧后产物的内能之总和；

$\sum u_1$——燃烧前物质的内能之总和；

$\sum Q$——燃烧物质的燃烧热之总和。

【例 3-6】 已知 CO 在空气中的浓度为 20%，求 CO 与空气混合物的爆炸温度。爆炸混合物的最初温度为 300K。

解：列出完全燃烧方程式

$$2CO+O_2 = 2CO_2$$

通常空气中氧占 21%，氮占 79%，所以混合物中氧和氮的比例为

氧 $$\frac{21}{100}\times\frac{100-20}{100}=16.8\%$$

氮 $$\frac{79}{100}\times\frac{100-20}{100}=63.2\%$$

由于气体体积之比等于其摩尔数之比，所以将体积百分比换算成摩尔数，即 1mol 混合物中应有 0.2mol 一氧化碳、0.168mol 氧和 0.632mol 氮。

从表 3-10 查得一氧化碳、氧、氮在 300K 时，其摩尔内能分别为 6238.33J/mol、6238.33J/mol 和 6238.33J/mol，混合物的摩尔内能为

$$\sum u_1 = 0.2\times6238.33+0.168\times6238.33+0.632\times6238.33=6238.33\text{J}$$

**表 3-10　不同温度下几种气体和蒸气的摩尔内能**　　J/mol

| $T$/K | $H_2$ | $O_2$ | $N_2$ | CO | $CO_2$ | $H_2O$ |
|---|---|---|---|---|---|---|
| 200 | 4061.2 | 4144.93 | 4144.93 | 4144.93 | | |
| 300 | 6028.99 | 6238.33 | 6238.33 | 6238.33 | 6950.09 | 7494.37 |
| 400 | 8122.39 | 8373.60 | 8289.86 | 8331.73 | 10048.32 | 10090.19 |
| 600 | 12309.19 | 12937.21 | 12602.27 | 12631.58 | 17333.35 | 15114.35 |
| 800 | 16537.86 | 17877.64 | 17082.14 | 17207.75 | 25581.35 | 21227.08 |
| 1000 | 20850.26 | 23069.27 | 21855.10 | 22064.44 | 34541.10 | 27549.14 |
| 1400 | 29935.62 | 33996.82 | 32029.02 | 32405.83 | 53591.04 | 39439.66 |
| 1800 | 39690.86 | 45217.44 | 42705.36 | 43249.64 | 74106.36 | 57359.16 |
| 2000 | 44798.76 | 51288.30 | 48273.80 | 48859.96 | 84573.36 | 65732.76 |
| 2200 | 48985.56 | 57359.16 | 54009.72 | 54470.27 | 95040.36 | 74106.36 |
| 2400 | 55265.76 | 63220.68 | 59452.56 | 60143.38 | 105507.36 | 82898.64 |
| 2600 | 60708.60 | 69500.88 | 65314.08 | 65816.50 | 116893.04 | 91690.92 |
| 2800 | 66570.12 | 75362.40 | 70756.92 | 71594.28 | 127278.72 | 100901.88 |
| 3000 | 72012.96 | 81642.60 | 76618.44 | 77455.80 | 138164.40 | 110112.84 |
| 3200 | 77874.48 | 88341.48 | 82479.96 | 83317.32 | 149050.08 | 119742.48 |

一氧化碳的燃烧热为 285624J，则 0.2mol 一氧化碳的燃烧热为

$$0.2\times285624=57124.8\text{J}$$

燃烧后各生成物内能之和应为

$$\sum u_2 = 6238.33+57124.8=63363.13\text{J}$$

从一氧化碳燃烧反应式可以看出，0.2mol一氧化碳燃烧时生成0.2mol二氧化碳，消耗0.1mol氧。1mol混合物中，原有0.168mol氧，燃烧后应剩下0.168−0.1=0.068mol氧，氮的数量不发生变化，则燃烧产物的组成是：二氧化碳0.2mol、氧0.068mol、氮0.632mol。

假定爆炸温度为2400K，由表3-10查得二氧化碳、氧和氮的摩尔内能分别为105507.36J/mol、63220.68J/mol和59452.56J/mol，则燃烧产物的内能为

$$\sum u_2' = 0.2\times105507.36+0.068\times63220.68+0.632\times59452.56=62974.5\text{J}$$

说明爆炸温度高于2400K，于是再假定爆炸温度为2600K，则内能之和应为

$$\sum u_2'' = 0.2\times116893.04+0.068\times69500.88+0.632\times65314.08=69383.17\text{J}$$

$\sum u_2''$值又大于$\sum u_2$值，因相差不太大，所以准确的爆炸温度可用内插法求得

$$T=2400+\frac{2600-2400}{69383.17-62974.5}(63363.13-62974.5)=2400+12=2412\text{K}$$

以摄氏温度表示为

$$T=T-273=2412-273=2139℃$$

3. 爆炸压力

可燃性混合物爆炸产生的压力与初始压力、初始温度、浓度、组分以及容器的形状、大小等因素有关。爆炸时产生的最大压力可按压力与温度及摩尔数成正比的规律确定，根据这个规律有下列关系式：

$$p=\frac{n}{n_0}\cdot\frac{T}{T_0}p_0 \tag{3-11}$$

式中 $p$、$T$和$n$——爆炸后的最大压力、最高温度和气体摩尔数；

$p_0$、$T_0$和$n_0$——爆炸前的初始压力、初始温度和气体摩尔数。

**【例3-7】** 设$p_0=0.1\text{MPa}$，$T_0=17℃$，$T=3065.6\text{K}$，求甲苯与空气混合物的最大爆炸压力。

**解：**$p=\frac{n}{n_0}\cdot\frac{T}{T_0}p_0=\frac{44.86}{43.86}\times\frac{3065.6}{290}\times0.1=1.08\text{MPa}$

**答：**甲苯与空气混合物的最大爆炸压力为1.08MPa。

## 第四节　可燃粉尘爆炸

粉尘爆炸是从1878年美国一家面粉厂爆炸开始提出研究的。粉尘爆炸的破坏性不容忽视。据资料报道：美国在1965年一年中，工业粉尘发生了1173次爆炸事故，损失达1.94亿美元，死亡681人，伤1791人。目前我国粉尘爆炸事故与可燃气爆炸事故比起来，次数还不算多。但是随着近代工业的发展，塑料、有机合成、粉末冶金等工业，多采用粉体作原料，有些中间体或成品也是粉料，因此粉尘种类及使用量增加了，加上工艺操作连续化，粉尘爆炸的潜在危险也随之增大。特别是1987年3月哈尔滨亚麻厂发生的粉尘爆炸事故，死亡56人，伤179人，厂房全部摧毁，直接经济损失达600余万元，更引起人们对粉尘爆炸的重视。

具有粉尘爆炸危险性的物质较多，大体可分为下述七类：①金属类(如镁粉、铝粉、其他金属等)；②煤炭类(如活性炭、煤、等)；③粮食类(如面粉、淀粉、玉米粉、啤酒麦芽粉、麦糠、大麦粉等)；④合成材料类(如塑料、染料、合成洗剂、合成黏接剂等)；⑤饲料

类(如血粉、鱼粉、饲料粉等)；⑥农副产品类(如棉花、烟草、砂糖等)；⑦林产品类(如纸粉、木粉等)。

## 一、粉尘爆炸的条件及机理

1. 粉尘爆炸的条件

可燃粉尘爆炸，一般应具备以下 3 个方面的条件。

(1)粉尘要有可燃性；

(2)为悬浮粉尘，且达到爆炸浓度极限；

(3)有足够的点火能量。

2. 粉尘爆炸的机理

粉尘爆炸是一个不定的气-固两相流动力学过程，其爆炸过程比较复杂，受诸多因素的制约。所以，有关粉尘爆炸的机理至今尚在不断研究和不断完善之中。从粉尘颗粒着火角度来看，其爆炸机理主要有气相着火机理和表面非均相着火机理两种。一般认为，在弱点火源作用下，爆炸初期或小尺寸空间中火焰传播，主要受热辐射和湍流作用机理控制，火焰以爆燃波形式传播；在强点火源作用下，对于大空间或长管道中的火焰传播，则主要受对流换热和冲击波(激波)绝热压缩机理控制。

(1)气相着火机理

气相着火理论认为，粉尘着火过程分为粉尘颗粒在外热源的作用下升温、粉尘颗粒热分解析出挥发性气体、挥发性气体与空气混合形成爆炸性混合气体、着火燃烧等阶段，如图 3-13 所示。可以看出，在外热源的作用下，粉尘颗粒从外界获取能量，使其表面温度迅速升高；当升高到一定温度后，颗粒发生热分解释放出挥发性气体；这些气体与空气混合形成爆炸性气体混合物，进而发生气相反应，形成火焰，释放出化学反应热；这些热量进一步促进相邻的粉尘颗粒发生升温、热分解，不断地放出可燃性气体与空气混合，使火焰进一步扩大。这种机理与可燃混合物的热着火机理基本相同。

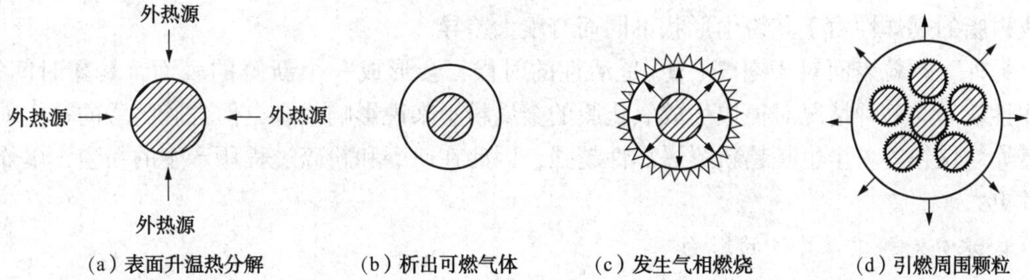


图 3-13　粉尘气相着火过程示意图

(2)表面非均相着火机理

表面非均相着火机理认为，粉尘着火首先是氧气与粉尘颗粒表面直接发生反应，使颗粒表面着火；接着挥发分在粉尘颗粒周围形成气相层，阻止氧气向颗粒表面扩散；最后挥发分着火并促使粉尘颗粒重新燃烧。因此，氧分子必须通过扩散作用到达颗粒表面，并吸附在颗粒表面发生氧化反应，然后反应产物离开颗粒表面扩散到周围环境中去。对于表面反应产物问题，目前主要存在两种观点，一种认为碳与氧直接反应形成二氧化碳；另一种则认为，在一般燃烧温度范围内(1000~2000K)，碳首先与氧气反应形成一氧化碳，然后扩散到周围环境中再被氧化形成二氧化碳。

对于特定粉尘与空气混合物的着火过程，究竟是气相着火还是表面非均相着火，目前尚未形成统一的判据。一般认为，对于大颗粒粉尘，由于其加热速率较慢，以气相反应为主；而对于小颗粒粉尘，因其加热速率较快，则以表面非均相反应为主。

## 二、影响粉尘爆炸的主要因素

粉尘爆炸比可燃气爆炸要复杂，影响因素也较多，总的可以分为粉尘自身性质和外部条件两大方面的影响。

1. 化学结构和组成对粉尘爆炸性的影响

(1)粉尘本身的化学结构和反应性对于粉尘的爆炸性就有很大的影响，发热量越大的粉尘爆炸性越强。

(2)粉尘中所含挥发分的大小对爆炸性也有大的影响。挥发分含量越大越容易爆炸。

(3)粉尘中含有灰分的多少也影响爆炸性，例如含15%~30%灰分的沥青煤，虽含有40%以上的挥发分，但不发生爆炸。

(4)粉尘本体热分解的难易和烃类气体产生的速度也会影响爆炸性。

2. 粒度及粒度分布对粉尘爆炸性的影响

粉尘爆炸的难易，在很大程度上受粉尘粒度和粒度分布的影响。粉尘的燃烧爆炸机理表明，由于在颗粒表面上发生反应，若相对于颗粒体积其表面积增大时，热的产生速度将超过热传递速度。

对于单一颗粒和云状粉尘而言，其粒度对爆炸参数的影响是不同的。如果颗粒过小，由于粉尘的种类不同，相互吸引而分散不良，有时使爆炸性减弱，这也与颗粒的电性质有关。一般认为粉尘中包含小粒径颗粒越多，爆炸性就越高。

3. 颗粒形状和表面状态对粉尘爆炸性的影响

尽管粉尘的种类相同，但平均粒度、形状和表面的状态也对其爆炸性有较大影响。例如合成树脂的爆炸性由于其粉尘形状不同而有很大差异。

另外，颗粒表面对于空气(氧)是活性的时候，会形成一个新鲜的表面，暴露时间短，爆炸性就高。这种情况对很快生成氧化膜的金属粉尘来说影响很小，但含脂肪酸的粉尘就容易爆炸。煤粉等粉尘也是越新鲜爆炸性越强，因此在研磨和粉碎过程所产生的粉尘，爆炸危险性更大。

4. 水分对粉尘爆炸性的影响

粉尘中存在着的水分对爆炸性有一定影响。水分可以抑制粉尘的浮游性(对于疏水性粉尘不太影响它的浮游性)，然而由于水分的蒸发，点火时有效能量会随之减少，蒸发的水蒸气性质活泼，有减少带电性的作用。另外，锰、铝等粉尘和水反应可产生氢气，故有时则反而会增加危险性。

## 三、粉尘爆炸危险性判断

评价粉尘爆炸危险性的主要特征参数是爆炸极限、最小点火能量、最低着火温度、粉尘爆炸压力及压力上升速率。

判断粉尘爆炸的主要指标是爆炸极限，通常是爆炸下限。这是因为粉尘混合物达到爆炸下限时，所含固体物已经相当多了，这样高的浓度通常只有设备内部或直接接近它的发源地的地方才能达到。至于爆炸上限，因为浓度太高，以致大多数场合都不会达到，所以没有实际意义。粉尘混合物的爆炸下限不是固定不变的，它的变化与下列因素有关：分散度、湿度、火源的性质、可燃气含量、氧含量、惰性粉尘和灰分、温度等。一般来说，分散度越高，可燃气体和氧的含量越大，火源强度、原始温度越高，湿度越低，惰性粉尘与灰分越少，爆炸范围也就越大。粒度越细的粉尘，其单位体积的表面积越大，越容易飞扬，所需点火能量越小，所以容易发生爆炸。

几乎不能得到一定浓度条件下粉尘的爆炸极限，即使是下限浓度也只呈一种不完全的燃烧状态。所以，粉尘的爆炸极限浓度是根据某种试验方法在某一定条件下取得的数据。主要粉尘爆炸特性参数见表 3-11。

**表 3-11　粉尘的自燃点、爆炸下限及爆炸最大压力**

| 粉尘类别 | 云状粉尘的自燃点/℃ | 爆炸下限/($g/m^3$) | 最大爆炸压力/MPa |
|---|---|---|---|
| 金属：铝 | 645 | 35 | 0.603 |
| 铁 | 315 | 120 | 0.197 |
| 镁 | 520 | 20 | 0.441 |
| 锌 | 680 | 500 | 0.088 |
| 塑料：醋酸纤维 | 320 | 25 | 0.557 |
| α-甲基丙烯酸酯 | 440 | 20 | 0.388 |
| 六次甲基四胺 | 410 | 15 | 0.428 |
| 石炭酸树脂 | 460 | 25 | 0.415 |
| 邻苯二甲酸酐 | 650 | 15 | 0.333 |
| 聚乙烯塑料 | | 25 | 0.564 |
| 聚苯乙烯 | 490 | 20 | 0.299 |
| 合成硬皮 | 320 | 30 | 0.401 |
| 其他：棉纤维 | 530 | 100 | 0.449 |
| 玉蜀黍淀粉 | 470 | 45 | 0.49 |
| 烟煤 | 670 | 35 | 0.312 |
| 煤焦油沥青 | | 80 | 0.333 |
| 硫 | 190 | 35 | 0.279 |
| 木粉 | 430 | 40 | 0.421 |

## 四、粉尘爆炸的特点

从粉尘爆炸过程可以看出，粉尘爆炸有如下特点：

(1)粉尘爆炸速度或爆炸压力上升速度比爆炸气体小，但燃烧时间长，产生的能量更大，破坏程度大。

(2)爆炸感应期较长。粉尘的爆炸过程比气体的爆炸过程复杂，要经过尘粒的表面分解或蒸发阶段及由表面向中心延烧的过程，所以感应期比气体长得多。

(3)有产生二次爆炸的可能性。因为粉尘初次爆炸产生的冲击波会将堆积的粉尘扬起，悬浮在空气中，在新的空间形成达到爆炸极限浓度范围内的混合物，而飞散的火花和辐射热成为点火源，引起第二次爆炸。这种连续爆炸会造成严重的破坏。

(4)粉尘有不完全燃烧现象，在燃烧后的气体中含有大量的 CO 及粉尘(如塑料粉)自身分解的有毒气体，会伴随中毒死亡的事故。

## 五、控制粉尘爆炸的技术措施

控制产生粉尘爆炸的主要技术措施是缩小粉尘扩散范围，消除粉尘，控制火源，适当增湿。对于产生可燃粉尘的生产装置(如 Al 粉的粉碎等)，可以进行惰化防护，即在生产装置中通入惰性气体，使实际氧含量比临界氧含量低 20%。在通入惰性气体时，必须注意把装置里的气体完全混合均匀。在生产过程中，要对惰性气体的气流、压力或对氧气浓度进行测试，应保证不超过临界氧含量。

还可以采用抑爆装置等技术措施。抑爆装置由爆炸压力探测器、信号放大器和抑爆剂发射器组成，如图 3-14 所示，其抑爆效果如图 3-15 所示。

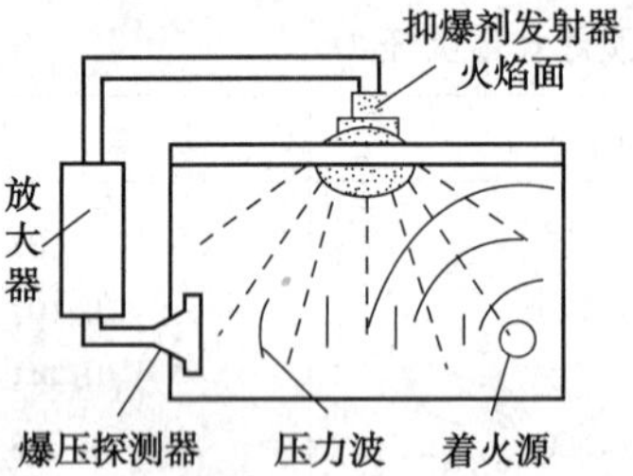


图 3-14　爆炸抑制装置

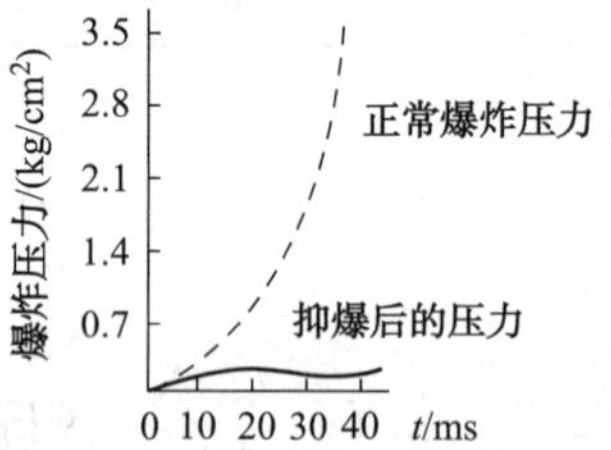


图 3-15　爆炸抑制装置效果图

## 六、生产场所粉尘爆炸的危险性评价

判断生产场所是否有粉尘爆炸危险的定性分析参考以下几点。

(1)了解该生产场所存在可燃粉尘[或纤维(下同)]的爆炸极限浓度(主要是爆炸下限)，这是判断是否产生粉尘爆炸的主要依据。需要注意的是：同一场所存在两种或两种以上可燃粉尘或有可燃气体同时存在时，一般说来各自的爆炸危险性提高。经验证明，多种危险物质混合后其爆炸下限值比它们各自的爆炸下限值均低。

(2)了解粉尘的粒度、密度、自燃温度、导电性等物理性质，这些物理性质直接与燃爆危险性有关。一般来说，粒度越细、密度越小、自燃性低且具导电性的粉尘，燃爆危险性较大。

(3)了解在正常生产状态下，可燃粉尘产生与释放的情况。如粉尘释放的具体部位、释放量、释放速度、方向、时间间隔、频度及其在空间可能分布的范围。总之是要掌握粉尘释放的规律。这不仅可以判断生产场所的危险状况，而且为进一步采取安全技术措施提供了依据。

(4)了解生产场所的通风情况。如通风方式(自然通风或强制通风)、通风效果、排出粉尘的处理情况(直排大气还是用除尘器收集)等。

(5)了解生产场所的其他情况：

①现场有无点火源(包括潜在的点火源)；

②有无易积存粉尘的部位；

③有无报警或指示信号装置等。

根据以上情况进行综合分析，初步作出该场所有无粉尘爆炸危险性的判断。

## 复习思考题

1. 什么是爆炸，爆炸的分类方法有哪几种？

2. 简述化学爆炸发生的条件。

3. 简述爆炸极限的概念并分析影响爆炸极限的因素。

4. 某种天然气的组成如下：甲烷 80%，乙烷 15%，丙烷 5%，求此天然气的爆炸上、下限。

5. 简述粉尘爆炸发生的条件，分析粉尘爆炸的影响因素。

6. 简述粉尘爆炸的特点及危害。

# 第四章　危险品及其危险特性

**学习目标**

1. 掌握危险品的相关定义，了解危险品的分类方法和品名编号；

2. 熟悉易燃气体、易燃液体、易燃固体、易于自燃的物质、遇水放出易燃气体的物质和爆炸物的定义及分类方法、了解常见物质的理化特性；

3. 掌握易燃液体爆炸温度极限计算方法；

4. 掌握油品发生沸溢和喷溅的条件。

## 第一节　危险品概述

### 一、危险品的定义与分类

1. 危险品的相关定义

(1)危险物品，是指易燃易爆物品、危险化学品、放射性物品等能够危及人身安全和财产安全的物品。

(2)危险化学品，是指具有毒害、腐蚀、爆炸、燃烧、助燃等性质，对人体、设施、环境具有危害的剧毒化学品和其他化学品。

(3)危险货物(也称危险物品或危险品)：具有爆炸、易燃、毒害、感染、腐蚀、放射性等危险特性，在运输、储存、生产、经营、使用和处置中，容易造成人身伤亡、财产损毁或环境污染而需要特别防护的物质和物品。

2. 国内分类介绍

我国关于危险化学品分类的安全标准主要有：GB 6944—2012《危险货物分类和品名编号》、GB 12268—2012《危险货物品名表》和《化学品分类和危险性公示通则》。

GB 6944—2012《危险货物分类和品名编号》中规定了危险货物分类、危险货物危险性的先后顺序和危险货物编号。适用于危险货物运输、储存、经销及相关活动。标准中按危险货物具有的危险性或最主要的危险性分为 9 个类别，其中第 1 类、第 2 类、第 4 类、第 5 类和第 6 类再分成项别。类别和项别分列如下：

第 1 类：爆炸品

第 1.1 项：有整体爆炸危险的物质和物品；

第 1.2 项：有迸射危险，但无整体爆炸危险的物质和物品；

第 1.3 项：有燃烧危险并有局部爆炸危险或局部迸射危险或这两种危险都有，但无整体爆炸危险的物质和物品；

第1.4项：不呈现重大危险的物质和物品；

第1.5项：有整体爆炸危险的非常不敏感物质；

第1.6项：无整体爆炸危险的极端不敏感物品。

第2类：气体

第2.1项：易燃气体；

第2.2项：非易燃无毒气体；

第2.3项：毒性气体。

第3类：易燃液体

第4类：易燃固体、易于自燃的物质、遇水放出易燃气体的物质

第4.1项：易燃固体、自反应物质和固态退敏爆炸品；

第4.2项：易于自燃的物质；

第4.3项：遇水放出易燃气体的物质。

第5类：氧化性物质和有机过氧化物

第5.1项：氧化性物质；

第5.2项：有机过氧化物。

第6类：毒性物质和感染性物质

第6.1项：毒性物质；

第6.2项：感染性物质。

第7类：放射性物质

第8类：腐蚀性物质

第9类：杂项危险物质和物品，包括危害环境物质

《化学品分类及标记全球协调制度》(Globally Harmonized System of Classification and Labelling of Chemicals，简称GHS)，它是由联合国出版的作为指导各国控制化学品危害和保护人类与环境的规范性文件。我国《化学品分类和危险性公示通则》中规定了有关GHS的化学品分类及其危险公示，适用于化学品分类及其危险公示，适用于化学品生产场所和消费品的标志。《化学品分类和危险性公示通则》中共分3大类，包括理化危险、健康危险和环境危险。

(1)按照理化危险共分为16类：爆炸物；易燃气体；易燃气溶胶；氧化性气体；压力下气体；易燃液体；易燃固体；自反应物质或混合物；自燃液体；自燃固体；自热物质和混合物；遇水放出易燃气体的物质或混合物；氧化性液体；氧化性固体；有机过氧化物；金属腐蚀剂。

(2)按照健康危险共分为10类：急性毒性；皮肤腐蚀/刺激；严重眼损伤/眼刺激；呼吸或皮肤过敏；生殖细胞致突变性；致癌性；生殖毒性；特异性靶器官系统毒性(一次接触)；特异性靶器官系统毒性(反复接触)；吸入危害。

(3)按照环境危险共分为1类：危害水生环境。

## 二、危险品的品名编号

1. UN编号

为便于使用和查找危险品，应对危险品进行统一编号。通常每一种危险品对应一个编

号，但对性质基本相同，运输、储存条件和灭火、急救、处置方法相同的危险品，也可使用同一编号。联合国编号(UN Number)是由联合国危险货物运输专家委员会编制的4位阿拉伯数字编号，用以识别一种物质或一类特定物质或物品。

现行国家标准《危险货物品名表》中每个条目都对应一个编号。条目包括以下四类：①“单一”条目适用于意义明确的物质或物品，例如，UN 1090丙酮、UN 1194亚硝酸乙酯溶液；②“类属”条目适用于意义明确的一组物质或物品，例如，UN 1133黏合剂，含易燃液体、UN 1266香料制品，含有易燃溶剂；③“未另作规定的”特定条目适用于一组具有某一特定化学性质或特定技术性质的物质或物品，例如，UN 1477无机硝酸盐，未另作规定的、UN 1987醇类，未另作规定的；④“未另作规定的”一般条目适用于一组符合一个或多个类别或项别标准的物质或物品，例如，UN 1325有机易燃固体，未另作规定的、UN 1993易燃液体，未另作规定的。

2. CAS编号

美国化学会的下设组织化学文摘社(Chemical Abstracts Service，CAS)负责为每一种出现在文献中的物质分配一个CAS编号，其目的是为了避免化学物质有多种名称的麻烦，使数据库的检索更为方便。CAS编号(CAS Number)，又称CAS登录号或CAS登记号码。一个CAS编号以连字符“-”分为三部分，第一部分有2~6位数字，第二部分有2位数字，第三部分有1位数字作为校验码。CAS编号以升序排列且没有任何内在含义。

# 第二节 易燃气体

## 一、易燃气体的定义与分类

1. 易燃气体的定义

易燃气体是指在20℃和标准大气压101.3kPa时与空气混合有一定易燃范围的气体。

2. 易燃气体的分类

易燃气体分为2类，见表4-1。

**表4-1 易燃气体的分类**

| 类别 | 标准 |
|---|---|
| 1 | 在20℃和标准大气压101.3kPa时的气体：<br>(a)在与空气的混合物中按体积占13%或更少时可以点燃的气体；<br>(b)不论易燃下限如何，与空气混合，可燃范围至少为12%的气体 |
| 2 | 在20℃和标准大气压101.3kPa时，除类别1中的气体之外，与空气混合时有易燃范围的气体 |

## 二、常见的易燃气体

1. 氢气

氢气($H_2$)是一种无色、无味的气体。在标准状况下(0℃，$1.013\times10^5$Pa)，气体的密度为0.09kg/m$^3$，与同体积的空气相比，约为空气质量的1/14，在所有气体中其密度最小。在大气压为$1.013\times10^5$Pa，温度为-252.8℃时，氢气液化为无色液体；在-259.14℃，能变为雪状固体。氢气难溶于水，1 体积水中能溶解 0.0214 体积的氢气。

氢气为易燃压缩气体，与空气混合能形成爆炸性混合物，遇明火、高热能引起燃烧爆炸，其燃烧反应热为 241.0kJ/mol，闪点低于-50℃，引燃温度 500~571℃，体积爆炸极限 4.1%~76%。由于氢气比空气轻，在室内使用和储存时，漏气上升滞留屋顶不易排出，遇火星会引起爆炸。此外，氢与氟、氯等能发生剧烈的化学反应。

氢气主要用于合成氨和甲醇等，并用于石油精制、有机物氢化及作为火箭燃料。

氢气应储存于阴凉、通风的仓库内，仓温不宜超过 30℃。储存时应远离火种、热源，防止阳光直射。与氧气、压缩空气、卤素(氟、氯、溴)、氧化剂等分开存放。储存间内的照明、通风等设施应采用防爆型。氢气的浓度很高时，可对人畜等产生麻醉作用，且可因正常氧分压的降低造成窒息。

2. 甲烷

甲烷($CH_4$)是无色无臭气体，其熔点为-182.5℃，沸点为-161.5℃，气体密度为 0.7163kg/m$^3$，微溶于水，能溶于酒精和乙醚。甲烷是煤矿瓦斯和天然气的主要成分，其性质非常稳定，到 700℃以上才分解成乙烯和乙炔。

甲烷与空气的混合物，遇热源和明火有燃烧爆炸的危险，其燃烧热为 889.5kJ/mol，体积爆炸极限为 5.3%~15%，空气中的燃点为 580℃。甲烷燃烧时发出青白色火焰，生成的产物主要为一氧化碳、二氧化碳。

甲烷常用作燃料和标准气、校正气使用，还可作为太阳能电池、乙烃、氢气、合成氨、炭黑、甲基化合物、二硫化碳、氢氰酸等的生产原料。甲烷与五氧化溴、氯气、次氯酸、三氟化氮、液氧、二氟化氧及其他强氧化剂接触时可发生剧烈反应。

甲烷宜储存于阴凉、通风的库房内，应远离火种、热源，库房的温度不宜超过 30℃，且应与氧化剂等分开存放。甲烷储区禁止使用易产生火花的机械设备和工具，并应备有泄漏应急处理设备。夏季应早晚运输，防止日光曝晒。公路运输时要按规定路线行驶，勿在居民区和人口稠密区停留。铁路运输时要禁止溜放。

3. 乙炔

乙炔($C_2H_2$)又称电石气，在常温常压下为具有麻醉性的无色可燃气体。纯净乙炔气体无气味，工业制得的乙炔常含有杂质，有大蒜味。熔点为-81.8℃，沸点为-83.8℃。密度为 1.1747kg/m$^3$，比空气轻。微溶于水，溶于酒精、丙酮、苯、乙醚等。

乙炔燃烧反应热为 1298.4kJ/mol，引燃温度 305℃，是一种火灾爆炸危险性很大的可燃气体，比氢气的危险度还要高一个等级。乙炔不仅可用于气焊、气割，还是合成橡胶、合成纤维和塑料的单体。乙炔与空气混合会形成爆炸性混合物，其体积爆炸极限为 2.5%~82%。当空气中的乙炔含量在 7.7%左右时，所需点火能最小，只需 0.02mJ。乙炔与氧气混合物的爆炸浓度范围更广，为 2.3%~93%。压力愈高，分解爆炸愈容易发生。乙炔能与空气形成极易燃烧和爆炸的混合物。

此外，乙炔还可与汞、银、铜等发生反应生成爆炸性化合物，因此不能用使用含铜 66%以上的黄铜、含铜银的焊接材料和含汞的压力表。在高压下乙炔很不稳定，火花、热力、摩擦均能引起乙炔的爆炸性分解而产生氢和碳。因此，在乙炔的发生和使用管道中的乙炔的压力一般均保持在 1 个大气压的表压以下。国际上一般将 140kPa 规定为焊割作业中乙炔发生装置的限定压力。某些国家要求更加严格，将限定压力规定为 130kPa。

储存时通常将乙炔溶解在丙酮等溶剂及多孔物中，装入钢瓶内，钢瓶应存放在阴凉通风干燥处，库温不宜超过 30℃。要远离火种、热源，避免阳光直射，要与氧气、压缩空气、氧化剂、氟、氯、溴、铜、银、汞、铜盐、汞盐、银盐、过氧化有机物、炸药、毒物、放射性材料等隔离。设备管道应接地，并严格密封。

4. 液化石油气

液化石油气主要是由丙烷、丙烯、丁烷、丁烯等组成的烃类混合物。在常温常压下，为无色易燃低毒气体，添加恶臭剂后，有特殊臭味；微溶于水，溶于乙醇和乙醚等，并能溶解石油产品、动植物油和天然橡胶。液化石油气的相对密度为 1.5~2，当其泄露出来时极易汇集低洼处，在比较稳定的空气中不易扩散。经过降温或加压(一般为 0.98MPa)即成为棕黄色液体，密度小，约为水的 1/2。由液相变为气相时，体积增大 250~300 倍，同时吸收大量的热。

液化石油气与空气混合形成爆炸混合物，遇火花和高温燃烧爆炸。以丙烷为主的液化石油气，其闪点为-103.4℃，自燃点为 432℃，爆炸极限为 2.4%~9.5%。其燃烧热值高，为 92~121MJ/$m^3$，燃烧猛烈，在空气中燃烧温度可达 1800℃，燃烧所需要的空气量大，为燃气量的 23~30 倍。

液化石油气可以使用气瓶进行装运，采用钢瓶运输时必须带好钢瓶上的安全帽。钢瓶一般平放，并应将瓶口朝同一方向，不可交叉；高度不得超过车辆的防护栏板，并用三角木垫卡牢，防止滚动。运输时运输车辆应配备相应品种和数量的消防器材。装运该物品的车辆排气管必须配备阻火装置，禁止使用易产生火花的机械设备和工具装卸。严禁与氧化剂、卤素等混装混运。夏季应早晚运输，防止日光曝晒。中途停留时应远离火种、热源。公路运输时要按规定路线行驶，勿在居民区和人口稠密区停留。铁路运输时要禁止溜放。

### 三、影响易燃气体火灾危险性的主要参数

影响气体的火灾爆炸危险性的参数主要有爆炸极限、爆炸危险度、自燃点、扩散性、压缩性、化学活泼性等。可燃气体的爆炸极限越宽，爆炸下限越低，则气体的危险性越大。例如，乙炔爆炸极限是 2.5%~82%，乙烷爆炸极限是 3.0%~12.5%，两者相比，前者的爆炸极限范围比后者大得多，因此乙炔的爆炸危险性比乙烷大得多。对于爆炸下限低的气体，当其处于正压状态时，应谨防气体向空气中泄漏，即使泄漏量不大，也容易进入爆炸极限范围。而对于爆炸上限较高的气体，当使用负压系统时，如果空气进入盛装该气体的容器或管道设备内，即使不需要很大的量也能进入爆炸极限范围。

爆炸危险度综合考虑了爆炸极限范围及爆炸下限两个因素，是一个综合指标。显然，爆炸危险度越大，则爆炸危险性越大。

$$爆炸危险度=\frac{爆炸上限-爆炸下限}{爆炸下限}$$

## 第三节　易燃液体

任何液体的表面都有一定数量的蒸气，液体的温度越高，其蒸气浓度越大。在一定的温度下，液体表面上的蒸气和空气混合后，遇到火源发生一闪即灭的火焰，这种燃烧现象称为闪燃。规定试验条件下施用某种点火源造成液体汽化而着火的最低温度(校正至标准大气压 101.3kPa)，称为闪点。

## 一、易燃液体的定义与分类

1. 易燃液体的定义

易燃液体是指闪点不大于93℃的液体。

2. 易燃液体的分类

易燃液体分为四类，见表4-2。

**表4-2 易燃液体的分类**

| 类别 | 标准 | 类别 | 标准 |
|---|---|---|---|
| 1 | 闪点小于23℃且初沸点不大于35℃ | 3 | 闪点不小于23℃且不大于60℃ |
| 2 | 闪点小于23℃且初沸点大于35℃ | 4 | 闪点大于60℃且不大于93℃ |

注：1. 为了某些管理目的，可将闪点范围在55~75℃的燃料油、柴油和民用燃料油视为一特定组。

2. 闪点高于35°C，但不超过60°C的液体如果在联合国《关于危险货物运输的建议书试验和标准手册》(以下简称《试验和标准手册》)的第32节第III部分中L.2持续燃烧性试验中得到否定结果，则可以为了某些管理目的(如：运输)，将其视为非易燃液体。

3. 为了某些管理目的(如：运输)，某些黏性易燃液体，如：色漆、磁漆、喷漆、清漆、黏合剂和抛光剂可视为一特定组。将这些液体归类为非易燃液体或考虑将这些液体归类为非易燃液体的决定可以根据相关规定或由主管部门作出。

4. 气溶胶不属于易燃液体。

另外根据GB 50016—2014《建筑设计防火规范》的规定，将易燃、可燃液体的火灾危险性分为三类(包括生产性物质和储存物质)。

(1)甲类：闪点<28℃；

(2)乙类：28℃≤闪点<60℃；

(3)丙类：闪点≥60℃。

(注：闪点均为闭口杯试验闪点。)

## 二、常见的易燃液体

1. 汽油

汽油在常温常压下为无色或淡黄色的液体，具有特殊气味，主要成分为$C_4$~$C_{12}$脂肪烃和环烷烃，并含少量芳香烃和硫化物。熔点在-60℃以下，沸点为40~200℃，密度为0.70~0.79g/cm$^3$，蒸气密度为4.52kg/m$^3$，不溶于水，易溶于苯、二硫化碳、醇、脂肪。

汽油为易挥发性液体，闪点为-50℃，引燃温度为250~530℃，爆炸极限为1.3%~7.1%。其蒸气与空气可形成爆炸性混合物，遇明火、高热极易燃烧爆炸。与氧化剂能发生强烈反应。其蒸气比空气重，能在较低处扩散到相当远的地方，遇火源就会着火。

汽油可以作为汽油发动机的燃料，在橡胶、制鞋、印刷、制革、颜料等行业中的应用也相当广泛，也可用作机械零件的去污剂。

发生汽油泄漏时，应把泄漏污染区人员迅速撤离至安全区，同时应切断火源。由于汽油吸入或经皮肤吸收后对身体有害，主要是对眼睛、皮肤、黏膜和上呼吸道具有强烈刺激，可引起咽喉、支气管的炎症、水肿、痉挛、化学性肺炎或肺水肿。对小量泄漏，可用砂土、蛭石或其他惰性材料吸收，或在保证安全情况下，就地焚烧；对大量泄漏可构筑围堤或挖坑收容，用泡沫覆盖，以降低蒸气灾害，有条件时还要用防爆油泵将其转移至槽车或专用收集器内，运至废物处理场所处置。

2. 乙醇

乙醇在常温常压下为无色液体。熔点为-114.1℃，沸点为78.3℃，液体密度为0.79g/$cm^3$，蒸气密度为2.05kg/$m^3$，饱和蒸气压为5333kPa(19℃)，能与水、醚、氯仿和甘油以任何比例互溶。

乙醇是易挥发的可燃液体，闪点为13℃，引燃温度为363℃，燃烧热为1365.5kJ/mol。乙醇遇到高热、明火能燃烧或爆炸，燃烧时发出蓝色火焰。乙醇蒸气与空气混合可形成爆炸性气体，爆炸极限为3.3%~19.0%。乙醇与氧化剂铬酸、次氯酸钙、过氧化氢、硝酸、硝酸银、过氯酸盐等反应剧烈，有发生燃烧爆炸的危险。

灌装乙醇时流速不应超过3m/s，并要有接地措施，以消除静电。当空气中乙醇浓度超过3%时，必须暂停工作，切断火源，进行通风，降低浓度，以防爆炸。乙醇泄漏时，首先要切断所有火源，然后用水冲洗，并进行通风，经稀释的冲洗水排入废水系统。

3. 苯

苯在常温常压下为无色透明挥发性液体，具有强烈芳香味，容易挥发，其蒸气有毒。熔点为5.5℃，沸点为80.1℃，密度为0.88g/$cm^3$，蒸气密度为3.57kg/$m^3$，饱和蒸气压为13.33kPa(26.1℃)，液体苯比水轻，其蒸气比空气重。不溶于水，溶于醇、醚、丙酮等多数有机溶剂。苯从焦炉气和煤焦油分馏、裂解石油等制取，也可人工合成，如用乙炔合成苯。

苯的蒸气能与空气形成爆炸性的混合物，遇到高热或明火极容易引起燃烧和爆炸。其燃烧热为3264.4kJ/mol，闪点为-11℃，着火温度为560℃，爆炸极限为1.2%~8.0%。其蒸气比空气重，能扩散很远，着火后会沿地面燃烧。苯燃烧时，冒出浓烈的黑烟，伴有刺激性气味。

苯可以用玻璃瓶或金属桶盛装。最好存放在阴凉通风的户外或易燃液体专用库内，防止阳光直射，库温不宜超过30℃，要远离火种及热源。

苯广泛应用于化工生产中，它是制造染料、香料、合成纤维、合成洗涤剂、聚苯乙烯塑料、丁苯橡胶、炸药、农药杀虫剂等的基本原料。它也是制造油基漆、硝基漆等的原料。它作为溶剂，在医药工业中用作提取生药；在橡胶加工中用作黏合剂的溶剂；在印刷、油墨、照相制版等行业常用其作溶剂。

苯泄漏时，首先要切断所有火源，戴好防毒面具、胶鞋、手套等，用不燃性分散剂制成的乳液进行刷洗。如无分散剂可用砂土吸收后运到空旷地方掩埋或任其蒸发掉。受污染的地面，要用肥皂或洗涤剂洗刷，冲洗水经稀释后排入废水系统。

## 三、易燃液体燃爆危险性的判断

(1)易燃性液体的火灾爆炸危险性的判断与分级常以闪点为依据，闪点越低，则表示该液体越容易燃烧、危险性越大。

(2)爆炸浓度极限和爆炸温度极限

在一定温度下，由于蒸发，当达到气液相平衡时，在易燃液体表面会形成等于爆炸浓度下限或爆炸浓度上限的饱和蒸气浓度。与这两个饱和蒸气浓度相对应的温度即为易燃液体的爆炸温度上、下限值。利用这两个爆炸温度极限值预测易燃液体的爆炸危险性更为方便。表4-3列出了部分易燃液体的饱和蒸气压数值。

**表 4-3　几种易燃液体的饱和蒸气压**　　Pa

| 液体名称 | 温度/℃ | | | | | | | | |
|---|---|---|---|---|---|---|---|---|---|
| | −20 | −10 | 0 | +10 | +20 | +30 | +40 | +50 | +60 |
| 丙酮 | | 5159.6 | 8443.3 | 14705.4 | 24531.2 | 37330.2 | 55901.9 | 81167.8 | 115510.2 |
| 苯 | 990.6 | 1950.5 | 3646.4 | 5966.4 | 9972.5 | 15785.3 | 24198.0 | 35823.6 | 52328.9 |
| 航空汽油 | | | 11732.3 | 15198.7 | 20531.6 | 27997.6 | 37730.1 | 50262.4 | |
| 车用汽油 | | | 5332.9 | 6666.1 | 9332.5 | 13065.6 | 18131.8 | 23998.0 | |
| 二硫化碳 | 6463.5 | 10799.1 | 17595.8 | 27064.4 | 40236.6 | 58261.7 | 82259.7 | 114217.0 | 156040.0 |
| 乙醚 | 8932.6 | 14972.1 | 24583.2 | 38236.7 | 57688.4 | 84526.1 | 120923.1 | 168625.7 | 216408.3 |
| 甲醇 | 835.9 | 1795.8 | 3529.0 | 6772.8 | 11821.7 | 19998.3 | 32463.9 | 50889.0 | 83326.3 |
| 乙醇 | 333.3 | 746.6 | 436.0 | 3173.1 | 5866.2 | 10412.4 | 17785.2 | 29197.5 | 46862.3 |
| 丙醇 | | | | 951.9 | 1933.2 | 3706.4 | 6772.8 | 11799.0 | 19598.3 |
| 丁醇 | | | | 270.6 | 627.9 | 1226.6 | 2386.5 | 4413.0 | 7892.7 |
| 甲苯 | 232.0 | 456.0 | 889.3 | 1693.2 | 2973.1 | 4959.6 | 7906.0 | 12398.9 | 15598.4 |
| 乙酸甲酯 | 253.3 | 4686.2 | 8279.3 | 13972.1 | 22638.1 | 35330.3 | | | |
| 乙酸乙酯 | 866.6 | 1719.9 | 3226.4 | 5839.5 | 9705.9 | 15825.3 | 24491.3 | 37636.8 | 55328.6 |
| 乙酸丙酯 | | | 933.3 | 2173.1 | 3413.0 | 6432.8 | 9452.5 | 16185.3 | 22798.1 |

根据易燃液体的蒸气压力，就可以求出蒸气在空气中的浓度，其计算式为

$$C=\frac{p_Z}{p_H} \tag{4-1}$$

式中　$C$——混合物的蒸气浓度,%；

$p_Z$——在给定温度下的饱和蒸气压力，Pa；

$p_H$——混合物的压力，Pa。

**【例 4-1】**　桶装甲苯的温度为 20℃，而大气压力为 101325Pa。试求甲苯的饱和蒸气浓度。

**解：**查表得甲苯在 20℃时饱和蒸气压力为 2973Pa

$$C=\frac{p_Z}{p_H}=\frac{2973}{101325}=2.93\%$$

**答：**甲苯在 20℃时饱和蒸气浓度为 2.93%。甲苯的爆炸极限为 1.1%~7.1%，说明甲苯在 20℃时具有爆炸危险。

由于可燃液体的蒸气压力是随温度而变化的，因此可以利用饱和蒸气压来确定可燃液体在贮存和使用时的安全温度和压力。

**【例 4-2】**　有一个苯罐的温度为 10℃，确定是否有爆炸危险？如有爆炸危险，请问应选择什么样的储存温度比较安全？

**解：**苯在 10℃时的蒸气压力为 5960Pa。

$$C=\frac{p_Z}{p_H}=\frac{5960}{101325}=5.89\%$$

苯的爆炸极限为 1.2%~8.0%，因此苯在 10℃时有爆炸危险。

消除形成爆炸浓度的温度有两个可能：一是低于闪点的温度；二是高于爆炸上限的温度。但苯的闪点为-11℃，而苯的凝固点为5.5℃，若储存温度低于闪点，苯就会凝固。因此安全储存温度应采取高于爆炸上限的温度。已知苯的爆炸上限为8.0%。

$$p_Z = 101325C = 101325 \times 8.0\% = 8106\text{Pa}$$

查得苯的蒸气压力8106Pa时，处于10~20℃范围内

$$T = T_{低} + \frac{(T_{高} - T_{低})(P - P_{低})}{P_{高} - P_{低}}$$

$$= 10 + \frac{(8106 - 5966)(20 - 10)}{9972 - 5966}$$

$$= 15.3℃$$

**答**：储存苯的安全温度应高于15.3℃。

**【例4-3】** 某厂在车间中使用丙酮作溶剂，操作压力为500kPa，操作温度为25℃，请问丙酮在该温度和压力下有无爆炸危险？如有爆炸危险，应选择何种操作压力比较安全？

**解**：丙酮在25℃的饱和蒸气压为30931Pa。

丙酮在500kPa下的蒸发浓度：$C = \frac{p_Z}{p_H} = \frac{30931}{500000} = 6.2\%$

丙酮的爆炸极限为2.2%~13%，说明丙酮在500kPa下是有爆炸危险的。

如果温度不变，为保证安全操作可选择常压或负压。

若采用常压操作

$$C = \frac{p_Z}{p_H} = \frac{30931}{101325} = 30.5\%$$

如采用负压操作，假设真空度为39997Pa

$$C = \frac{p_Z}{p_H} = \frac{30931}{101325 - 39997} = 50.4\%$$

**答**：丙酮在操作压力为500kPa，操作温度为25℃时有爆炸危险；为保证安全操作可选择常压操作。

**【例4-4】** 求苯的爆炸温度极限(大气压为101KPa)。

解：由表查得苯的爆炸下限浓度为1.2%、爆炸上限浓度为8.0%。

则相对应的饱和蒸气压力为：$p_Z = Cp_H = 101 \times 1.2\% = 1.21\text{KPa} = 1210\text{Pa}$

$p_Z = Cp_H = 101 \times 8.0\% = 8.08\text{KPa} = 8080\text{Pa}$

查表可得出下面两式：

$$爆炸下限温度 = -20 + \frac{[-10 - (-20)](1210 - 990.6)}{1950.5 - 990.6} = -17.7℃$$

$$爆炸上限温度 = 10 + \frac{(20 - 10)(8080 - 5966.2)}{9972.5 - 5966.2} = 14.7℃$$

但因为苯的凝固点为5.5℃；所以苯只有爆炸上限温度为14.7℃

**答**：苯的爆炸上限温度为14.7℃。

(3)易燃性液体的化学结构和物理性质与燃爆危险性的关系

①同类有机物，其闪点随分子量的增大、沸点的升高、密度的增大而升高。

②脂肪族碳氢化合物中，若分子中含碳原子数相等，则含不饱和键越多的化合物燃爆危

险性越大。

③脂肪族碳氢化合物的氧化产物中，同碳数的化学物醚类的燃爆危险性最大，醛、酮、酯类次之，醇类又次之，酸类的火灾危险性最小。

④芳香族碳氢化合物中，以卤素取代基(—F，—Cl、—Br，—I 等)、羟基(—OH)、氨基($—NH_2$)等基团取代苯环上的氢原子而生成的衍生物，燃爆危险性一般较小，取代的氢原子越多，危险性越小。含硝基($—NO_2$)的化合物易燃爆，所含硝基越多，燃爆危险性越大。

⑤重质油料的自燃点低，而轻质油料自燃点较高，前者比后者自燃的可能性要高。

⑥大部分易燃液体，如汽油、煤油、苯、醚、酯等是高电阻率的电介质，能摩擦产生静电放电，具有引起火灾爆炸的危险，醇、醛和羟酸不是电介质，电阻率低，其静电燃爆危险性小。

## 四、油品的沸溢和喷溅

含有水分的、黏度较大的重质石油产品，如原油、重油储罐等发生燃烧时，有可能发生沸溢或喷溅现象。此时，燃烧的油品大量外溢，甚至从罐内猛烈喷出，形成巨大的火柱，可高达数十米，火柱顺风向喷射距离可达百米以上。燃烧的油罐一旦发生沸溅或喷溅，不仅容易造成人员的伤亡，而且由于火场上辐射热大量增加，容易直接蔓延烧至邻近油罐，扩大灾情。参见图 4-1 和图 4-2。例如：新疆某炼油厂一个 $1000m^3$ 油罐在用蒸汽盘管为油加热时，由于盘管漏气，致使含水油品发生突沸、冒顶，遇明火爆炸，造成 3 人死亡，11 人烧伤，直接经济损失数万元。

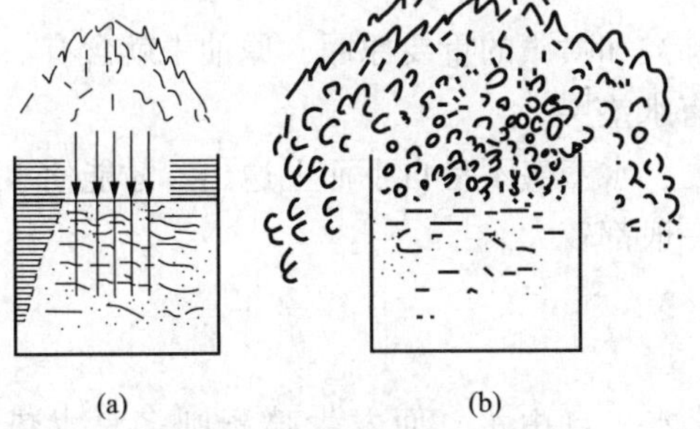


图 4-1　油罐沸溢火灾示意图

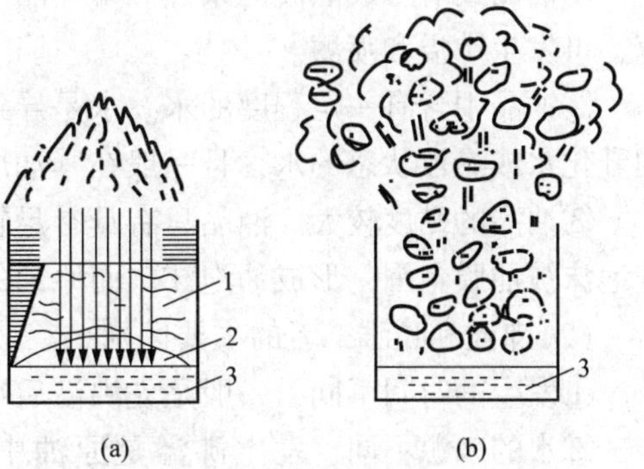


图 4-2　油罐喷溅火灾示意图

1—高温层；2—水蒸气；3—水垫

1. 原油火灾中的沸溢和喷溅及其危害性

地下开采出来的石油，未经加工前叫作原油。原油是烃类的混合物，主要成分是碳氢化合物。原油的黏度较大，而且不同程度地含有一定的水分。在原油火灾中，原油中的水因被加热汽化变成水蒸气，并形成气泡，蒸汽泡被油薄膜包围形成大量油泡沫，使体积剧烈膨胀，超出储罐所能容纳能力时，就会像煮稀粥溢锅一样，溢出罐外，造成沸溢。大量水迅速汽化为水蒸气时，体积膨胀 1700 倍，其蒸气压也迅速增大，当水蒸气以很大的压力急剧冲出液面时，把着火的油品带到上空，形成巨大火柱，这种现象叫喷溅。沸溢和喷溅在原油火灾中危害极大，沸溢可使原油溅出距离达几十米，大油罐储油多时，其溢出的面积可达几千平方米，从而使火灾大面积扩散。喷溅时，原油的火焰突然腾空，火柱可高达 70~80m，火柱顺风向喷射距离可达120m左右。火焰下卷时，向四周扩散，容易蔓延至邻近油罐，扩大灾情，并且可能使灭火人员突然处于火焰包围中，造成人员伤亡。

2. 发生沸溢及喷溅的原理

(1)辐射热的作用。原油罐发生火灾时，辐射热在向四周扩散的同时，也加热了油品表面。随着加热时间的延长，被加热的液层也越来越厚，当温度不断升高，原油被加热至沸点时，燃烧着的原油就会沸腾，溢出罐外。

(2)热波的作用。当原油燃烧时，沸点低的轻馏分变成蒸气，离开原油表面被烧掉，而沸点高的重馏分，则逐步下沉并把热量带到下面，在液面下形成一个热的锋面，当继续燃烧时，此热锋面逐渐沉入下部的“冷油”中，这一现象称为热波。辐射热和热波往往是共同作用，使原油很快达到它的沸点而发生沸溢。

(3)水蒸气的作用。原油中含有自由水、乳化水，热波会使原油中的水被加热汽化，变成水蒸气。水一旦变成水蒸气，其体积膨胀，蒸气压也相应增大，当超过原油的液压时，水蒸气会向上逸出，并形成大量的气泡，蒸气泡沫被油薄膜包围形成油泡沫，这样使原油的体积剧烈膨胀，超出储罐所能容纳范围时，就向外溢出，形成沸溢。随着燃烧的继续进行，热波的温度逐渐升高，且不断向下移动，当热锋面遇到水垫层(或大量水)时，大量水变成水蒸气，蒸气压迅速增大，以至将水垫层上部的原油抛向上空，形成喷溅。

3. 发生沸溢和喷溅的条件及其区别

(1)发生沸溢和喷溅的条件

只有同时具备以下几个条件的油品，才可能发生沸溢和喷溅。

①油品具有形成热波的条件。即油品中各组分的沸点范围较宽。原油各组分的沸点范围宽，可发生沸溢和喷溅。

②油品中含有一定程度的水。水是导致发生沸溢和喷溅的重要原因，原油中就含有一定的乳化水或悬浮状态的水，且一般在其油层下还有水垫层。

③油品的黏度较大。油品只有具有足够的黏度，水蒸气不易自下而上逸出，才能使水蒸气泡沫被油膜包围，形成油泡沫。而原油的黏度一般都较大。

(2)沸溢和喷溅二者的主要区别

①发生的时间不同，一般是先沸溢后喷溅。

②水的来源不同，发生沸溢是原油中的乳化水、自由水，而发生喷溅则多是水垫层的水。

③危害不同，沸溢的危害较大，而喷溅来势凶猛，危害更大。

4. 沸溢和喷溅的预防及控制

原油火灾中的沸溢和喷溅都是可以预防及控制的。

首先，要及时掌握储存原油的种类、含水量、油位的高度，然后以热波传播速度与燃烧直线速度估算出从起火到发生沸溢和喷溅的时间，做到心中有数，有备无患。热波传播速度与原油性质(组成、含水量)、储罐的罐径、油面高度等因素有关。一般有以下几个规律：

(1)原油中低馏分越多，含水量越多，热波传播速度越快；

(2)热波传播速度随罐径增大而增加，但当罐径大于25m时，热波传播速度趋于稳定；

(3)液面越低，即液面距罐口距离越大，热波传播速度越小。

其次，在原油火灾中，应集中兵力，抢在沸溢和喷溅前扑灭火灾，最好在发生火灾

0.5~1h以内，及时用蛋白泡沫或氟蛋白泡沫迅速扑灭。否则，燃烧时间过长，罐内油温超过100℃时，不仅会发生沸溢，而且这时如用含水的泡沫进行灭火，还可能发生喷溅。同时应一面灭火，一面放水、放油。这是防止沸溢、喷溅和迅速扑灭原油火灾的有效措施。着火时，打开油罐底部的放水阀，将罐底水垫层中的水放掉，一般就可避免喷溅。放油是把起火罐的原油放到距火场较远的储罐内，这既是釜底抽薪，又可降低燃烧液面，减小发生沸溢的可能性。

最后，在扑救原油火灾中，要注意观察是否出现沸溢和喷溅的前兆。发生沸溢和喷溅前一般有以下征兆：

(1)油表面因大量油泡沫生成，呈翻涌蠕动现象，此现象会出现2~4次；

(2)火焰高度增加，颜色由深变亮且发白；

(3)油罐壁出现剧烈颤抖，有的稍有膨胀现象；

(4)燃烧发出的声音变异，发出强烈的嘶嘶声或呼呼声。

若出现以上征兆，火场指挥员要立即下达撤退命令，待沸溢或喷溅发生后，再抓住时机进行灭火，避免和减少不必要的伤亡。

## 第四节 易燃固体

### 一、易燃固体的定义与分类

1. 易燃固体的定义

易燃固体是容易燃烧或通过摩擦可能引燃或助燃的固体。

2. 易燃固体的分类

易燃固体分为2类，见表4-4。

表4-4 易燃固体的分类

| 类别 | 标准 |
| --- | --- |
| 1 | 燃烧速率试验<br>除金属粉末之外的物质或混合物：<br>a. 潮湿部分不能阻燃；<br>b. 燃烧时间小于45s或燃烧速率大于2.2mm/s。<br>金属粉末：<br>燃烧时间不大于5min |
| 2 | 燃烧速率试验<br>除金属粉末之外的物质或混合物：<br>a. 潮湿部分可以阻燃至少4min；<br>b. 燃烧时间小于45s或燃烧速率大于2.2mm/s。<br>金属粉末：<br>燃烧时间大于5min且不大于10min |

## 二、常见的易燃固体

1. 硫黄

硫黄是单质硫，为淡黄色脆弱性结晶体，有特殊臭味。分子式 S，熔点 112.8℃，沸点 445℃。硫的气体有毒，不溶于水和醇，能溶于二硫化碳、四氯化碳和苯。硫易燃，燃烧时发出蓝色火焰，自燃点为 232.2℃，爆炸下限为 $35g/m^3$。粉末与空气或氧化剂混合易爆炸，与木炭、硝酸盐、氧酸盐混合也会发生爆炸。

2. 红磷

红磷别名赤磷。以黄磷为原料，隔绝空气加热转化制得，是紫红色粉末，无毒。分子式为 $P_4$，燃点为 200℃，熔点为 570℃。赤磷性质活泼，极易燃烧，轻微摩擦即能起火；与氧化剂接触则立即着火，与氯酸钾(钠)接触能发生爆炸，与溴素混合能着火。赤磷燃烧时产生有毒的浓厚烟雾$P_2O_5$。受热或长期放置潮湿处易发生爆炸。

3. 硝化纤维制品

硝化纤维制品包括硝化棉和赛璐珞等。硝化棉是白色絮状或片状纤维，熔点为 160~170℃，相对密度为 $1.65 \sim 1.67g/cm^3$。不溶于水，能溶于酮类、酯类、醇醚混合溶剂等中。硝化纤维制品主要用于生产赛璐珞、电影胶片、漆片、炸药等。

硝化纤维素属一级易燃物品，可以被火焰、热、震动、冲击、摩擦、火花或静电点燃，挥发性溶剂蒸气与空气可形成爆炸性混合物，引燃温度为 170℃。燃烧的硝化纤维素会产生一氧化碳、二氧化碳、氮氧化物等。遇酸、碱、氧化剂、还原剂引起反应，应避免与强碱和酸性物质、胺或氧化剂接触。

4. 金属粉末

在一些工艺过程中，需要将金属加工成粉末使用，然而不少金属粉末能够发生燃烧或爆炸，其中爆炸性严重的主要有镁粉、铝粉、锆粉等。它们与空气的混合物燃烧时所需的氧含量很低(小于 3%)、爆炸极限(质量分数)很低($20 \sim 50g/m^3$)、引燃温度也不高(低于600℃)。这类金属粉末在空气中也容易发生自燃。金属粉末燃烧的强度高，有时可作为添加剂使用，例如在某些炸药中加入铝粉可以增加爆炸反应的热效应。

在加工和处理金属粉末时通常会产生大量粉尘。一旦粉尘云与空气形成浓度合适的混合物，并被来自金属粉末或外界火种的能量点燃时，则粉尘云即可发生爆炸。值得注意的是，由于第一次爆炸能够将该区域内聚集的粉尘抛射到空气中，往往会引起第二次爆炸或燃烧。

## 三、影响易燃固体火灾危险性的主要参数

易燃固体的燃烧危险性主要取决于它们本身的结构和组成。现将有关的某些理化指标分述如下：

(1)熔点：绝大多数固体物质燃烧时是在气态下进行的。熔点低的固体物质容易熔解，蒸发气化，因而较易着火，燃烧速度也较快，燃爆危险性较大。

(2)燃点：是易燃物质遇明火而发生持续燃烧的最低温度。它是许多易燃固体燃爆危险性的主要指标之一。固体燃点越低，燃爆危险性越大。在火场上，燃点低的固体往往先着火。

(3)自燃点：与气体、液体比较，固体物质的密度大，不易散热而易聚热，因此自燃点一般较气体、液体物质低。在火灾现场，如几种易燃物质所受辐射热相等时，自燃点低的物质先着火，火势会向存放这种物质的方向蔓延。

(4)热分解性质：固体物质越易热分解，热分解温度越低，燃爆危险性越大。

(5)比表面积：即单位质量(或单位体积)固体物质具有的表面积。固体的比表积越大，即与空气中氧气接触面积越大，越易发生氧化作用，燃烧也就越快。因此，固体物质颗粒越小，越松散、越薄它们的表面积就越大，燃爆危险性也就越大。

## 第五节　易于自燃的物质

### 一、物质类型

易于自燃的物质包括发火物质和自热物质。发火物质是指即使只有少量与空气接触，不到5min时间便燃烧的物质，包括混合物和溶液(液体或固体)；自热物质是指发火物质以外的与空气接触便能自己发热的物质。

### 二、常见自燃性物质

1. 白磷

白磷在常温常压下为白色蜡状固体，有蒜臭味，在暗处发淡绿色磷光，遇光逐渐变成黄色，所以又叫黄磷。白磷有剧毒，密度为1.82g/cm$^3$，熔点为44℃，沸点为280.5℃，其燃点为40℃，但因摩擦或缓慢氧化而产生的热量有可能使局部温度达到40℃而燃烧，其燃烧热为3093.2kJ/mol。白磷不溶于水，易溶于二硫化碳，少量可保存在冷水中。白磷可用于制造高纯度的磷酸。

白磷接触空气能自燃并引起燃烧，在潮湿空气中约30℃着火，在干燥空气中则稍高。遇黄磷火灾时，首先应切断火势蔓延途径，控制燃烧范围。对着火的黄磷应用低压水或雾状水扑救。高压直流水冲击能引起黄磷飞溅，导致灾害扩大。黄磷熔融液体流淌时应用泥土、沙袋等筑堤拦截，并用雾状水冷却；对磷块和冷却后已固化的黄磷，应用钳子钳入储水容器中。来不及钳起时可先用沙土掩盖，但应做标记，等火势扑灭后，再逐一收集到储水容器中。

另外，白磷与氯酸盐等氧化剂混合可发生爆炸，其碎片和碎屑接触皮肤干燥后即可着火，从而引起严重的皮肤灼伤。出现白磷泄漏时，不要直接接触。对于小量泄漏，可用水、潮湿的沙或泥土覆盖，或收入金属容器并保存于水或矿物油中；对大量泄漏，须在专家指导下清除。出现火灾时，消防人员必须穿防护服、胶鞋，并佩戴过滤式防毒面具或自给式呼吸器，使用雾状水灭火。

运输白磷与红磷时，白磷放在小开口钢桶中，其顶面须用厚度为15cm以上的水层覆盖，保证白磷完全浸没在水中，严封后再装入坚固木箱。而红磷则放入金属容器，外用坚固木箱，或放入螺纹口玻璃瓶、铁盖压口玻璃瓶、塑料瓶或金属桶(罐)，外用普通木箱。运输车辆应配备相应品种和数量的消防器材及泄漏应急处理设备，装运本品的车辆排气管须有阻火装置。运输过程中要确保容器不泄漏、不倒塌、不坠落、不损坏，运输途中应防曝晒、雨淋，防高温。中途停留时应远离火种、热源，车辆运输完毕应进行彻底清扫，铁路运输时要禁止溜放，并严禁与氧化剂、酸类、卤素、食用化学品等混装混运。

2. 含有不饱和键的有机物

不饱和键是不稳定的，含有不饱和键的有机化合物在空气中易被氧化放热，若散热不利，蓄热引起升温，就可能产生自燃。在工业企业中较常见的是油脂、油布、油纸、油棉纱的自燃着火。

油脂可分为动物油、植物油和矿物油三种。植物油的分子中含有不饱和键，自燃性较强；动物油只有在较高温度呈液态时才可能自燃；矿物油若非废油或无植物油掺入一般是不会自燃的。

油脂须具备下列条件才会自燃：

(1)油脂中含有大量能在低温下氧化的物质。如油酸、亚油酸、次亚油酸、饱和酸甘油酯等。这些物质含量越高，油脂自燃性越强。不饱和物质含量通常以碘值表示。碘值越高，不饱和物质含量越高，油脂自燃性越强。见表4-5。

**表4-5　各种油脂的组成**

| 分类 | 名称 | 碘值 | 脂肪酸的组成/% | | | | |
|---|---|---|---|---|---|---|---|
| | | | 饱和酸甘油酯 | 油酸 | 亚油酸 | 次亚油酸 | 其他酸 |
| 干性油 | 桐油 | 155~167 | 3~10 | 5~13 | 1~2 | 25~45 | 88~90 |
| | 青油 | 169~190 | 8~9 | 10~20 | 26~50 | 49~50 | 5 |
| | 亚麻仁油 | 170~204 | 7~11 | 15~22 | 18~26 | 17 | |
| | 大麻油 | 140~170 | 4.5 | 14 | 65 | 5~8 | |
| | 大豆油 | 124~137 | 12~14 | 23~30 | 53~55 | 3~16 | |
| | 核桃油 | 140 | 5~11 | 9~5 | 48~76 | | |
| 半干性油 | 棉籽油 | 103~115 | 25~28 | 27~29 | 43~48 | | |
| | 鲸脂油 | 110~150 | | 33~38 | | | 13~22 |
| 不干性油 | 蓖麻油 | 81~90 | 2~3 | 7~9 | 3~5 | | 80~88 |
| | 花生油 | 83~98 | | 50~70 | 13~26 | | |
| 脂肪 | 猪油 | 46~66 | 46 | 50 | 4 | | |
| | 羊油 | 38~42 | 60 | 38 | 2 | | |
| | 牛油 | 31~47 | 60 | 40 | | | |

(2)油和浸油物质的质量比例一定。若浸油物中含油太多，油会阻塞其大部小孔，减少氧化的表面和产生的热量，使温度达不到自燃点。含油量太少，氧化放热低于向外散热，温度也达不到自燃点。因此油和浸油物需有适当比例。一般认为油(质量)比例在1∶3时较易自燃。

(3)有良好的蓄热条件。散热条件差，氧化反应所放的热量积聚起来，使物质温度上升而发生自燃。反之物质温度不易达到自燃点。如桶装桐油，因氧化表面积小而散热面积较大，不会发生自燃，而用桐油浸泡的油纸、油布堆在一起，由于散热不利，就有可能发生自燃。

3. 金属粉及金属硫化物

锌粉、铝粉及金属硫化物易被氧化引起自燃。现以硫化铁为例加以说明。

铁的硫化物(硫化亚铁、三硫化二铁)极易氧化自燃。在工业生产中因硫化铁自燃引起的火灾、爆炸事故时有发生，在硫化染料、二硫化碳、石油产品及某些气体燃料的生产过程中，由于硫化氢的存在，使铁制设备或容器内表面受腐蚀生成一层硫化铁。当设备、容器因密封或充满油品、液体时，由于硫化铁未与空气接触，不会自燃。一旦这些覆盖硫化铁的表面未充分冷却且接触空气(多在检修时)，则很可能发生自燃。更为危险的是，由于现场往往有可燃气体存在，自燃的硫化铁就可能成为火源而引发更大的火灾、爆炸事故。

4. 植物纤维

植物及农副产品能因发酵而放热，通过热量蓄积造成温升，引起自燃。能自燃的农副产品有：稻草、麦芽、木屑、甘蔗渣、籽棉、玉米芯、树叶等。它们的自燃要经过生物、物理和化学三个阶段。现分述如下：

(1)生物阶段　在此阶段由于水分和微生物的作用，使植物腐败发酵而放热。若散热不力，温度上升到70℃，此时微生物死亡，生物阶段结束。

(2)物理阶段　温度达到70℃时，植物内所含的不稳定化合物开始分解成黄色多孔炭，多孔炭吸附蒸汽和气体同时放热，使温度上升到100℃，此时又引起另一些化合物分解炭化，使温度继续上升。

(3)化学阶段　当温度达到150~200℃时，植物中的纤维开始分解，并进入氧化过程，氧化过程放热使温度上升到200~300℃，此时若积热不散就会引起着火。

所以，要防止植物和农副产品自燃，应使它们处于干燥状态，堆积时不宜过高过宽。若发现堆中温度过高，应采取措施及时晾晒降温。表4-6列出一组经验数据。

**表4-6　稻草、籽棉的自燃能力与温湿度和堆高的关系**

| 名称 | 危险湿度/% | 危险温度/℃ | 炭化点/℃ | 自燃点/℃ | 堆高限度/m |
|---|---|---|---|---|---|
| 稻草 | 20 | 70 | 204 | 333 | 10 |
| 籽棉 | 12 | 38 | 205 | 407 | 5 |

## 三、影响易于自燃物质危险性的因素

物质发生自燃，除了其本身组成的因素外，外界条件也有着重要影响，主要有：

(1)助燃物　自燃物品必须在一定的助燃物质中才能发生自燃，例如白磷，可以在氧气、氯气中发生自燃。如果把白磷投入水中与空气隔离，甚至加热到水沸腾也不会燃烧。

(2)环境温度　环境温度升高能够使物质的氧化速度加快，促使自燃加快。

(3)环境湿度　周围环境潮湿常会加速自燃物质的氧化或分解，使温度上升至物品的自燃点而发生自燃。

(4)蓄热条件　若通风不良，蓄热不散，加上包装破损被氧化，均能促使物质温度升高到自燃点。

(5)杂质　自燃物质若存在某些杂质如氧化剂、酸及铁粉等，会影响其氧化过程而使自燃机会增加，如浸油的纤维内含有金属铁屑时，自燃倾向就增大。

# 第六节　遇水放出易燃气体的物质

## 一、遇水放出易燃气体的物质的定义与分类

1. 遇水放出易燃气体的物质定义

遇水放出易燃气体的物质是指通过与水作用，容易具有自燃性或放出危险数量的易燃气体的固态或液态物质和混合物。

2. 遇水放出易燃气体的物质分类

遇水放出易燃气体的物质分为 3 类，见表 4–7。

**表 4–7　遇水放出易燃气体的物质和混合物的分类**

| 类别 | 标　准 |
|---|---|
| 1 | 在环境温度下遇水起剧烈反应并且所产生的气体通常显示自燃的倾向，或在环境温度下遇水容易发生反应，释放易燃气体的速度等于或大于每千克物质在任何 1min 内释放 10L 的任何物质或混合物 |
| 2 | 在环境温度下遇水容易发生反应，释放易燃气体的最大速度等于或大于每千克物质每小时释放 20L，并且不符合类别 1 的标准的任何物质或混合物 |
| 3 | 在环境温度下遇水容易发生反应，释放易燃气体的最大速度等于或大于每千克物质每小时释放 1L，并且不符合类别 1 和类别 2 的任何物质或混合物 |

注：如果自燃发生在试验程序的任何一个步骤，那么物质或混合物即划为遇水放出易燃气体的物质。

## 二、常见遇水放出易燃气体的物质

1. 活泼金属及其合金

如钾、钠、钠汞齐、钾钠合金等；还有某些金属的氢化物，如氢化钠、氢化钙、氢化铝钠等。它们遇水都会发生剧烈反应，放出氢气与大量热，其热量能使氢气自燃或爆炸。如：

$$2Na+2H_2O \xlongequal{} 2NaOH+H_2\uparrow+Q$$

$$NaH+H_2O \xlongequal{} NaOH+H_2\uparrow+Q$$

案例：江苏省泰兴市某化工厂，为节省开支，把金属钠储存在塑料袋里，口扎紧，外套麻袋。结果因袋中的钠不能隔绝空气和水分，自燃造成爆炸。扑救中工人又错误使用四氯化碳灭火，导致更猛烈爆炸，3 人受伤，烧毁库房一座，金属钠 21t，直接经济损失 14 万元。

2. 金属碳化物

如碳化钙、碳化钾、碳化钠、碳化铝等。它们遇水反应剧烈，放出可燃气体和热量，引起可燃气气体自燃或爆炸，如：

$$CaC_2+2H_2O \xlongequal{} Ca(OH)_2+C_2H_2\uparrow+Q$$

$$Al_4C_3+12H_2O \xlongequal{} 4Al(OH)_3+3CH_4\uparrow+Q$$

3. 硼氢化合物

如二硼氢、硼氢化钾、硼氢化钠等。它们遇水反应剧烈，放出氢气和热量，能发生燃烧和爆炸。如：

$$B_2H_6+6H_2O \xlongequal{} 2H_3BO_3+6H_2\uparrow+Q$$

$$NaBH_4+3H_2O \xlongequal{} NaBO_3+5H_2\uparrow+Q$$

4. 金属磷化物

如磷化钙、磷化锌等。它们遇水反应生成磷化氢并放热，磷化氢在空气中易自燃。

$$Ca_3P_2+6H_2O \xlongequal{} 3Ca(OH)_2+2PH_3\uparrow+Q$$

## 三、遇水放出易燃气体的物质的危险性

1. 遇水燃烧性

物质遇水燃烧的危险主要有下列两种情况：

(1)遇水后发生剧烈的化学反应，使水分解，与水中的氧化合，生成可燃气体，放出大量热，致使升温达到气体的自燃点时，不经点火而自行燃烧。如金属钾、钠、磷化钙等。

(2)遇水放出易燃气体的二级物质与水反应放出的热量少，但产生的可燃气体接触明火而燃烧，如氢化钙。

2. 遇水爆炸性

物质遇水爆炸的危险主要有下列两种情况：

(1)遇水反应速度快，放出的可燃气体和热量多，可燃气体在空气中很快达到爆炸极限，接触明火或由于自燃而发生爆炸。

(2)遇水放出易燃气体的物质在密闭容器内，与水(或吸收水蒸气)作用，放出的气体和热量不能逸散到外面。致使容器内气体越来越多，压力越来越大，产生气胀或者受热和外力的作用，造成容器胀裂以致爆炸。如电石桶的爆炸事故。

3. 遇酸和氧化剂有燃烧爆炸性

该类物质大都有强还原性，而氧化剂和许多酸有强氧化性，其中多数酸又是易溶于水的，所以当它们一旦接触酸液，便立即反应，并且比单独与水的反应更为激烈。

4. 毒害性和腐蚀性

硼氢类的毒性比氰化氢和光气的毒性还大，磷化物与水反应放出有毒的磷化氢气体。该类物质如碱金属及其氢化物、碳化物等，均有较强的吸水性。与水作用生成强碱而具有腐蚀性。

## 四、防止遇水放出易燃气体的物质火灾的主要措施

在生产、储存中所有遇水放出易燃气体的物质均划为甲类火灾危险性物品。在保管与使用遇水放出易燃气体的物质时最重要的一点是防水、防潮。根据它们不同特性，采用不同的保管方法。

(1)严密包装，置于通风干燥处所，严禁露天存放，严防漏水或雨雪浸入。库房必须远离火种、热源，远离酸、硝酸等散发酸雾的物品。

(2)包装必须严密，不得破损，钾、钠等活泼金属须浸没在煤油中保存，电石桶入库时，要检查容器是否完好，对未充氮的铁桶应放气，发现发热或温度较高则更应放气。

(3)与酸、氧化剂等性质相抵触的物质隔离存放，严禁火种接近等。

(4)在该类物质失火时，禁止用水、酸碱灭火机等灭火，只能用干砂、专用干粉扑救。

# 第七节　爆　炸　物

## 一、爆炸物的定义与分类

1. 相关定义

(1)爆炸物质(或混合物)　是指能通过化学反应在内部产生一定速度、一定温度与压力的气体且对周围环境具有破坏作用的一种固体或液体物质(或其混合物)。烟火物质或混合物无论其是否产生气体都属于爆炸物质。

(2)烟火物质(或混合物)　是指能发生非爆轰且自供氧放热化学反应的物质或混合物，并产生热、光、声、气、烟或几种效果的组合。

(3)爆炸品　是指包括一种或多种爆炸物质或其混合物的物品。

(4)烟火制品　是指包括一种或多种烟火物质或其混合物的物品。

爆炸物包含以下三类：

(1)爆炸物质和混合物；

(2)爆炸品，不包括那些含有一定数量的爆炸物或其混合物的装置，在这些装置内的爆炸物当不小心或无意中被点燃或引爆时产生迸射、着火、冒烟、放热或巨响等效果不会在装置外产生任何效应；

(3)上面两项均未提及的，而实际上又是以产生爆炸或焰火效果而制造的物质、混合物和物品，如烟火制品。

2. 爆炸物的分类

根据爆炸物所具有的危险特性分为六项：

(1)1.1 项具有整体爆炸危险的物质、混合物和制品(整体爆炸是实际上瞬间引燃几乎所有内装物的爆炸)；

(2)1.2 项具有迸射危险但无整体爆炸危险的物质、混合物和物品；

(3)1.3 项具有燃烧危险和较小的爆轰危险或较小的迸射危险或两者兼有，但没有整体爆炸危险的物质、混合物和物品：

①燃烧产生显著辐射热；

②一个接一个地燃烧，同时产生较小的爆轰或迸射作用或两者兼有。

(4)1.4 项不存在显著爆炸危险的物质、混合物和物品，如被点燃或引爆也只存在较小危险，并且可以最大限度地控制在包装件内，抛出碎片的质量和抛射距离不超过有关规定；外部火烧不会引发包装件内装物发生整体爆炸；

(5)1.5 项具有整体爆炸危险，但本身又很不敏感的物质或混合物，虽然具有整体爆炸危险，但极不敏感，以至于在正常条件下引爆或由燃烧转至爆轰的可能性非常小；

(6)1.6 项极不敏感且无整体爆炸危险的物品，这些物品只含极不敏感爆轰物质或混合物和那些被证明意外引发的可能性几乎为零的物品。

## 二、几种常见爆炸物

1. 黑火药

黑火药是由我国古代火药发展而来的，它由硝酸钾、木炭和硫按一定比例(最常用的是

75 : 15 : 10)组成的粒状火药。爆发点为 270~300℃，爆速约为 500m/s，爆轰气体体积为 $280cm^3/g$，爆热为 3015kJ/kg，火焰温度为 2500℃。黑火药对火花和火焰敏感，点燃后火焰的传播速率较快。燃烧时能释放出大量的高温气体，并产生很多炽热的固体颗粒(约 56%)，形成大量的烟。黑火药可通过调整组分配比和选择适当的颗粒度，以满足不同的使用要求。广泛用作点火药、传火药、导火索装药及引信的延期药等，还可用作信号弹、照明弹、猎枪弹和驱雹火箭等的发射装药或抛射装药。黑火药容易吸湿，存放时要密封包装。

黑火药着火时将发生如下反应：

$$2KNO_3+S+3C \xlongequal{\text{点燃}} K_2S+N_2\uparrow+3CO_2\uparrow$$

2. 梯恩梯(TNT)

TNT 是一种单质炸药，化学成分为三硝基甲苯[$C_6H_2CH_3(NO_2)_3$]，为黄色晶体。其熔点为 80.7℃，沸点为 280℃，爆燃点为 300℃，爆速为 6900m/s，爆轰气体体积为 $620cm^3/g$，爆热为 5066kJ/kg，热值为 3436kJ/kg，撞击感度为 15N·m。对酸较稳定，与碱作用生成比其本身敏感的爆炸性化合物。梯恩梯爆炸性能好，密度为 $1.62g/cm^3$，有较低的机械感度。安定性良好，与重金属及其氧化物不发生反应，而且熔点低，温度稍高即具有塑性，50℃以上时成为塑性物质。

TNT 的吸湿性很小，几乎不溶于水，微溶于乙醇，溶于苯、甲苯和丙酮。TNT 的热安定性好，常温下不自行分解，温度达到 1800℃以上才显著分解，遇碱则生成不安定的爆炸物。TNT 的机械感度较低，但如果混入硬质掺合物时则容易引爆，所以在制造、运输和使用时应特别注意。

3. 硝铵炸药

硝铵炸药是应用最广泛的工业炸药之一。最初的硝铵炸药是用硝酸铵和固体可燃物、液体碳氢化合物混合制得的。现在，为了提高硝铵炸药的可靠性和爆破效果，还加入了多种敏化剂，包括单质炸药(如梯恩梯、黑索金、硝化甘油等)、烈性氧化剂(如氯酸盐、高氯酸盐等)及高热值金属可燃剂(如铝粉、镁粉等)。其中，梯恩梯敏化的硝铵炸药(俗称铵梯炸药)使用较为普遍。

根据不同的使用场合和性能特点，铵梯炸药通常分为岩石硝铵炸药、煤矿许用硝铵炸药和露天硝铵炸药等品种。岩石硝铵炸药的威力较高，通常梯恩梯含量为 10%~20%。主要用于露天或井下中硬岩石的小直径药卷爆破和岩石的二次爆破。煤矿许用硝铵炸药的爆温和爆压均较低，因而可以有效地防止炸药爆轰引燃煤矿中的甲烷与空气混合物，保证煤矿井下爆破作业的安全性。露天硝铵炸药的梯恩梯含量为 5%~10%，其成本低、威力中等，主要应用于露天松软岩层的爆破。

铵梯炸药也是重要的军用炸药，可以装填在炮弹、航弹、地雷和水雷等炸弹中，作为主装药。

## 三、影响爆炸物危险性的技术参数

1. 敏感度

爆炸物的敏感性用敏感度来表示。炸药在外界能量激发下，发生爆炸反应的难易程度称为炸药的敏感度。敏感度的高低以引起炸药爆炸反应所需要的最小能量来表示，这个外界能量称为起爆能。起爆能越小，则炸药的敏感度越高。常遇到的起爆能有热能(加热、明火)、机械能（撞击、摩擦、针刺）、电能（电火花、电热）以及爆炸化学能（雷管炸药）等。炸药的敏感度随起爆能的形式不同有不同的表示方法。常见的有热感度、机械感度、爆轰感度、静电感度等。不同的炸药对不同的起爆能，其敏感度不尽相同。

影响炸药敏感度的因素很多，不同爆炸品的化学组成与结构（内因）起着决定性因素。一般来说，分子中所含“爆炸基因”化学活性越大，数目越多，炸药就越敏感。

如硝基化合物：

$$\xrightarrow[\text{敏感度增大}]{\text{一硝基苯　二硝基苯　三硝基苯}}$$

除内因外，还有许多影响敏感度的外来因素，如温度、杂质、水分、结晶、密度等。

（1）温度：随着外界温度升高，炸药本身具有的能量也增高，起爆时所需外界提供的能量则可相应减少。故温度升高后，炸药敏感度也增高。

（2）杂质：杂质对炸药的敏感度有很大影响。不同的杂质所起的影响不同。在一般情况下，固体杂质，特别是硬度高、有尖棱的杂质，能增加炸药的敏感度。如梯恩梯炸药中若混有砂粒，可使敏感度显著提高。因此在储运中，要注意防止砂粒、尘土混入。相反，松软的或液态杂质混入炸药后，往往会使敏感度降低。如硝化棉、苦味酸、硝铵炸药含水时，会使敏感度降低，若含水量超过一定数值，则可能失效。因此有些炸药受潮或雨淋，可能报废。

（3）结晶：某些炸药由于晶体形状不同，敏感度也不同。如硝化甘油炸药，在凝结时，结晶呈斜方晶系的，属安定型，敏感度较低；结晶时呈三斜晶系的，属不安定型，敏感度较高。

（4）密度：随着炸药的密度增大，通常敏感度有所降低，而粉碎疏松的炸药，敏感度较高。因此，在炸药储运过程中，要注意包装完好，尽量压实。

了解炸药的敏感度对安全生产有实际意义。国外有的学者把炸药的敏感度分为危险感度和实用感度，要求炸药具有较低的危险感度和较高的实用感度。例如：要保证炸药能安全生产、安全储运，就要求猛炸药具有较低的热感度和机械感度，而为了在使用时能按照需要爆炸，则要求猛炸药具有较高的（适当的）爆轰感度或冲击感度。

2. 威力

威力是指炸药对外做功的能力，主要取决于爆热和爆容的大小。爆炸时产生的热量越大，气态产物越多，爆温越高，其威力也就越大。

炸药的威力在理论上可以用炸药的潜能或用爆热和热功当量的乘积来表示。但实际上由于爆炸反应的不完全性和爆炸放出的热量不可能完全转变为机械功，因而通常采用铅铸扩孔法测定炸药的威力。即以一定量（10g）的炸药，装于铅铸的圆柱形孔内爆炸，测量爆炸后圆柱形孔体积的变化，以体积增量作为炸药的威力数值。威力值越大，表明炸药做功的能力越大。几种常见凝聚相炸药的威力值见表4-8。

**表4-8　几种常见凝聚相炸药的威力值**

mL

| 凝聚相炸药名称 | 威力值 | 凝聚相炸药名称 | 威力值 |
|---|---|---|---|
| 泰安 | 500 | 梯恩梯（TNT） | 285 |
| 黑索金 | 490 | $2^{\#}$煤矿炸药 | 250 |
| 苦味酸 | 335 | 二硝基重氮酚 | 230 |
| $2^{\#}$岩石炸药 | 320 | 雷汞 | 110 |

3. 猛度

猛度是炸药破碎与其直接接触材料的能力，猛度越大，与其接触的材料被炸得越碎。猛度的大小取决于爆速和爆压。

猛度常用铅柱压缩值来表示。即将一定量的炸药放在符合规定的铅柱上，炸药与铅柱之间垫以钢片。引爆炸药后铅柱被压缩，测量压缩前后的高度差，用以表示该炸药的猛度。几种常见凝聚相炸药的猛度值见表 4-9。

**表 4-9 几种常见凝聚相炸药的猛度值**

| 凝聚相炸药名称 | 密度/(g/mL) | 猛度值/mm | 凝聚相炸药名称 | 密度/(g/mL) | 猛度值/mm |
|---|---|---|---|---|---|
| 梯恩梯(TNT) | 1.2 | 16~17 | 2#岩石炸药 | 0.9~1.0 | 12~14 |
| EL 系列乳化炸药 | 1.1~1.2 | 16~19 | 2#煤矿炸药 | 0.9~1.0 | 10~12 |
| RJ 系列乳化炸药 | 1.1~1.25 | 15~19 | 2#露天炸药 | 0.9~1.0 | 8~11 |

4. 安定性

是指炸药在一定储存时间内不改变其物理性质、化学性质和爆炸性质的能力。

物理安定性是指一定条件下，炸药保持其物理性质不发生明显变化的能力。物理性质主要是指炸药的吸湿性、挥发性、可塑性、机械强度、结块老化等。如黑火药、硝铵炸药易吸湿受潮，严重时失去爆炸能力；堆放不合理，下层被压成大块时，也可能使炸药失去爆炸能力。硝化甘油易挥发、收缩、渗油、老化和冻结变质，严重时会影响其安全性与爆炸性能，所以变质的硝化甘油不准运输和继续使用，必须销毁。

化学安定性是指一定条件下，炸药保持其化学性质不发生明显变化的能力。化学安定性用“热分解速度”来表示。热分解速度越快，其化学安定性越低。炸药的热分解反应是一个很复杂的反应，其反应速度除取决于炸药的结构即化学性质外，还与其颗粒的大小、杂质的多少以及储存温度有关，如黑火药、TNT、硝铵等炸药在正常储存条件下其性能较稳定，而硝化甘油化学稳定性很低，在常温下就会分解。虽然其分解速度较慢，但长期存放其分解速度会加快，且容易导致自燃甚至爆炸。温度、阳光、湿度均会影响其分解速度，故库房及船舱内要特别注意通风。

5. 殉爆

殉爆是爆炸性物质的一种特殊性质。

当炸药 A 受到外界能量激发起爆后，能够引起与其相隔一段距离的炸药 B 也爆炸，这种现象叫作炸药的殉爆。如图 4-3 所示。

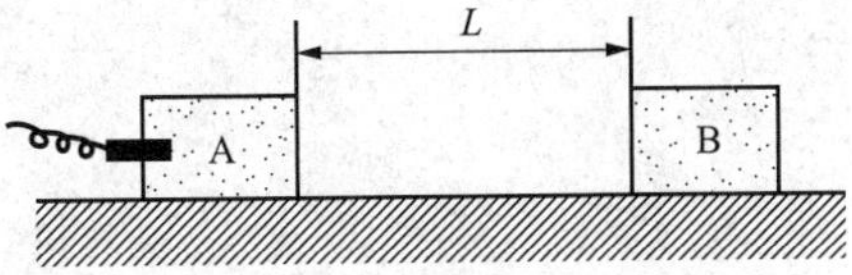


图 4-3 炸药殉爆示意图

几个相关术语：

(1) 主爆炸药：先发生爆炸的炸药 A；

(2) 从爆炸药：引起殉爆的炸药 B；

(3)殉爆距离：能引起从爆炸药百分之百殉爆的两炸药间的最大距离($L$)。

(4)最小不殉爆距离(殉爆安全距离)：百分之百不能引起从爆炸药殉爆的两炸药间最小距离($R$)。

引起殉爆的根本原因是：主爆炸药爆炸后，其爆炸能量通过介质传递给从爆炸药而引起爆炸。

## 复习思考题

1. 影响易燃气体火灾危险性的主要参数有哪些？

2. 乙炔气瓶为什么不能卧放？

3. 为什么比空气重的可燃气体的火灾危险性更大？

4. 什么是闪点？GB 50016—2014《建筑设计防火规范》中根据闪点将易燃、可燃液体的火灾危险性分为哪几类？

5. 简述油品发生沸溢和喷溅的条件。

6. 为了防止白磷发生自燃，应该在储存和使用过程中注意哪些问题？

7. 防止遇水放出易燃气体的物质发生火灾的主要措施有哪些？

8. 影响爆炸物危险性的技术参数有哪些？

# 第五章　防火防爆基本措施

**学习目标**

1. 掌握火灾的定义及分类方法、防火防爆的基本原则，了解爆炸事故类型及其特点、火灾与爆炸的关系；

2. 掌握控制形成可燃可爆系统和着火源的基本方法；

3. 了解阻火与防爆安全装置的类型与基本原理；

4. 了解防火防爆检测报警装置的类型与基本原理。

## 第一节　火灾与爆炸事故

### 一、火灾及其分类

1. 火灾

凡在时间或空间上失去控制的燃烧所造成的灾害，都为火灾。

(1)根据《火灾统计管理规定》，所有火灾不论损害大小，都列入火灾统计范围。以下情况也列入火灾统计范围。

①易燃易爆化学物品燃烧爆炸引起的火灾；

②破坏性试验中引起非实验体的燃烧；

③机电设备因内部故障导致外部明火燃烧或者由此引起其他物件的燃烧；

④车辆、船舶、飞机以及其他交通工具的燃烧(飞机因飞行事故而导致本身燃烧的除外)，或者由此引起其他物件的燃烧。

2. 火灾分类

(1)《关于调整火灾等级标准的通知》中按照一次火灾事故损失的严重程度，将火灾等级划分为四类：

①特别重大火灾是指造成 30 人以上死亡，或者 100 人以上重伤，或者 1 亿元以上直接财产损失的火灾；

②重大火灾是指造成 10 人以上 30 人以下死亡，或者 50 人以上 100 人以下重伤，或者 5000 万元以上 1 亿元以下直接财产损失的火灾；

③较大火灾是指造成 3 人以上 10 人以下死亡，或者 10 人以上 50 人以下重伤，或者 1000 万元以上 5000 万元以下直接财产损失的火灾；

④一般火灾是指造成 3 人以下死亡，或者 10 人以下重伤，或者 1000 万元以下直接财产损失的火灾。

(注："以上"包括本数，"以下"不包括本数。)

(2)在 GB/T 4968—2008《火灾分类》中，根据可燃物的类型和燃烧特性将火灾定义为 6 个不同的类别：

①A 类火灾：固体物质火灾。这种物质通常具有有机物性质，一般在燃烧时能产生灼热的余烬。如木材、棉、毛、麻、纸张火灾等。

②B 类火灾：液体或可熔化的固体物质火灾。如汽油、煤油、柴油、原油、甲醇、乙醇、沥青、石蜡火灾等。

③C 类火灾：气体火灾。如煤气、天然气、甲烷、乙烷、丙烷、氢气等。

④D 类火灾：金属火灾。如钾、钠、镁、钛、锆、锂、铝镁合金火灾等。

⑤E 类火灾：带电火灾。物体带电燃烧的火灾。

⑥F 类火灾：烹饪器具内的烹饪物(如动植物油脂)火灾。

## 二、爆炸事故类型及其特点

### 1. 常见工业爆炸事故类型

在化工、石油化工、煤化工等企业生产中发生的爆炸事故可按爆炸介质和原因分为六类。

(1)气体混合物爆炸

是指可燃气体、蒸气与空气或氧气混合的气体混合物，浓度达到其爆炸极限，遇点火源而发生的爆炸。在化工、石油化工、煤化工的生产装置区，气体及液化气体的储存区易发生此类事故。

(2)蒸气爆炸

是指处于过热状态的水、有机液体和液化气体等，因容器破裂泄压瞬时变成蒸气喷出而产生的物理爆炸现象。锅炉水蒸气爆炸一般不会引起火灾，而可燃性的液化气、压缩气体容易引起接连发生的二次化学爆炸，并导致火灾。

(3)气体分解爆炸

是指单一气体发生分解放出热量而导致的爆炸。具有这一特性的气体在设备内发生爆炸时，爆炸气体产物从设备内喷出后，与空气形成的爆炸性混合物还能导致连续性的爆炸，危害非常大。乙炔及乙炔类化合物、乙烯、丙二烯、环氧乙烷、联氨、氮氧化物等都能发生此类爆炸。

(4)粉尘爆炸

是指可燃粉尘与空气或氧气形成的混合物，浓度达到其爆炸范围，遇点火源引发的爆炸。在化工、石油化工、煤化工生产中能发生粉尘爆炸的物质有铝粉、镁粉、煤粉、硫黄粉、电石粉、塑料粉等。

(5)混合危险物的爆炸

是指两种以上的物质混合或接触后发生的爆炸。此类物质混合后发生的爆炸有三种情况：一是发生化学反应形成爆炸性混合物发生爆炸；二是混合后即发生了剧烈的燃烧反应而爆炸；三是反应的产物为炸药类的物质，易发生爆炸。此类爆炸常发生在化学危险品的储存、运输过程中。

(6)爆炸性化合物的爆炸

是指合成法生产炸药及反应过程中副反应生成的爆炸性化合物的爆炸。硝化纤维、硝化甘油等炸药的爆炸，乙炔银、乙炔铜、硫化氮、氯化氮、碘化氮等副产品的爆炸，过氧化二苯甲酸、过氧化甲乙酮等有机过氧化物的爆炸，都属于此类爆炸。

2. 爆炸事故的特点

燃爆事故往往与技术过程有关，来势迅猛，扑救不及时，事故迅速蔓延扩大甚至造成次生灾害。爆炸事故之后常伴随有燃烧和火灾事故，反之亦然。爆炸事故破坏性大，损失严重，人身伤亡惨重，恢复生产花费较大，时间较长。因此，爆炸事故的危害很大，由于爆炸时爆炸压力急剧上升，气体骤然膨胀，而产生强烈的空气冲击波，建筑物在受到冲击波作用后，会受到不同程度的损坏，严重时建筑物发生倒塌；人员受到冲击波的作用会使内脏受到挫伤，甚至死亡。另外，一般的爆炸事故常常是化学爆炸，因而伴有燃烧反应、分解反应和爆轰反应，反应产生的高温、高压、高能量密度气体相当于一个大的火球，它的迅速膨胀会对周围产生灼烧和冲击作用，导致起火，严重时还可能引起附近炸药的殉爆，造成更大的灾害。同时由于爆炸形成的飞散物如混凝土块、砖头或碎片等可击伤人员和损坏建筑物等，爆炸时引起的地震波会对附近的建筑物产生一定程度的破坏，爆炸产生的噪声对人体的健康也会产生巨大的危害。燃爆事故的特点具体表现在以下 3 个方面。

(1)严重性

燃爆事故所造成的后果往往比较严重，易造成重大伤亡事故。例如，我国某市亚麻厂粉尘爆炸事故，死亡 57 人，伤 178 人，13000$m^2$ 的建筑物被炸毁，3 个车间成了废墟；1977 年英国因雷击引起一个火药库发生大爆炸，死亡 3000 人；2016 年，赤峰煤矿特大瓦斯爆炸事故死亡 32 人。火灾和爆炸事故不仅会给国家财产造成巨大损失，而且还会迫使工矿企业停产，通常恢复生产需要较长的时间。

(2)复杂性

燃爆事故的原因往往比较复杂。例如，发生火灾和爆炸事故的着火源有明火、化学反应热、物质的分解自燃、热辐射、高温表面、撞击或摩擦、绝热压缩、电气火花、静电放电、雷电和日光照射等。危险性可燃物的种类繁多，包括各种可燃气体、可燃液体和可燃固体，特别是化工原材料、化学反应中间产物和化工产品大多属于可燃物质。爆炸事故也有可能是由多种原因综合引起的。发生燃爆事故后，调查取证难度大，发生火灾爆炸事故后由于房屋倒塌、设备炸毁、人员伤亡，因此难以找到爆炸前的证据，给事故原因的调查分析带来很大的困难。

(3)突发性

燃爆事故往往是在人们意想不到的时候突然发生。虽然存在事故征兆，但在缺少火灾和爆炸事故监测、报警等手段或可靠性、实用性和广泛应用等不理想的情况下，会导致事故意外突发；另外，在人员(包括操作者和生产管理人员)对火灾和爆炸事故的规律尚未掌握或对征兆不了解的情况下，也会导致事故的发生，且一旦达到燃烧爆炸的条件，危险源将在极短的时间发生快速反应并产生大量的高温高压气体、热辐射和冲击波等，来不及反应和撤离。

## 三、火灾与爆炸的关系

火灾与爆炸这两种常见灾害之间存在着紧密联系，它们经常是相伴发生的，明确这一点对于有效防灾是有帮助的。

某些物质的火灾和爆炸具有相同的本质，都是可燃物与氧化剂的化学反应。两者的主要区别在于：燃烧是稳定的和连续进行的，能量的释放比较缓慢，而爆炸则是瞬时完成的，可以在瞬间突然释放大量能量。同一物质在一种条件下可以燃烧，在另一种条件下可以爆炸。例如，在通常的环境条件下，煤块只能缓慢地燃烧；但如果将其磨成煤粉，再与空气混合后就可能发生爆炸。

在存放易燃易爆物品较多的场合和某些生产过程中，还可发生火灾爆炸的连锁反应。例如在一些化工生产中，由于某个事故可导致油罐、反应釜或乙炔发生器等爆炸，随着容器的破坏和可燃物的泄漏，接下来往往会发生大火。在另外一些情况下，则可以先发生火灾而后发生爆炸，例如当抽空的油罐在着火时，可燃蒸气将不断消耗，因而其浓度不断下降，当蒸气浓度下降到爆炸极限之内时，就可能发生爆炸。

现在，在人们的生产、生活中，特别是在一些工矿企业中，火灾与爆炸的预防控制通常是结合在一起考虑的。

### 四、防火防爆的基本原则

引发火灾、爆炸事故的因素很多，一旦发生事故，后果极其严重。为了确保安全生产，必须做好预防工作，消除可能引起燃烧爆炸的危险因素。可燃物、氧化剂和着火源三者同时存在的情况下才能导致着火和爆炸，因此，防止燃烧三个基本条件的同时存在或者避免它们的相互作用是防火技术的基本原理。

从理论上讲，防止火灾爆炸事故发生的基本原则为：一是防止和限制可燃可爆系统的形成；二是当燃烧爆炸物质不可避免地出现时，要尽可能地消除或隔离各类着火源；三是阻止和限制火灾爆炸的蔓延扩展，尽量降低火灾爆炸事故造成的损失。但在实践中，由于生产条件的限制或某些不可控因素的影响，往往需要采取多方面的措施，以提高生产过程的安全程度。除此之外，还应考虑其他辅助措施，以便在发生火灾爆炸事故时减少危害程度，将损失降到最低。

## 第二节　防止形成可燃可爆系统

在生产过程中，应根据易燃易爆物质的燃烧爆炸特性，以及生产工艺和设备的条件，采取有效的措施，预防在设备和系统里或在其周围形成爆炸性混合物。这类措施主要有设备的密闭、厂房通风、惰性介质保护、以不燃溶剂代替可燃溶剂、危险物品的隔离储存、妥善处理含有危险成分的物质等。

### 一、采用火灾爆炸危险性低的工艺和物料

通过改进生产工艺或技术，以不燃或难燃材料替代可燃材料，以不燃溶剂替代可燃溶剂，以高沸点的溶剂替代挥发性大的溶剂，以介质加热取代直接加热，以负压低温替代加热蒸发等是防火防爆的根本性措施。因此，在满足生产工艺要求的条件下，应当尽可能地用不燃溶剂或火灾危险性较小的物质代替易燃溶剂或火灾危险性较大的物质，这样可防止形成爆炸性混合物，为生产创造更为安全的条件。如以阻燃织物代替可燃织物；在煤矿井下用水泥或金属支护代替木支护等。

## 二、生产设备及系统尽量密闭化

为防止易燃性气体、液体和可燃性粉尘与外界空气接触而形成爆炸性混合物，应设法将它们放在密闭设备或容器中储存或操作。为了保证设备系统的密闭性，可通过以下措施达到。

(1)对有燃爆危险物料的设备和管道，尽量采用焊接，减少法兰连接。同时要保证安装和检修方便。

(2)输送燃爆危险性大的气体、液体管道，最好用无缝钢管。盛装腐蚀性物料的容器尽可能不设开关和阀门，可将物料从顶部抽吸排出。

(3)接触高锰酸钾、氯酸钾、硝酸钾、漂白粉等粉状氧化剂的生产传动装置，要严加密封，经常清洗，定期更换润滑油，以防止粉尘漏进变速箱中与润滑油接触而引起火灾。

(4)对加压和减压设备，在投入生产前、检修和运行中，应做气密性检验和耐压强度试验。

(5)负压操作可防止系统中有爆炸危险性的物质逸入生产场所，减少发生燃烧和爆炸的危险性。

(6)已密闭的正压设备或系统要防止泄漏，负压设备及系统要防止空气的渗入。

常见引起泄漏的原因有：

(1)因材料强度不够引起破坏而发生泄漏。如：①材料老化；②材料受到腐蚀或者磨损；③介质或者环境温度过高或过低；④静负荷或者反复应力使材料发生疲劳破坏或变形；⑤由于各种原因使用了伪劣材料等。

**【案例】** 某市发生地下电缆沟爆炸，导致2.2km路面破坏，伤亡61人，直接经济损失429万。经事故调查：此次事故由电缆沟旁的中压煤气管道破裂造成煤气泄漏，扩散的煤气遇到管沟上违章搭盖的售货亭中的取暖炉火而引起爆炸。煤气管道由于使用了劣质铸铁煤气管(存在铸造缺陷，砂眼较多)；管基存在石块；煤气管道受静载、动载以及气温寒冷等原因而破裂。

(2)因外界负荷造成破坏引起泄漏。如地震或者泥石流导致输油管或者输气管断裂；因施工不慎或者车辆碰撞造成的油、气罐或管道破裂等。

(3)因内压升高引起破坏导致泄漏。如容器内介质受热发生热膨胀；由于系统内发生机械压缩、绝热压缩或发生“水锤”现象；或者容器内化学反应失控而导致内压升高，使容器破裂而泄漏等。

(4)焊缝开裂或者密封部位不严引起的泄漏。这种泄漏在化工厂中比较常见。如果泄漏的可燃气量较大，积聚到危险浓度，又遇到火源，就会引起火爆灾害。

**【案例】** 辽宁某炼油厂催化车间气分装置发生一起重大火灾爆炸伤亡事故，整个装置夷为平地，周边建筑物及生产设施遭到破坏，伤亡85人，直接经济损失252万。究其原因就是由于管道焊接质量低劣，导致焊口开裂，致使大量液化气丙烷泄出，迅速扩散，遇到加热炉明火引起爆炸。

(5)人误操作造成泄漏。如开错阀门，按错开关等。

为了防止可燃物的泄漏，就要针对以上原因采取措施，加强管理。

## 三、采取通风除尘措施

在有火灾爆炸危险的场所内，尽管采取很多措施使设备密闭，但总会有部分可燃气体、蒸气或粉尘泄漏出来。采用通风置换、除尘可以降低场所内可燃物的含量，是防止形成爆炸性混合物的一个重要措施。

用于通风措施的空气，如果空气中含有易燃易爆危险气体，不应循环使用。排风设备和送风设备应独立设置通风室，与易燃易爆气体、粉尘隔绝，温度超过 80℃ 的空气或其他气体的排风设备，应用非燃烧材料制成。有燃烧爆炸危险的粉尘排风系统，应采用不产生火花的除尘设备。当粉尘与水接触能生成爆炸性气体时，不应采用湿式除尘系统。通风管道不宜穿过防火墙，以免发生火灾时，火势顺管道通过防火墙而扩散蔓延。

## 四、安全监测及联锁

1. 信号报警

在化工生产中，出现危险状态时，信号报警装置可以警告操作人员并使其采取措施，消除事故隐患。通常发出的报警信号有声、光、颜色等形式，而报警装置一般都和测量仪表相联系，当有关测量参数超过控制指标时，该装置就会发出相应的报警信号。保险装置在信号装置发出危险信号时，能自动采取措施消除不正常状态或扑救危险状况。例如，气体燃烧炉当燃料压力降得太低时，便会熄火。此时可燃气仍继续流出，并扩散到整个炉内，重新点火时就有可能发生爆炸。为防止这种事故，可在输气管上安装保险装置。当炉火熄灭时，自动切断气源；又如，当可燃物发生局部燃烧时，信号系统把测出的信号传至保险装置，扑灭已点燃的小火，避免造成灾害。

2. 安全联锁

安全联锁是利用机械或电气控制依次接通各仪器或设备，并使之彼此发生联系，若不符合规定的程序，则仪器和设备便不能启动、运转或停车，以达到安全生产的目的。在化工生产中，联锁装置常被用于如下一些情况：

(1) 同时或依次开启两种物料的阀门；

(2) 在反应到一定程度需要用惰性气体保护时；

(3) 已打开设备前应预先解除压力或降温时；

(4) 当两种或多种部件、设备、机器由于误操作而容易引发事故时；

(5) 当工艺控制参数达到某一危险值，立即启动紧急处理装置时；

(6) 危险部位或区域禁止无关人员入内时。

例如，酸和水的混合操作中，必须先往设备中注水后再注入硫酸，否则硫酸将会飞溅灼伤工人，为此可将注水阀和注酸阀进行联锁，这样可以防止疏忽颠倒操作顺序。

3. 火灾爆炸监测装置

火灾爆炸监测装置主要是指火灾监测仪和爆炸监测仪。

火灾监测仪，是发现火灾苗头的设备，它能测出火灾初期陆续出现的火灾信息。主要有感温式、感烟式、感光式、感气式等多种类型。利用以上各种探测器组装成火灾报警器、报警网、自动灭火系统。

爆炸监测仪，主要是指在生产和使用爆炸性气体的场所使用的，监控爆炸性气体的泄漏和其在空气中含量的监测仪。在易泄漏可燃气体或蒸气的部位，设置固定式可燃气体报警器，以随时监测泄漏情况。可燃气体报警器一次仪表的安装高度应考虑泄漏物质气态的相对密度。监测相对密度大于空气的液化石油气，应安装在距地面 50cm 处；监测相对密度小于空气的天然气、煤气等宜安装在设备上方或天花板附近。可燃气体报警器的二次仪表要安装在控制室。对危险性很大的部位，宜采用强制性定向接收装置，利用空气抽出器或水喷射器抽取气样。对没有设置固定监测仪的其他部位，应用便携式可燃气体监测仪随时监测。另外在检修动火前必须用便携式监测仪随时检测，以保证检修工作的顺利进行。

## 五、惰化保护

惰性气体是指那些化学活泼性差、没有燃爆危险的气体。常见的惰性气体有氮气、二氧化碳、水蒸气等，其中使用最多的是氮气。它们的作用是：隔绝空气，降低氧含量，缩小并消除可燃物与助燃物形成的燃爆浓度。

惰性气体保护，主要应用于以下几个方面。

(1)易燃固体物质的粉碎、研磨、筛分和混合及粉状物料的输送时，可用惰性介质保护。

(2)采用惰性介质压送易燃液体和高温物料。

(3)具有爆炸危险的工艺、设备、储罐和管线等充装惰性介质保护，以备发生危险时使用，可燃气体的排气系统的尾部用氮封。

(4)稀释泄漏的易燃物料，扑救火灾。

(5)保护可燃气体混合物的处理过程。

(6)停车检修时吹扫置换设备系统内的易燃物料或空气。

(7)充氮保护非防爆型电器、仪表以及防腐蚀等。

惰性气体的用量，可根据危险物料系统燃烧必需的最高含氧量计算，见表 5-1。

**表 5-1　某些可燃物惰性化的最高允许氧含量**

| 可燃物 | 氧的最大安全浓度/% | | 可燃物 | 氧的最大安全浓度/% | |
|---|---|---|---|---|---|
| | $CO_2$ 稀释剂 | $N_2$ 稀释剂 | | $CO_2$ 稀释剂 | $N_2$ 稀释剂 |
| 甲烷 | 14.6 | 12.1 | 丁二烯 | 13.9 | 10.4 |
| 乙烷 | 13.4 | 11.0 | 氢 | 5.9 | 5.0 |
| 丙烷 | 14.3 | 11.4 | 一氧化碳 | 5.9 | 5.6 |
| 丁烷 | 14.5 | 12.1 | 丙酮 | 15 | 13.5 |
| 戊烷 | 14.4 | 12.1 | 苯 | 13.9 | 11.2 |
| 己烷 | 14.5 | 11.9 | 煤粉 | 16 | |
| 汽油 | 14.4 | 11.6 | 麦粉 | 12 | |
| 乙烯 | 11.7 | 10.6 | 硬橡胶粉 | 13 | |
| 丙烯 | 14.1 | 11.5 | 硫 | 11 | |

如使用纯惰性气体时，惰性气体需用量按下式计算：

$$X=\frac{21-w_0}{w_0}V \tag{5-1}$$

式中　$X$——惰性气体的需用量，$m^3$；

$w_0$——从表中查得的最高含氧量，%；

$V$——设备内原有空气容积，$m^3$。

如使用含有部分氧的惰性气体时，惰性气体需用量按下式计算：

$$X=\frac{21-w_0}{w_0-w_0'}V \tag{5-2}$$

式中　$X$——惰性气体的需用量，$m^3$；

$w_0$——从表中查得的最高含氧量，%；

$V$——设备内原有空气容积，$m^3$；

$w_0'$——惰性气体中的含氧量，%。

**【例 5-1】**　某新置苯储罐，$V=200m^3$，使用前需充入多少氮气才能保证安全(氮气中含氧 1%)？

**解**：查表 5-1 得

$w_0=11.2$；$w_0'=1$

所需氮气容积为

$$X=\frac{21-w_0}{w_0-w_0'}V=\frac{21-11.2}{11.2-1}\times200=192m^3$$

**答**：必须充入氮气 $192m^3$ 才能保证安全。

### 六、根据物质特性采取有针对性的防范措施

由于各种危险化学品的性质不同，如果生产、使用、储存、运输不当，就会造成燃烧、爆炸事故发生。因此，对危险化学品的生产、使用、储存、运输等都要根据其特性采取有针对性的防范措施，加强各环节的安全管理，才能防止火灾、爆炸事故的发生。

## 第三节　控制着火源

着火源是物质燃烧的必要条件之一。控制、消除火源是预防火灾、爆炸事故的最基本措施之一。

### 一、明火

明火包括加热用火、检修用火、吸烟及机动车辆的排气管火星等。根据化工系统火灾爆炸重大事故的统计，明火引发的事故占 50%以上，因此，严格控制管理好明火，对企业防火防爆十分重要。

1. 加热用火的控制

生产装置中明火加热设备的布置应当按照规定，与可能发生可燃气(蒸气、粉尘)的工艺设备和罐区保持足够的安全距离，并应布置在容易散发可燃物料设备、系统的上风向或者侧风向；两个以上的明火加热装置，应当将它们集中布置在生产装置的边缘，并与其他设备、系统保持安全距离。

为防止烟筒飞火，炉膛内的燃烧要充分，烟筒要有足够的高度并安装熄火器。对熬炼设

备要经常检查，防止烟道窜火和熬锅破漏。熬锅内物料不能过满，以防溢出并要严格控制加热温度。

2. 维修用火

维修用火主要指焊接、切割以及喷灯作业等。在工矿企业，特别是石油化工企业中，因维修用火引发的火灾爆炸事故较多。因此，对于维修用火一般都制定了严格的管理规定，必须严格遵守。

使用气焊、电焊、喷灯进行安装和维修时，必须办理动火证，在采取了防护措施，确保安全后方能动火。在对生产、盛装易燃物料的设备、管道进行动火作业时，要严格执行隔离、置换、清洗、动火分析等规定，使用惰性气体进行吹扫置换并经气体分析合格后方可动火。化工企业动火前半小时合格分析的标准如下：

(1)爆炸下限小于4%的可燃气体、蒸气，其含量不超过0.2%；

(2)爆炸下限大于或等于4%的可燃气、蒸气，其含量不超过0.5%；

(3)混合气体则以爆炸下限最低的为合格标准；

(4)氧气设备的氧含量不超过22%。

当需要动火的系统与其他设备连通时，应将相连接的管道拆下断开或加堵金属盲板隔绝，防止易燃的物料进入检修系统，在动火时发生燃烧或爆炸。金属盲板除保持严密不漏气外，还应能承受一定的压力。

在积存有可燃气体或蒸气管沟、深坑、下水道内及其附近区域，没有消除危险前，不能进行动火作业。电焊线破残应及时更换或修理，不能利用与有燃烧爆炸危险的生产设备相连接的金属件连接电焊地线，以防在电路接触不良的地方产生高温或电火花。在有爆炸危险的场所使用喷灯，应按动火制度将周围可燃物清理干净。

3. 其他用火

香烟的燃烧温度，在吸着时为650~800℃，点燃放下时为450~500℃。为防止吸烟引发火灾爆炸事故，化工、石化企业禁止吸烟。可采取的措施包括设立明显的禁烟标志，建立严格的吸烟制度，生产区域内严禁吸烟；在使用易燃液体的场所，在大量易燃液体、挥发性物质存在的场所，严禁带入火柴、打火机和香烟等。

汽车、拖拉机等机动车辆的排气管喷火，也能引起可燃物料的燃烧爆炸。为防止各种车辆排气管喷火引起火灾，进入厂区或生产区域的车辆，必须在排气管上安装火星熄灭器。

## 二、摩擦和撞击

机器上转动部分的摩擦，铁器的互相撞击或铁器工具打击混凝土地面等，都有可能产生高温火花，由于火花带有的能量超过了大多数可燃气体、蒸气、粉尘的最小点火能量，因此摩擦与撞击往往成为火灾爆炸的起因，在易燃易爆的场所，要避免发生摩擦和撞击，防止发生火灾爆炸的危险。

**【案例】** 某化工厂一反应釜的上封头法兰有一处漏气，班长令一工人到釜上紧紧螺母，无效。只见扳手落下碰到上封头，即发生爆炸，随即大火，工人死亡。这是因为工人所用扳手是钢制的，与上封头碰撞产生火花，泄漏的可燃气浓度又超过爆炸下限所致。

因此，在易燃易爆场所应采取相应防范措施。易燃易爆场所内，避免使用铁器工具，应采用铍青铜、铝青铜制作的防爆工具。具有燃烧、爆炸危险的生产厂房内，禁止穿带钉子的鞋，地面应使用不发生火花的材料铺设。装运盛装易燃易爆危险品的金属容器时，不要拖拉、抛掷、振动，防止互相撞击产生火花。倾倒或抽取可燃液体时，用铜锡合金或铝皮等不发火的材料将容易摩擦撞击的部位覆盖起来。机器上的轴承缺油、润滑不均时，会因摩擦而发热，引起附着的可燃物着火。因此对设备的轴承等传动部位要经常检查及时加油，保持良好润滑，并及时清除附着的可燃污垢。为了防止钢铁零件随物料带入设备内发生撞击起火，可在粉碎机、搅拌机、混合机等设备上安装磁力离析器，吸出、剔出钢铁零件。在破碎、研磨特别危险物质(如碳化钙)的加工过程中，采用惰性气体保护。

## 三、高温表面

危险化学品生产的加热、干燥装置，高温物料输送管线，高压蒸汽管路及某些反应设备的金属表面等其表面温度都比较高，能成为燃烧爆炸的点火源。为防止发生事故，采取的主要措施是采用绝热材料对热表面进行保温隔热处理，防止易燃物料与高温设备、管道表面相接触。高温表面上的污垢和物料要经常清除，不准在高温管道或设备上搭晒衣物。

## 四、自燃发热

某些易燃易爆物质具有自燃发热的特性。如硝化棉、赛璐珞、黄磷及一些含油物质等。硝化棉、赛璐珞的自燃一般发生在高温潮湿的条件下，因此它们应存放在通风阴凉干燥处。黄磷应存放在水中与空气隔绝，防止发生自燃。油布、油纸应放入铁桶内，放置在安全地方，并应及时清理，以防自燃。

## 五、电气设备

电气设备或线路出现危险温度、电火花和电弧时，便成为引起可燃气体、蒸气和粉尘着火、爆炸的一个主要火源。生产过程中设备和线路的短路、接触电阻过大、超负荷或通风、散热不良等原因会导致设备发热、温度上升，出现危险温度；绝缘材料熔化引起可燃物质燃烧。因此，应保证电气设备的电压、电流、温升等参数不超过允许值，保证导电部分连接可靠、接触良好；在具有爆炸危险的场所，可拆卸的连接应采取防松措施；铝导线间的连接应采用压接、熔焊或钎焊，不得采用缠绕接线；引入易燃易爆场所的电线应绝缘良好，并敷设在铁管内；电气设备应保持清洁；有爆炸危险的场所应安装防爆电气设备；启动和配电设备不可安在同一房间；建立安全用电、定期检查制度，以防产生电火花。

## 六、静电火花

静电指的是相对静止的电荷，是一种常见的带电现象。在一定条件下，两种不同物质(其中至少有一种是电介质)相互接触、摩擦，就可能产生静电并积聚起来，形成高电压。若静电能量以火花形式放出，则可能引起火灾爆炸事故。在石油化工部门，塑料、化纤等合成材料部门，橡胶制品部门，造纸、印刷部门，纺织部门以及其他制造、加工、转运高电阻材料的部门，都可能并且已经发生不少静电引起的火灾爆炸事故。

**【案例】** 某化肥厂卸油站工人，在使用临时泵与胶管卸油作业时，引发大火，在场4名工人3死1伤。究其原因：一是当时气温为30 °C，大量漏油挥发，较高浓度、比空气重的可燃气聚集于地面；二是由于使用临时泵与胶管不配套，使胶管内油品流速大大超过规定的容许流速，致使胶管内产生大量静电；又因为未在临时泵与胶管上安装静电接地装置，使静电得以积聚；当静电压达到一定程度时，对地面放电，引起大火。

两固体相对运动引起的摩擦，带有固、液杂质的气体、液体及粉料在管道中的流动都可能引起静电。具体地说，在工业生产过程中，撕裂、剥离、拉伸、撞击物体、粉碎、筛分、滚压、搅拌、输送、喷涂和过滤物料，以及气、液、粉体的流动、溅泼、喷射等操作，都有可能产生静电，也有可能因静电火花导致火灾和爆炸。因此，在爆炸危险场所，为了防止火灾爆炸事故的发生，必须采取措施消除静电。

消除静电有两条主要途径，其一是控制工艺过程，抑制静电的产生；其二是加速所产生静电的泄放或者中和，限制静电的积累，使之不超过安全限度。下面将消除静电的主要方法分述如下。

(1)抑制静电的产生

产生静电的根本原因在于两种相互接触、发生摩擦的物质的带电极性不同。为抑制产生静电，应当尽量选用在起电序列中位置相近的物质。应注意的是：即使是同类物质，由于表面的污染、氧化及其他状态变化有所不同，在接触及分离时也可能产生静电。因此要完全抑制静电的产生是难于实现的。

此外，限制流体在管道中的流速，减少不必要的摩擦、接触及分离也能抑制静电的产生。

例如，控制烃类液体灌装时的流速要求如下：

①灌装铁路罐车时，液体在鹤管内的容许流速按下式计算：

$$VD \leqslant 0.8 \tag{5-3}$$

式中 $V$——烃类液体流速的数值，m/s；

$D$——鹤管内径的数值，m。

大鹤管装车出口流速可以超过按式(5-3)所得计算值，但不得大于5m/s。

②灌装汽车罐车时，液体在鹤管内的容许流速按下式计算：

$$VD \leqslant 0.5 \tag{5-4}$$

式中 $V$——烃类液体流速的数值，m/s；

$D$——鹤管内径的数值，m。

③在输送和灌装过程中，应防止液体的飞散喷溅，从底部或上部入罐的注油管末端应设计成不易使液体飞散的倒T形等形状或另加导流板；或在上部灌装时，使液体沿侧壁缓慢下流。

④对罐车等大型容器灌装烃类液体时，宜从底部进油。若不得已采用顶部进油时，则其注油管宜伸入罐内离罐底不大于200mm。在注油管未浸入液面前，其流速应限制在1m/s以内。

(2)接地

设备接地是最简单、最常用，也是最基本的防静电措施，但是它只能消除导体上的静电，不能消除绝缘体上的静电。

在爆炸危险场所，所有可能发生静电的设备、管道、装置、系统都应当接地。一些互相连接或离得较近的设备、管道、装置、系统应当连接起来，进行可靠接地，以保持等电位，避免相互之间产生静电火花。

例如，在向油罐注油时，应当把注油管直伸到罐底，并将罐底接地。还要用导体将所有罐体、管道等整个系统连接起来，进行可靠接地。

采用导电性地面也是一种接地措施。它不但能导走物体上的静电，也能导走积聚在人体上的静电。导电橡胶、导电塑料、导电木地板、导电瓷砖等电阻率均在 $10^8\Omega \cdot cm$ 以下，都可以用来做导电地面。

需要注意的是，带有静电的绝缘体不能经过导体直接接地，因为这样做相当于把大地电位引向绝缘体，反而会增加放电的危险。绝缘体通过 $10^6 \sim 10^8\Omega \cdot cm$ 电阻接地，可使其所带静电较快泄放，但是在不接地部分的绝缘体上，其所带静电不能泄放。

(3)添加导电填料

目的是使绝缘体具有一定的导电性能，便于导走静电。为此，可以在绝缘材料里添加一些导电性能好的物质，如在炼制橡胶过程中掺入一定数量的石墨粉；在生产塑料时，掺入少量金属粉末或石墨粉；在工业用油中掺入少量酒精或微量醋酸；在苯中加入一些油酸镁等金属皂均能降低其电阻率，增加导电性。

(4)添加抗静电剂

抗静电剂是一种表面活性物质，具有较好的导电性能和较强的吸湿性能。在容易产生静电的物质中，加入抗静电剂能降低该物质的体积电阻和表面电阻，加快静电的泄放，消除或降低危险。

在塑料、橡胶和化学纤维中，主要使用季铵盐类抗静电剂；在石油类液体中，可以采用环烷酸盐、合成脂肪酸盐等作为抗静电剂。

(5)增加工作场所空气湿度

当空气相对湿度在70%以上时，物体表面往往会形成一层极薄的水膜。水膜能溶解空气中的二氧化碳，使表面电阻率大大降低，有利于静电的逸散。

由于增湿主要是增加绝缘体表面的静电泄放，因此对于表面容易被水润湿形成水膜的绝缘体，如醋酸纤维、硝酸纤维、纸、橡胶等，增湿对消除静电有效；反之对于不容易被水湿润的绝缘体，如纯涤纶、聚四氟乙烯、聚氯乙烯等，增湿则无效。

(6)使用静电中和器

静电中和器能够中和物体所带的静电，从而消除静电危险。常用的有感应式静电消除器和高压静电消除器两大类。

感应式静电消除器的优点是结构简单，安装、维修方便，不需外加电源；缺点是不能消除临界电压以下的静电，作用范围半径比较小，一般每根针只有 10~20mm。

高压静电消除器又分为直流高压静电消除器与交流高压静电消除器两类，目前后者用得较多，主要用于化学纤维、橡胶、塑料、印刷等行业。

高压静电消除器消除静电的效果比较好，能彻底消除静电，但是也有可能使带电体带上相反的电荷，所以一定要使用得当。

(7)静止自然逸散

自然界中，由于宇宙射线、紫外线等的作用，会使空气电离产生带电粒子，这些粒子可以中和物体所带的静电。所以带静电的物体在静止状态下，静电会逐渐消散。

## 七、雷电火花

雷电是自然界中的静电放电现象。雷电所产生的火花温度之高可以熔化金属，也是引起火灾爆炸事故的原因之一。因遭受雷击导致油罐大火的事故，在国内外时有发生，一般都损失惨重。如 1989 年 8 月，青岛市黄岛油库遭雷击爆炸燃烧，大火燃烧了 104 个小时才完全扑灭，烧掉原油 36000t，烧毁油罐 5 座，死亡 19 人(其中包括十余名消防队员)，造成上亿元经济损失。我国长江以南大部分是多雷电日地区，中等以上城市的高层建筑物及高大工业生产装置、设施，每年都有雷击事故发生。因此雷电的危害不容忽视。为了防止或减少此类事故需要采取防雷措施，设置防雷装置。

防雷装置主要由接闪器、引下线和接地装置三部分组成。其工作原理是：利用设在高出被保护物突出位置的接闪器把雷引向自身，再通过引下线及接地装置把电引入大地，从而使被保护物(及人)免受雷击。

常见的防雷装置有：

(1)避雷针　主要用于露天变电所、建筑物及构筑物的保护；

(2)避雷网和避雷带　主要用于建筑物的保护；

(3)避雷线　主要由于电力线路的保护；

(4)避雷器及保护间隙　主要作为电力设备和架空线路防止雷电侵入波的一种保护手段。

在 GB 50057《建筑物防雷设计规范》中，根据建筑物的重要性、使用性质、发生雷电事故的可能性和后果，将其分为三类，并对这三类防雷建筑物的防雷措施以及防雷装置的技术规范做了明确的规定。

## 第四节　阻火与防爆安全装置

阻火防爆设备可以分为阻火装置(设备)与防爆泄压装置(设备)两大类，在一旦发生火灾爆炸事故时，这些装置(设备)能够起到阻止事态蔓延、扩大，减少事故损失的作用，属于限制性措施。

### 一、阻火装置

阻火装置又称为火焰隔断装置，包括安全液封、水封井、阻火器、火星熄灭器、阻火闸门等，其主要作用是防止外部火焰蹿入存有燃爆物料的系统、设备、容器及管道内，或者阻止火焰在系统、设备、容器及管道之间蔓延。

1. 安全液封

安全液封是一种湿式阻火装置，通常安装在压力低于 0.02MPa 的可燃气体管道和生产设备之间，以及绝对禁止倒流的气体管路中。安全液封有开敞式和封闭式两种，如图 5-1 和图 5-2 所示。液封的介质按实际需要有所不同。

安全液封内装有不燃液体，一般是水。环境气温低的场所，为防止液封冻结，可以通入蒸汽；也可以用水与甘油、矿物油或者乙二醇与三甲酚磷酸酯的混合液，或者用食盐、氯化钙的水溶液作为防冻液。

安全液封阻火的基本原理是：由于液封中装有不燃液体，无论在液封两侧的哪一侧着火，火焰蔓延到液封就会熄灭，从而阻止火势蔓延。

2. 水封井

水封井是安全液封的一种，一般设置在含有可燃气(蒸气)或者油污的排污管道上，以防燃烧爆炸沿排污管道蔓延。图 5-3 为水封井结构图。一般说来，水封高度不应小于 250mm。

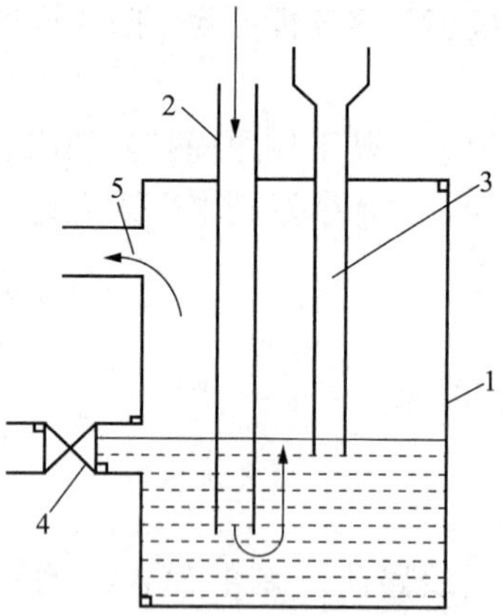


图 5-1　敞开式水封阻火器

1—罐体；2—进气管；3—安全管；
4—水位阀；5—出气管

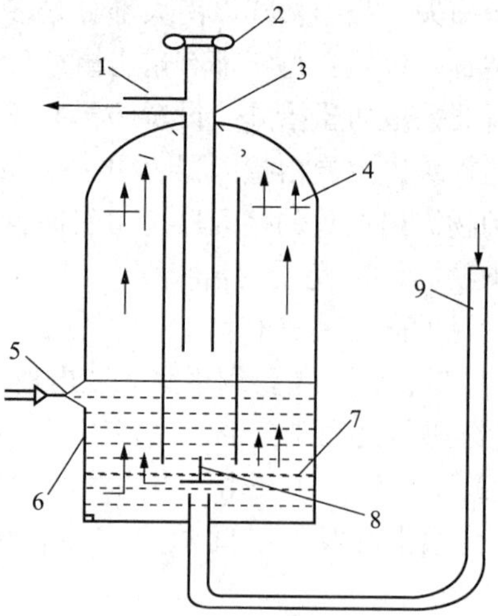


图 5-2　封闭式水封阻火器

1—出气管；2—防爆膜；3—分水管；
4、5—水位阀；6—罐体；7—分气板；
8—逆止阀；9—进气管

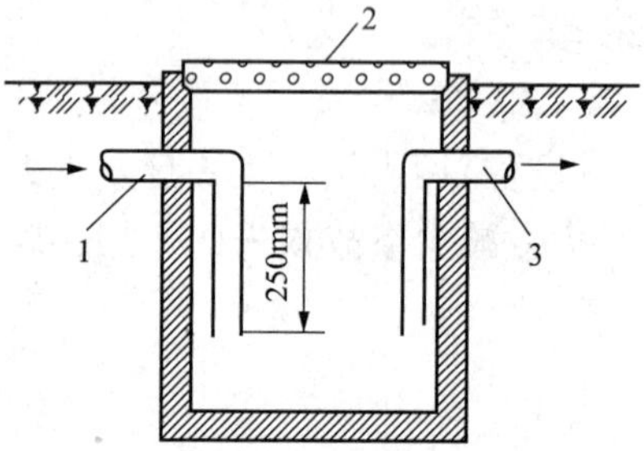


图 5-3　水封井

1—污水进口；2—井盖；3—污水出口

3. 阻火器

阻火器的阻火层主要由拥有许多能够通过气体的，均匀或不均匀的细小通道或孔隙的固体不燃材料构成。阻火器的阻火原理是根据当燃烧开始后，在没有外界能量作用的情况下，火焰在管道中的传播速度是随着管径减小而降低的，当管径小到某个临界值时，火焰就不能传播(也就是熄灭)。之所以会这样，一是从燃烧的热平衡看，只有燃烧产生的热量等于或者大于散热量时，燃烧才能继续。当火焰进入阻火层，通过狭小管道或孔隙时，散热面积突然增大，热损失也相应增大，以至燃烧不能继续下去而熄灭。二是器壁效应。根据燃烧的链式反应机理，燃烧反应能够持续下去的条件是：新产生的自由基数等于或者大于消失的自由基数。由于阻火层的管径或孔隙很小，自由基与反应物分子的碰撞概率(使其继续反应)减少，而自由基与器壁碰撞概率(使其能量被吸收或被消耗)增加，这样就使得燃烧反应速度下降。当孔径减小到某一临界值时，这种器壁效应就会使燃烧反应终止。因此，影响阻火器阻火性能的主要因素是阻火层的材质、厚度及其中的管径或者孔隙的大小。

阻火器有金属网型阻火器、砾石阻火器、波纹金属片阻火器及平行板型阻火器等形式(图 5-4)。

金属网阻火器，如图 5-4(a)所示。在阻火器中设置了若干层具有一定孔径的金属网。阻火网由直径为 0.4mm 的铜丝或钢丝制成，网孔一般为 210~250 孔/平方厘米。对于一般有机可燃物采用 4 层金属网已可阻火，实际使用时，常用 10~12 层。

砾石阻火器，又叫填充型阻火器，如图 5-4(b)所示。它的阻火层是用砂粒、卵石、玻璃球或者铁屑、铜屑等作为填充料，堆积于壳体内，使阻火器内空间形成狭小孔隙。在填充料的上面和下面用孔眼为 2mm 的金属网作为支撑。砾石阻火器的阻火效果比金属网好，特

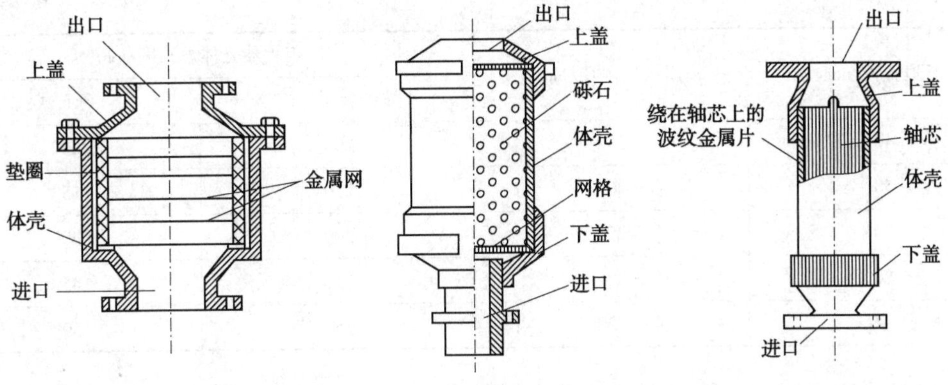


（a）金属网阻火器　（b）砾石阻火器　（c）波纹金属片阻火器

图 5-4　几种机械阻火器的结构简图

别是对阻止二硫化碳火焰效果更好。一般在 150mm 直径的管内，100mm 厚的砾石层已可防止各种火焰蔓延，但阻止二硫化碳火焰则需 200mm 厚的砾石层。表 5-2 列出了一些情况下的砾石层厚度。

**表 5-2　砾石阻火器砾石层厚度**

| 熄火直径/mm | 砾石直径/mm | 砾石层厚度/mm |
|---|---|---|
| 1.0~2.0 | 1.5 | 150 |
| 2.0~3.0 | 3.0 | 150 |
| 3.0~4.0 | 4.0 | 150 |

波纹金属片阻火器，如图 5-4(c)所示。这种阻火器，一种是由交叠置放扁平的或波纹的金属带组成的有正三角形孔隙的方形阻火器；另一种是将一条波纹金属带与一条扁平金属带缠绕在一个芯子上组成的圆形阻火器。带的材料一般选用铝，也可选用铜、不锈钢等其他金属。带的厚度一般为 0.05~0.07mm，波纹带正三角形孔隙的高度约为 0.45mm。表 5-3 列出了波纹高度与阻火层厚度的关系。

**表 5-3　波纹金属片阻火器波纹高度与阻火层厚度的关系**

| 可燃气分类 | Ⅰ | $Ⅱ_A$ | $Ⅱ_B$ | $Ⅱ_C$ |
|---|---|---|---|---|
| 波纹高度/mm | 1.13 | 0.61 | 0.61 | 0.43 |
| 阻火层高度/mm | 38 | 19 | 38 | 76 |

阻火器内径大小和外壳长度需要根据安装阻火器的管道直径来确定，参见表 5-4。

**表 5-4　阻火器内径大小和外壳长度与管道直径的关系**

| 管道直径/mm | 阻火器内径/mm | 阻火器壳体总长度/mm | |
|---|---|---|---|
| | | 波纹金属片式 | 砾石式 |
| 15 | 50 | 100 | 200 |
| 20 | 80 | 130 | 230 |
| 25 | 100 | 150 | 250 |

续表

| 管道直径/mm | 阻火器内径/mm | 阻火器壳体总长度/mm | |
|---|---|---|---|
| | | 波纹金属片式 | 砾石式 |
| 40 | 150 | 200 | 300 |
| 50 | 200 | 250 | 350 |
| 70 | 250 | 300 | 400 |
| 80 | 300 | 350 | 450 |
| 100 | 400 | 450 | 500 |

平行板型阻火器。这种阻火器的阻火层是由不锈钢薄板垂直平行排列而成，板间隙在0.3~0.7mm之间，这样就形成了许多细小孔道，阻火效果也很好。此外还有泡沫金属阻火器、多孔板型阻火器等。

阻火器一般安装在下列设备、管道系统中：输送可燃气(蒸气)的管线；石油及其产品储罐的呼吸阀；容易引起燃烧爆炸的通风口、排气管；油气回收系统；燃气加热炉的送气系统等。阻火器在使用时应当根据设备系统的要求和阻火器的特性来选用。表5-5可供选用阻火器时参考。

**表5-5　各类阻火器的比较**

| 阻火器类别 | 优　点 | 缺　点 | 适用范围 |
|---|---|---|---|
| 金属网阻火器 | 结构简单，容易制造，造价低廉 | 阻爆范围小，易损坏，不耐烧 | 石油储罐；输油、输气管道；油轮等 |
| 波纹型阻火器 | 适用范围大，流体阻力小，能阻止爆炸火焰，易于置换清洗 | 结构比较复杂，造价较高 | 石油储罐；油气回收系统气体管道等 |
| 填充型阻火器 | 孔隙小，结构简单，易于制造 | 阻力大，容易堵塞，重量大 | 煤气、乙炔、化学溶剂火焰等 |

4. 火星熄灭器

由烟道或车辆尾气排放管飞出的火星也可能引起火灾。例如某炼油厂由于工人误操作使成品油灌区汽油溢罐，外溢的汽油被一台违规闯入的拖拉机尾气管排出的火星引燃，导致特大火灾。因此，通常在可能产生火星设备的排放系统，如加热炉的烟道，汽车、拖拉机的尾气排放管上等，安装火星熄灭器(又称防火帽)，用以防止飞出的火星引燃可燃物料，如图5-5和图5-6所示。

火星熄灭器熄火的基本方法主要由以下几种：

(1)当烟气由管径较小的管道进入管径较大的火星熄灭器中，气流由小容积进入大容积，致使流速减慢、压力降低，烟气中携带的体积、质量较大的火星就会沉降下来，不会从烟道飞出。

(2)在火星熄灭器中设置网格等障碍物，将较大、较重的火星挡住；或者采用设置旋转叶轮等方法改变烟气流动方向，增加烟气所走的路程，以加速火星的熄灭或沉降。

(3)用喷水或通水蒸气的方法熄灭火星。

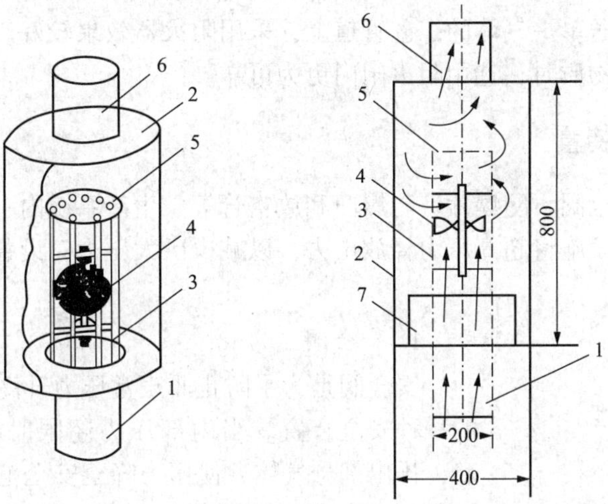


图 5-5　安装在烟囱上的火星熄灭器

1—烟气进口；2—外壳；3—用以固定叶轮和挡烟圆板的格栅；

4—叶轮；5—挡烟圆板；6—烟气出口；7—有门的除灰渣口

5. 阻火闸门

阻火闸门又称为防火阀，是用于管道内阻火的活动式封闭装置。阻火闸门通常设置在通风或空气调节系统的送风、回风总管内，穿越机房和火灾危险性较大的房间的隔板、楼板处，以及垂直风管与每层水平风管交接处的水平支管上。

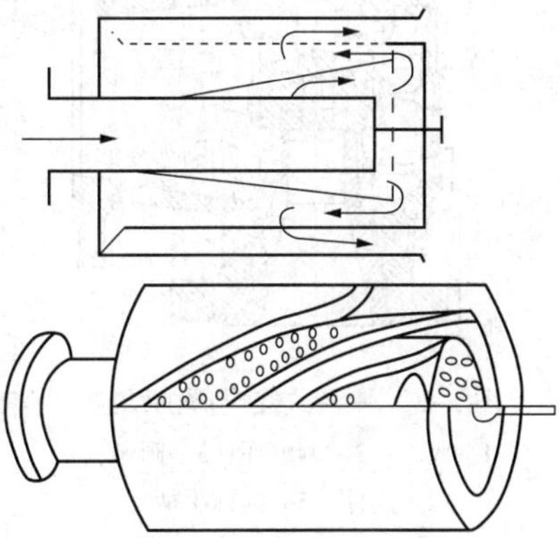

图 5-6　汽车用火星熄灭器

(1)类型及工作原理　按结构和适用场合的不同，阻火闸门可以分为旋转式自动阻火闸门和跌落式阻火闸门，如图 5-7 所示。在正常情况下，阻火闸门受到环状或条状的易熔合金元件的控制而处于开启状态。一旦着火，温度升高，易熔合金熔化，闸门因重力作用而自动关闭。易熔合金元件通常由铋、铅、锡、镉、汞等低熔点合金制成，赛璐珞、尼龙、塑料等有机材料在较高温度时易于燃烧或失去强度，也可代替易熔合金制作易熔元件。

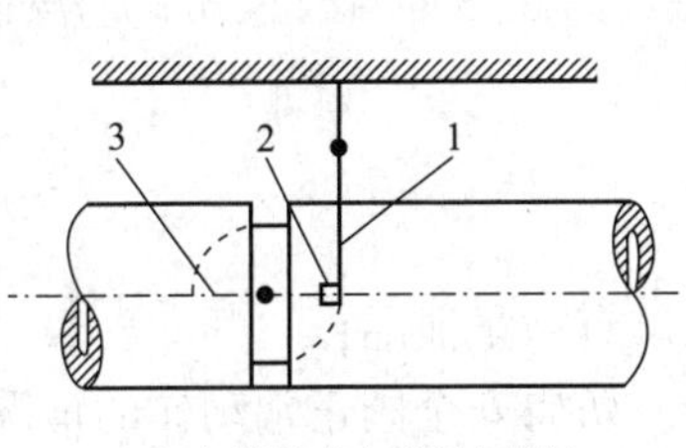


(a) 旋转式自动阻火阀门

1—易熔合金元件；2—重锤；3—阻火闸板

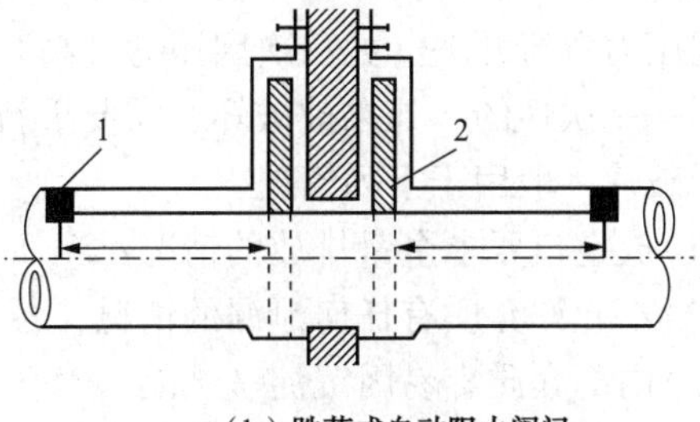


(b) 跌落式自动阻火阀门

1—易熔合金元件；2—阻火阀门

图 5-7　两种自动阻火闸门

(2)选用要求　阻火闸门的选用要求要综合考虑工艺介质的性质、流动速度和爆轰的可能性大小等因素。输送单一气体的工艺管道上，采用阻火器效果较好。若介质含有机械杂质或易于结晶和聚合的物质时，选用阻火闸门更为可靠。

## 二、防爆泄压装置

泄压装置包括安全阀、防爆片、防爆门和放空管等。生产系统内一旦发生爆炸或压力骤增时，可以通过这些设施将超高压力释放出去，以减少巨大压力对设备、系统的破坏或者减少事故损失。

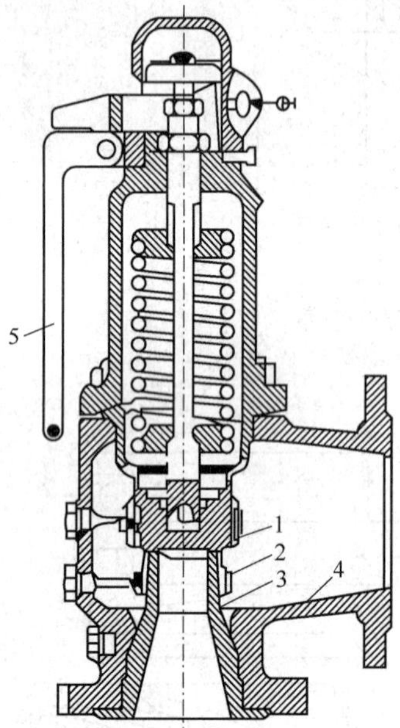


图 5-8　弹簧式安全阀的结构
1—阀芯；2—调整环；3—阀座；4—阀体；5—提升手柄

### 1. 安全阀

安全阀是为了防止非正常压力升高超过限度而引起爆裂的一种安全装置。当内部压力超限时，安全阀能够自动开启，排出部分气体，使压力降至安全范围后再自动关闭，从而实现内部压力的自动调控，防止设备、容器或系统的破裂爆炸。如图 5-8 所示。

设置安全阀时应注意以下几点：

(1)新装安全阀，应有产品合格证；安装前，应由安装单位复校后加铅封，并出具安全阀校验报告；

(2)当安全阀的入口处装有隔断阀时，隔断阀必须保持常开状态并加铅封；

(3)如果容器内装有两相物料，安全阀应安装在气相部分，防止排出液相物料发生意外；

(4)在存有可燃物料，有毒、有害物料或高温物料等的系统，安全阀排放管应连接(有针对性的)安全处理设施，不得随意排放；

(5)一般安全阀可就地放空，但要考虑放空口的高度及方向的安全性。

### 2. 爆破片

爆破片又称防爆膜、防爆片。爆破片利用法兰安装在受压设备、容器及系统的放空管上。当设备、容器及系统因某种原因压力超标时，爆破片即被破坏，使过高的压力泄放出去，以防止设备、容器及系统受到破坏。应该说爆破片与安全阀的作用基本相同，但安全阀可根据压力自行开关，如一次因压力过高开启泄放后，待压力正常即自行关闭；而爆破片的使用则是一次性的，如果被破坏，需要重新安装。

爆破片一般用于下列情况：

(1)放空口要求全量排放的情况；

(2)不允许介质有任何泄漏的情况，各种安全阀一般总有微量泄漏；

(3)内部介质容易因沉淀、结晶、聚合等形成黏着物，妨碍安全阀正常动作的情况；

(4)系统内存在发生燃爆或者异常反应而使压力骤然增加的可能性的情况，这种情况下弹簧式安全阀由于惯性而不适用。

爆破片的防爆效率取决于它的质量、厚度和泄压面积。

正常生产时操作压力较低或没有压力的系统，可选用石棉、塑料、玻璃等材质的爆破片；操作压力较高的系统可选用铝、铜等材质；微负压操作时可选用 2~3mm 厚的橡胶板做爆破片。应特别注意的是：由于钢、铁片破裂时可能产生火花，系统内存有燃爆性气体的系统不宜选用其做爆破片。在存有腐蚀性介质的系统，为防止腐蚀，可以在爆破片上涂一层防腐剂。

爆破片的爆破压力的选定，一般为设备、容器及系统最高工作压力的 1.15~1.3 倍。压力波动幅度较大的系统，其比值还可增大。但是任何情况下，爆破片的爆破压力均应低于系统的设计压力。

爆破片一定要选用有生产许可证单位制造的合格产品。爆破片安装要可靠，表面不得有油污；运行中应经常检查法兰连接处有无泄漏；爆破片排放管的要求可参照安全阀。爆破片一般 6~12 个月更换一次。此外如果在系统超压后未破裂的爆破片以及正常运行中有明显变形的爆破片应立即更换。

3. 防爆门(窗)

防爆门(窗)一般设置在使用油、气或煤粉作燃料的加热炉燃烧室外壁上，在燃烧室发生爆燃或爆炸时用于泄压，以防止加热炉的其他部分遭到破坏。防爆门的总面积一般按照燃烧室内部总容积不少于 $250cm^2/m^3$ 计算。为防止燃烧火焰喷出时将人烧伤或者翻开的门(窗)盖将人打伤，防爆门(窗)应设置在人不常到的地方，高度最好不低于 2m。如图 5-9 和图 5-10 所示为两种不同类型的防爆门。

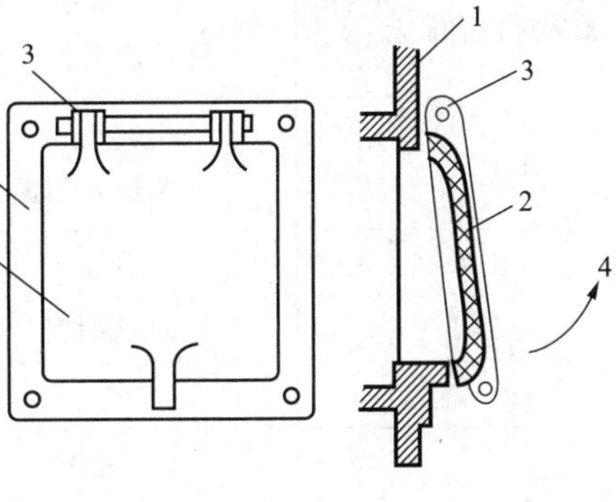

图 5-9　向上翻的防爆门

1—防爆门(窗)门框；2—防爆门；
3—转轴；4—防爆门动作方向

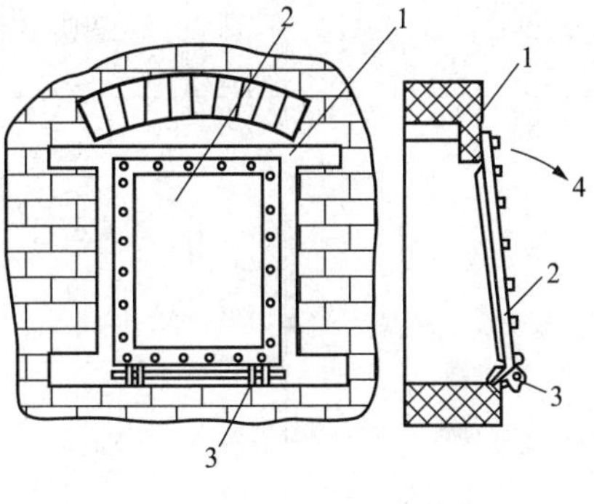

图 5-10　向下翻的防爆门

1—燃烧室外壁；2—防爆门；
3—转轴；4—防爆门动作方向

4. 放空管

放空管是一种管式排放泄压安全装置。放空管分为两种：一是正常排气放空用，将生产过程中产生的一些废气及时排放；二是事故放空用，当反应物料发生剧烈反应，采取措施无效，不能防止反应设备超压、超温、暴聚、分解爆炸事故而设置的一种自动或手动的紧急放空装置。

放空管一般应安设在设备或容器的顶部，室内设备安设的放空管应引出室外，其管口要高于附近有人操作的最高设备 2m 以上。此外，连续排放的放空管口，还应高出半径 20m 范围内的平台或建筑物顶 3.5m 以上；间歇排放的放空管口，应高出 10m 范围内的平台或建筑物顶 3.5m 以上。对经常排放有着火爆炸危险的气态物质的放空管，管口附近宜设置阻火器。

当放空气体流速较大时，放空管应有良好的静电接地设施。放空管口应处在防雷保护范围内。

# 第五节 防火防爆检测报警装置

## 一、火灾探测器

火灾探测器是能对火灾参数响应，自动产生火灾报警信号的器件。它们的传感器可以检测到在火灾初期陆续出现的一些信息，如辐射热、火光、烟等，并通过中间继电器将信号输出到火灾接受机，迅速发出警报信号，还能与自动消防设施联锁，以使火灾能够得到最快的扑救，把损失降到最低。火灾探测器按其探测火灾不同的理化现象分为四大类：感烟火灾探测器、感温火灾探测器、感光火灾探测器、气体火灾探测器；按探测器结构可分为点型和线型。

火灾探测器的类型较多，表 5-6 列出了火灾探测器的主要类型。

**表 5-6　火灾探测器的类型**

<table>
<tr><td rowspan="3">感烟火灾探测器</td><td rowspan="2">点型</td><td colspan="2">离子感烟型</td></tr>
<tr><td>光电感烟型</td><td>遮光型<br>散光型</td></tr>
<tr><td>线型</td><td>双射遮光感烟型</td><td>红外型<br>激光型</td></tr>
<tr><td rowspan="5">感温火灾探测器</td><td rowspan="3">点型</td><td>定　温</td><td>双金属型<br>易熔金属型</td></tr>
<tr><td>差　温</td><td>膜盒型</td></tr>
<tr><td>差定温</td><td>半导体型</td></tr>
<tr><td rowspan="2">线型</td><td>差　温</td><td>空气管型</td></tr>
<tr><td>定　温</td><td>电缆型<br>半导体型</td></tr>
<tr><td>感光火灾探测器</td><td>点型</td><td colspan="2">紫外光型<br>红外光型</td></tr>
<tr><td>气体火灾探测器</td><td>点型</td><td colspan="2">催化型<br>气敏半导体型</td></tr>
<tr><td>复合式火灾探测器</td><td colspan="3">感烟感温复合型<br>感烟感温气体复合型<br>红外紫外复合型<br>感烟感温感光气体复合型</td></tr>
</table>

下面介绍一些常用火灾探测器的基本工作原理。

1. 感温火灾探测器

感温火灾探测器是一种响应异常温度、温升速率和温差的火灾探测器，主要适用于经常存在大量烟雾、粉尘或水蒸气等的场所，根据其作用原理一般又可分为定温、差温、差定温组合式三种。

(1)定温式感温火灾探测器

它的作用原理是当火灾初起时火场温度升高至某一预定值时，就会在感温元件作用下发出警报。一般设定的报警温度为65~100 ℃。定温式报警器的感温元件有双金属型、易熔金属型及热敏半导体型等几种。双金属型感温元件是在达到预定温度时，利用两种金属热膨胀系数不同而使元件变形以断开或接通电气回路的触点，从而断开或接通信号电气回路，发出警报。图5-11(a)所示的探测器用两种膨胀系数不同的金属片制成，当火场温度升高，金属片受热，膨胀系数大的金属片就要向膨胀系数小的金属片方向弯曲，使接点闭合，将信号输出。图5-11(b)所示的探测器利用双金属的反转使接点闭合，将信号输出。双金属反转后处于虚线所示的位置。图5-11(c)所示的点型定温火灾探测器由膨胀系数大的金属外筒和膨胀系数小的内部金属板组合而成，膨胀系数的不同使得接点闭合。

易熔金属感温元件是在达到预定温度时，元件熔断，从而断开或接通电气回路以发出警报。热敏半导体感温元件的电阻值随温度变化敏感，在达到预定温度时，因元件电阻值的改变而使信号电气回路中电流也改变到某一数值，即会报警。

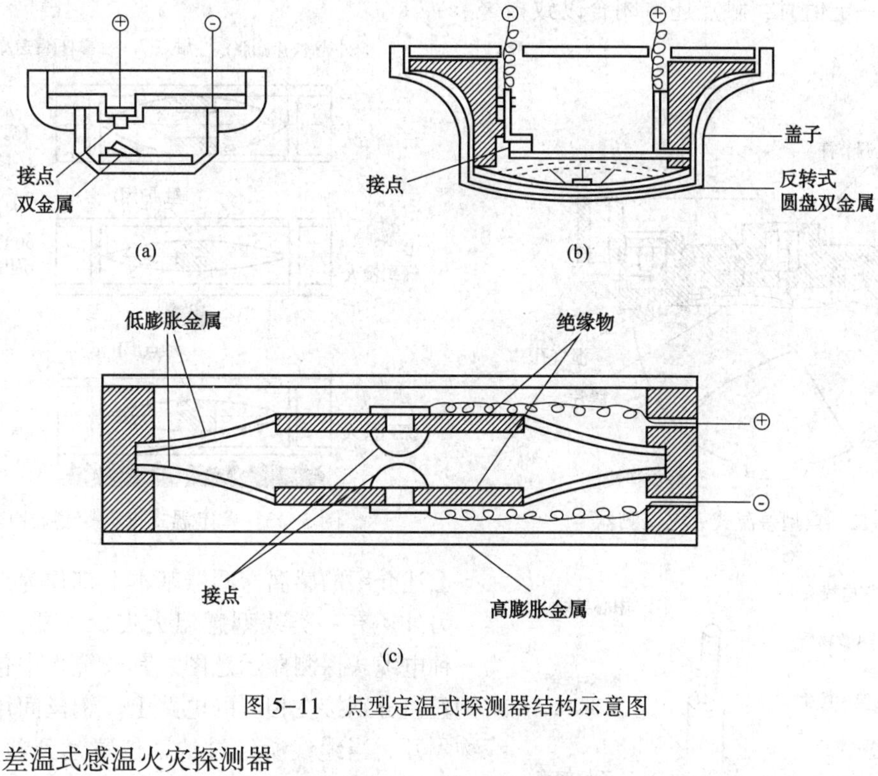


图5-11　点型定温式探测器结构示意图

(2)差温式感温火灾探测器

差温式感温探测器通常在火灾可能快速发展的场合使用。当室内的温升速率超过某一界限时报警。差温式探测器的探头主要由两个温度变化系数不同的热敏元件组成。当温度迅速上升时，一个元件的某种性质变化大，而另一种变化小；温度上升速率越大，其差值越大，当其达到一定值便可发出报警信号。

差温探测头常设计为气动和电动型。图5-12为一种气动式探测器示意图，它包括一个气室，气室壁面有一小孔与外界相通，故平时室内气体的压力温度与外界相同。气室顶部有一弹性薄膜。当外界温度升高后热量可通过气室外壳传给其中的气体，使其膨胀。温升较慢时，气体通过小孔流出。温升较快时，靠小孔流出已无法阻止室内压力升高，于是推动薄膜活动，从而发出报警信号。电动式一般是以热电偶的热电效应为基本原理设计的。这种探头对辐射热和对流热都很敏感。为了测出温度差，探测头装一对热电偶。一个在探测器外，用于感受外界温度变化，另一个装在探测器内。当两者温差达到一定值时，热电偶产生的电压便可驱动报警器。

(3)差定温组合感温火灾探测器

差温式探测器的灵敏度比定温式高，但使用表明，它不易装在安有取暖系统的建筑物内。因为一旦建筑物打开门窗后，顶棚下的温度会急剧下降，关上门窗后，取暖系统又会使顶棚下的温度迅速升高，尤其是冬天室内外的温差更大，这就会发生误报。为了克服定温式火灾探测器的热滞后和差温式火灾探测器容易误报及对缓慢燃烧容易漏报的缺陷，人们研制出了差动补偿式感温探测器，其思想是将差温式火灾探测器与某种定温装置联合使用，只有当室内温度达到某一值后，差温式火灾探测器才开始工作。图 5-13 为一种差定温式火灾探测器的示意图，其外壳为膨胀系数较大的金属管，内部有一对膨胀系数较小的斜支杆，支杆头部为电极触点。当探测器受热时，外壳膨胀快于内部支杆从而具有速率补偿能力。当受热速率达到一定值时，触点还将闭合以致报警。

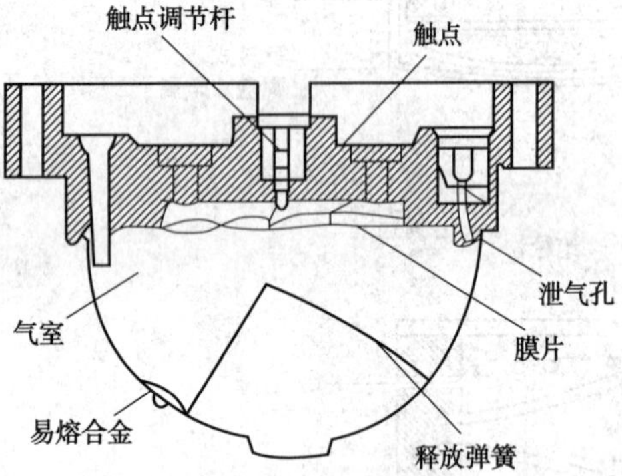


图 5-12　点型差温式火灾探测器

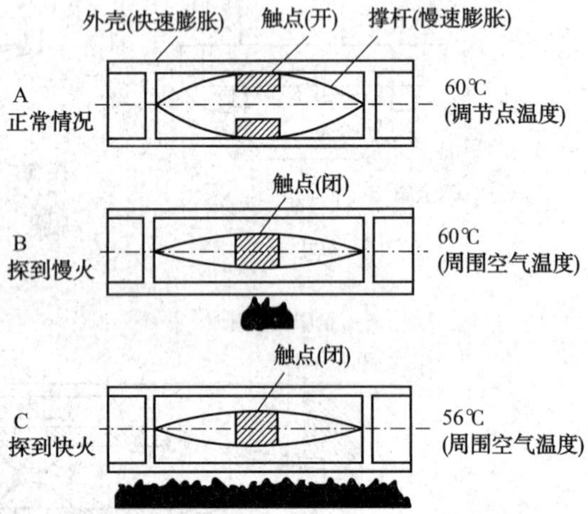


图 5-13　差定温式火灾探测器原理

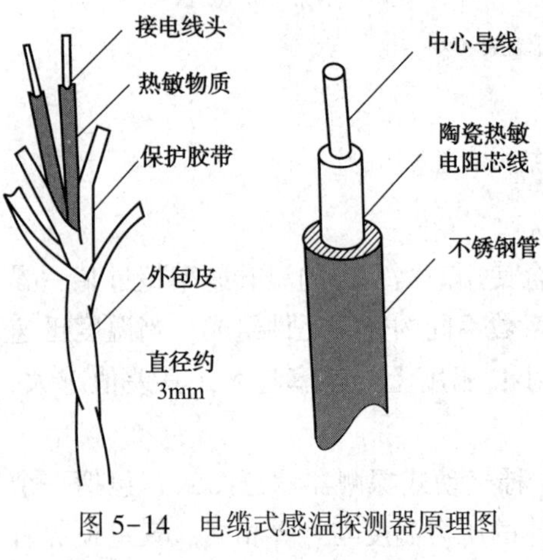


图 5-14　电缆式感温探测器原理图

上述介绍的感温探测器基本上都作为点型探测器。另外还有一类线型感温火灾探测器，图 5-14 为一种电缆式探测器示意图。其长缆之中包裹着一对钢丝，分别接在相应的电路上。钢丝间用热敏绝缘物隔开。当缆线所经过的某位置达到预定温度，绝缘物熔化，钢丝接触从而发生报警。另一种代表性探测器的敏感元件是一根长管，管中心装一根镍丝，丝与管壁间填充热敏共晶体盐类化合物。平时在管壁和金属丝上加一低电压，当管子任一部位出现过热时，填料的电阻下降，两极有电流通过从而报警。缆式感温探测器的保护面积比点型的大，在地板下、电缆沟、管道井等处使用较广泛。

2. 感烟火灾探测器

感烟火灾探测器是一种响应燃烧或热解产生的固体或液体微粒的火灾探测器，它能在火灾初期刚发生阴燃冒烟还没有出现火焰时，就发出警报，所以它具有报警早的优点，因而应用广泛。根据敏感元件不同可分为离子感烟和光电感烟两种。

(1)离子感烟火灾探测器

离子感烟探测器由检测电离室和补偿电离室、信号放大回路、开关转换回路、火灾模拟检查回路、故障自动监测回路、确认灯回路等组成。其原理如图 5-15 所示。

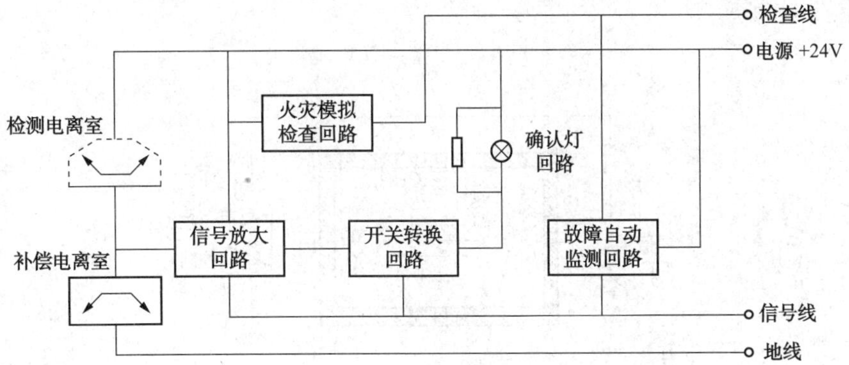


图 5-15 离子感烟探测器原理图

检测电离室和补偿电离室由两片放射性物质镅($Am^{241}$)$\alpha$ 源构成。当有火灾发生时，烟雾粒子进入检测电离室后，被电离的部分正离子和负离子吸附到烟雾粒子上去，一方面造成离子在电场中运动速度降低，而且在运动中正负离子互相中和的概率增加，使到达电极的有效离子数减少；另一方面，由于烟雾粒子的作用，射线被阻挡，电离能力降低，电离室内产生的正负离子数减少。两方面的综合作用，宏观上表现为烟雾粒子进入检测电离室后，电离电流减少，施加在两个电离室两端电压增加。当电压增加到规定值以上时开始动作，通过场效应晶体管(FET)作为阻抗耦合后将电压信号放大，进而通过开关转换回路将放大后的信号触发正反馈开关，将火灾信号传输给报警器，发出声光报警信号。

(2)光电感烟火灾探测器

火灾烟气中的颗粒既具有遮光作用，又具有散射光的作用。根据烟颗粒对光束的这两种影响，光电式火灾探测器便沿两条途径开发出不同的形式。

①散射式光电感烟火灾探测器　常用散射光式的探测器大都是点型的，图 5-16 是其中一种典型结构形式，它主要由光源、与光束垂直的接收元件、与光束相对的捕光器及小暗室组成。捕光器的作用是防止光源射出的光线散漏到光电元件上去。在正常情况下，受光元件是接受不到发光元件发出的光的，因此不产生光电流。在火灾发生时，当烟雾进入探测器的检测室时，由于烟粒子的作用，使发光元件发射的光产生漫射，这种漫射光被受光元件所接受，使受光元件阻抗发生变化，产生光电

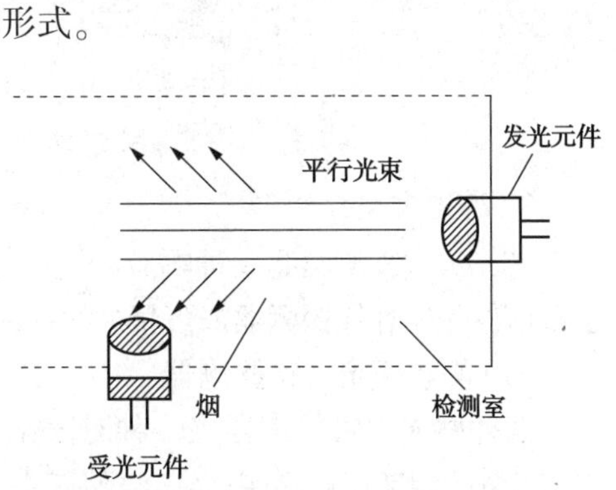


图 5-16 散射式光电感烟火灾探测器原理示意图

流，从而实现了将烟信号转成电信号的功能，探测器发出报警信号。目前发光元件大多数采用高效率的红外发光二极管，受光元件大多数采用半导体硅光电池。受光元件的阻抗随烟雾浓度的增加而下降。

②遮光型感烟火灾探测器，它的结构原理如图 5-17 所示。探测器的主要部件为一个光源（灯泡或发光二极管）和一个相对应的光敏元件。光源发出的光通过透镜聚成光束，照射到光敏元件上，光敏元件将接收到的光能量转换成电信号。当光源和光敏元件之间存在烟雾时，到达光敏元件上的光显著减弱，光敏元件便将光强度的变化转变为电的突变信号，使警报器发出报警信号。

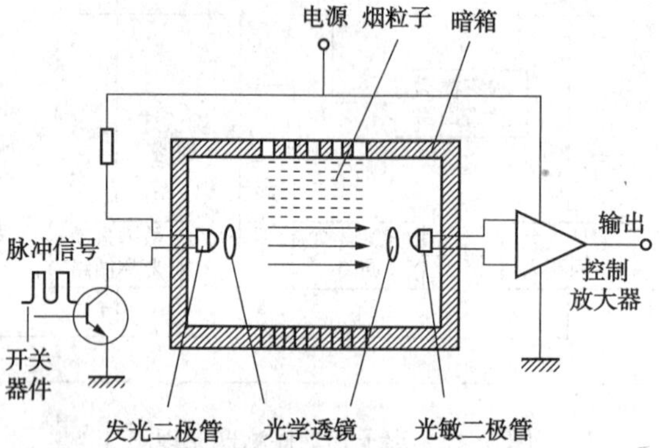


图 5-17　遮光型感烟火灾探测器原理示意图

大多数遮光探测器是光束型的，它主要包括一个光源、一个光束平行校正装置和一个光敏接收器。将光源安装在被保护区的一侧，光敏接收器放在另一侧，图 5-18 为这种探测器的示意图。当所监测的空间有烟时，接收到的光强度减弱从而启动报警装置。光束可以是直射式的，也可以通过若干镜面进行几次反射以扩大监测范围。这种火灾探测器的保护面积大，安装位置较高，可以适应大型建筑内的火灾探测需要。

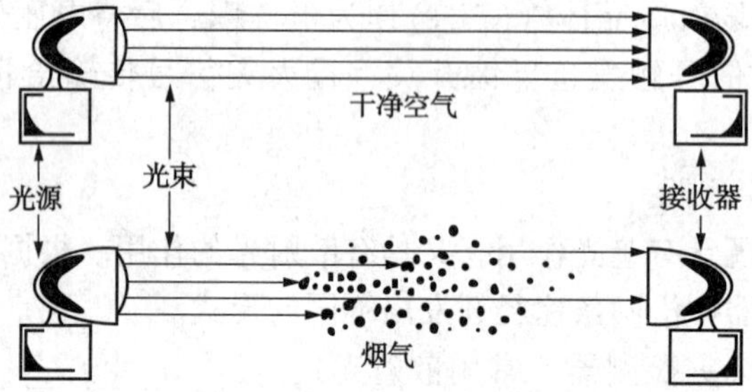


图 5-18　光束火灾探测器原理示意图

3. 感光火灾探测器

感光火灾探测器是一种响应火焰辐射出的红外线、紫外线、可见光的火灾探测器。常用的主要部件是红外线探测器或者紫外线探测器，通过探测燃烧时产生的红外线、紫外线来报警。

（1）紫外感光火灾探测器

紫外感光火灾探测器是一种对火灾火焰所产生的紫外辐射响应的探测器。对它敏感的辐射波长小于 400nm。室内火灾自然扩散火焰产生的紫外线波长在 180～300nm。紫外感光火灾探测器原理如图 5-19 所示。紫外感光火灾探测器的探测元件有充气管、紫外光敏管（光敏碳化硅二极管）等。充气管能排除太阳辐射光的干扰，又能较好感应火焰发出的波长在

185~285nm 的辐射光波。光敏二极管的灵敏度较高，但对非火焰紫外线的分辨能力略差，为了提高探测灵敏度，排除外来干扰，紫外感光火灾探测器常装在离火源较近的地方。

(2)红外火焰探测器

红外火焰探测器对波长大于 700nm 的光辐射敏感，它可装在离火焰较远的位置，常用于大面积、大空间的火灾探测。图 5-20 是一种常见的红外火焰探测器示意图。

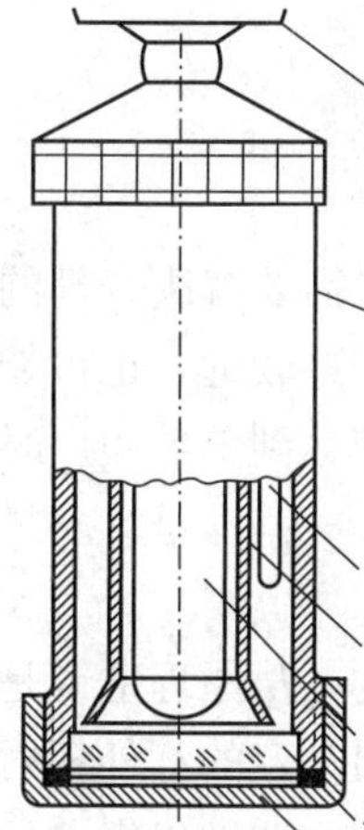


图 5-19　某种紫外感光火灾探测器原理

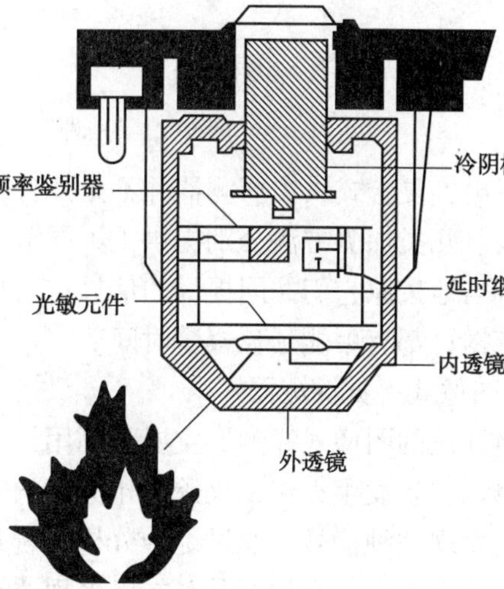


图 5-20　红外火焰探测器

它的头部安装一对透镜，用以滤除非红外光，然后，光线才投射到敏感元件(硫化铝、硫化镉光电池)上。为了防止火焰外的红外光波误启动探测系统，在输入电路上还设有火焰闪烁频率识别器，其闪烁频率在 5~30Hz 之间，探测器只识别在这一范围的红外光波。为了触发报警器，探测器接收的辐射必须有一定强度，对于常用探测器，当闪烁频率为 12Hz 时，触发报警器的最低光照强度不低于 6lx。

感光火灾探测器特点：①电磁辐射速度极快，即响应速度快；②性能稳定、可靠、探测方位准确；③不受环境气流影响，可以在户外使用；④价格较贵。

适用条件：感光火焰探测器特别适用于突然起火而又无烟的易燃易爆场所，如常快速发生的易燃、可燃液体火灾，这是一类早期通报火警的理想探测器。

紫外探测器与红外探测器比较：紫外探测器灵敏度高，维修方便，可靠性和稳定性属于中等，但探测范围较小；红外探测器灵敏度、可靠性和维护方便性，程度属于中等，稳定性稍低，适用于探测大空间范围。

4. 一些新型火灾探测器

近年来，多种光、电新技术被迅速应用到火灾探测器的研发中来，不断有新的产品问世，下面介绍几种新型火灾探测器。

(1)复合式火灾探测器

上述的各种火灾探测器也都可称为“单信号”探测，它们各自对某种火灾信号比较敏感，但对另外的信号却不敏感。复合式火灾探测器的思想就是将几种探测原理结合在一起，以提高火灾探测的准确性。现在采取的复合方案很多，如感温与感烟结合、感温与气敏结合等。图 5-21 为一种将热敏元件、CO 传感器和散射光电式传感器复合起来的火灾探测器，它在减少火灾误报方面有较大改进。

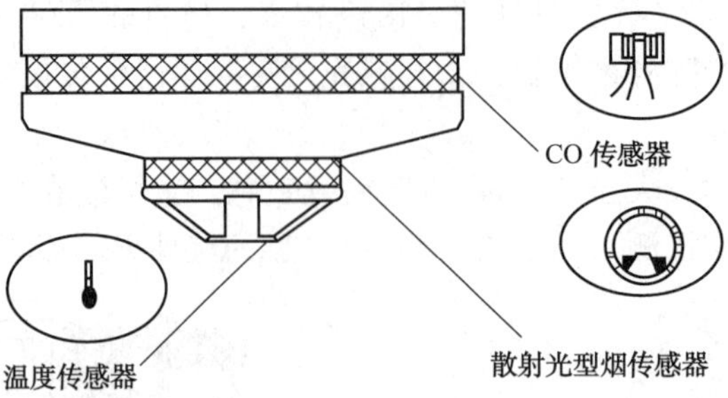


图 5-21　一种三信号的复合式火灾探测器

应指出，复合式火灾探测器并不是几种探测原理的简单合并，需要解决合理的综合分析判断方法。几类探测方法分别提供了不同范围的信息，它们可能相差较远，也可能有部分重叠。不恰当地按照它们共同提供的信号作为报警依据，或按它们都达到单独使用时的报警值为报警依据，都有可能延长报警时间。

(2)图像式火灾探测器

目前开发的图像式探测器主要是利用红外摄像原理探测火灾的，从原理上说是一种感光式探测器。一旦发生火灾，火源及相关区的温度必然升高，可发出一定的红外辐射。在远处的摄像机发现这种信号，通过综合分析，若判断它是火灾信号，则立即发出报警，并将该区显示在屏幕上。值班人员可及时加以处理。在无人员值班的情况下，也可将系统设置成自动控制状态，及时启动对外报警、灭火或烟气控制系统。

图像式火灾探测器是一种非接触式的探测装置，有利于较早发现火灾，加上它具有可视功能，有助于减少误报警，在某些场合具有突出的优点，如大空间建筑内、灰尘较大的厂房仓库内、大型化工厂的设备区等。因此近年来得到了很快发展，现在这种系统往往与安全监控系统结合使用。

(3)高灵敏度吸气式探测器

在通信枢纽、计算机房、核电站、集成电路生产车间等很多场合，对火灾防治的要求比普通建筑要高得多，这就提出了超早期报警的需要。高灵敏度吸气式探测系统主要是针对这种需要开发的。它将普通探测器那种"等"烟的被动工作方式改为"抽"烟的主动方式。通过某种管道将所监测区域的空气样本抽取到中心检测室，利用高强度的光源和高灵敏度的光接收元件，对样本进行分析。这种探测器的灵敏度比普通探测器可高出几百倍。图 5-22 为一种高灵敏度吸气式感烟探测器的原理图。

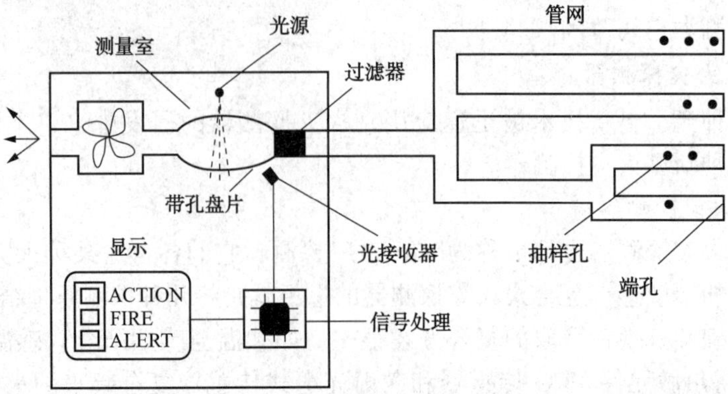


图 5-22　高灵敏度吸气感烟探测器原理

其抽气管网分布在探测区域内，在吸气泵的作用下，空气样本通过采样孔流入。过滤器用于清除颗粒大于 20μm 的大颗粒。测量光源为氙闪光管，光源发出的光并不直接射到接收元件上。烟气中若含有颗粒则会散射光线，从而使接收元件收到光信号。颗粒浓度不同产生的电压不同。

现在最新设计的高灵敏度吸气式感烟探测器采取激光器作光源，直接对空气样本中的粒子计数，其灵敏度有了进一步提高。目前这类探测器的成本较高，采样方式和数据处理方面也有若干问题要进一步研究解决，但其优点极其明显，应用范围正在扩大。

(4)无线传输式火灾探测器

在普通火灾探测报警系统中，探测器或其他终端装置是用导线与控制器连接起来的。为了保证传输信号的可靠，一般安装规范还规定使用铜芯线。一套火灾报警系统需要大量的导线。布置传输线的工作量很大，而且有些建筑物的布线有很多困难。无线传输式火灾探测器应运而生。

无线火灾探测器的探测原理一般并没有大的改变，主要是在信号的无线传输质量上有较大突破。这类探测器要求有较高的抗干扰性能，有些产品采取曾经在军事技术中使用的数码传送和鉴别方法，较好解决了探测器工作可靠性问题。无线火灾探测器一般用干电池供电，其代表工作频率为 319. 5MHz，频宽为 10kHz，外来干扰很低，同时可兼顾射程和穿透力，可在一般建筑物内使用。

## 二、可燃气监测报警器

可燃气、氧气和火源三要素是爆炸事故的基本条件，其中可燃气的偶然泄漏和积聚程度是现场爆炸危险性的主要监测指标，相应的测爆仪和报警器便是监测现场爆炸性气体泄漏危险程度的重要工具。厂矿常用的可燃气测量仪表的原理有热催化、热导和气敏等。

1. 热催化原理

接触燃烧式可燃气体测定仪采用如图 5-23 所示的热催化检测原理制成。在检测元件 $R_1$ 作用下，可燃气发生氧化反应，释放出燃烧热，其大小与可燃气浓度成比例。检测元件通常用铂丝制成。气样进入工作室后在检测元件上放出燃烧热，由灵敏电流计 P 指示出气样的相对浓度，这种仪表的满刻度值通常等于可燃气的爆炸下限。

2. 热导原理

利用被测气体与空气导热性的差异，把可燃气体浓度的变化转换为加热丝温度和电阻的变化，在电阻温度计上反映出来。其检测原理与热催化原理的电路相同。

3. 气敏原理

气敏半导体检测元件吸附可燃性气体后，电阻大大下降(可由 50kΩ 下降到 10kΩ 左右)，与检测元件串联的微安表可给出气样浓度的指示值，检测电路如图 5-24 所示。图中 VG 为气敏检测元件，由电源 $E_1$，加热到 200~300℃。气样经扩散到达检测元件，引起检测元件电阻下降，与气样浓度对应的信号电流在微安表 $P_A$ 上指示出来。$E_2$ 是测量检测元件电阻用的电源。

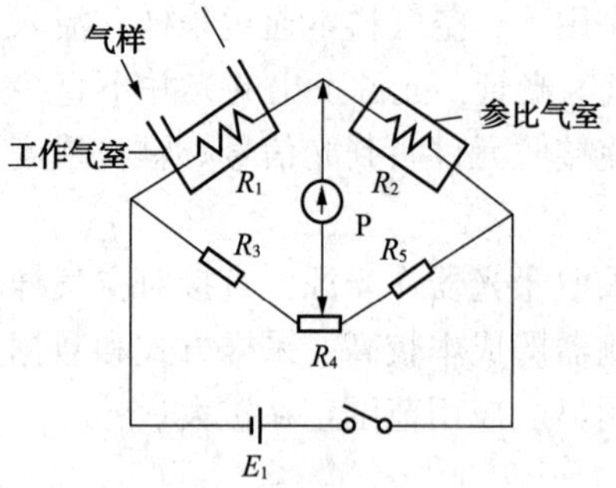


图 5-23　催化检测与热导检测原理图

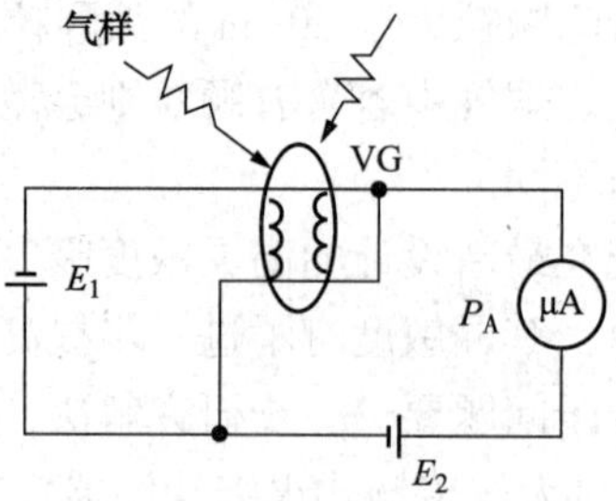


图 5-24　气敏检测电路图

## 复习思考题

1. 按照一次火灾事故损失的严重程度火灾分为几个等级?
2. 简述防火防爆的基本原则。
3. 简述防止形成可燃可爆系统的措施。
4. 简述阻火与防爆安全装置的类型与作用。
5. 常见的火灾探测器有哪几种类型?

# 第六章　工业建筑防火防爆

**学习目标**

1. 熟悉建筑材料高温性能影响因素，了解常用建筑材料的高温性能；
2. 掌握建筑构件的燃烧性能分类、耐火极限的定义，了解建筑构件的耐火性能；
3. 掌握厂房和仓库耐火等级的分类、生产和储存物品的火灾危险性分类；
4. 掌握防火间距的定义，了解厂房和仓库的防火间距要求；
5. 掌握防火分区的定义，了解防火分隔物的类型和设置要求；
6. 了解安全疏散设计的目的与基本原则，掌握疏散楼梯间的设置要求；
7. 掌握泄压设施的设置要求。

## 第一节　建筑材料的高温性能

### 一、建筑材料高温性能影响因素

建筑物是由各种建筑材料建造起来的。这些建筑材料高温下的性能直接关系到建筑物的火灾危险性大小，以及发生火灾后火势扩大蔓延的速度。对于结构材料而言，在火灾高温作用下力学强度的降低还直接关系到建筑的安全。因此，必须研究建筑材料在火灾高温下的各种性能，在建筑防火设计时科学合理地选用建筑材料，以减少火灾损失。

在建筑防火方面，通常从以下五个方面衡量建筑材料的高温性能：

(1)燃烧性能　材料的燃烧性能包括着火性、火焰传播性、燃烧速度和发热量等。

(2)力学性能　材料的力学性能包括材料在高温作用下力学性能(尤其是强度性能)随温度的变化关系。对于结构材料，在火灾高温作用下保持一定的强度至关重要。

(3)发烟性能　可燃材料燃烧时会产生大量的烟，它除了对人身造成危害之外，还严重妨碍人员的疏散行动和消防扑救工作进行。在许多火灾中，大量死难者并非烧死，而是烟气窒息造成死亡。

(4)毒性性能　在生成烟气的同时，材料燃烧或热解中还产生一定的毒性气体。据统计，建筑火灾中人员死亡80%为烟气中毒而死，因此对材料的潜在毒性必须加以重视。

(5)隔热性能　在隔绝火灾高温热量方面，材料的导热系数和热容量是两个最为重要的影响因素。此外，材料的膨胀、收缩、变形、裂缝、熔化、粉化等因素也对隔热性能有较大的影响，这是因为在实际中，构造做法与隔热性能直接相关，而这些因素又影响着构造做法。

选用建筑材料时必须综合考虑上述五个因素。但是，由于材料的种类、使用目的和作用等不相同，在考虑其防火性能时应有所侧重。例如，对于用于承重构件的砖、石、混凝土、钢材等材料，由于它们同属于无机材料，具有不燃性，因此在考虑其防火性能时重点在于其高温下的力学性能及隔热性能。而对于塑料、木材等材料，由于其是有机材料，具有可燃性，在建筑中主要用作装修和装饰材料，所以在考虑其防火性能时，则应侧重于燃烧性能、发烟性能及燃烧毒性。

## 二、建筑材料的高温性能

1. 钢材

钢材是建筑上最主要的金属材料之一，因此研究温度对钢材工作性能的影响是十分必要的，对防火、防爆工作具有十分重要的意义。

在高温下钢材强度随温度升高而降低，降低的幅度因钢材温度的高低和钢材种类而不同。在建筑结构中广泛使用的普通低碳钢力学性质随温度升高的变化特性如图 6-1 所示。由图可见，当钢材温度在 200℃以内可以认为基本不变；温度在 250℃左右时，极限强度有局部性提高；超过 300℃以后，屈服点及极限强度均开始显著下降；达到 600℃时则强度几乎等于零。

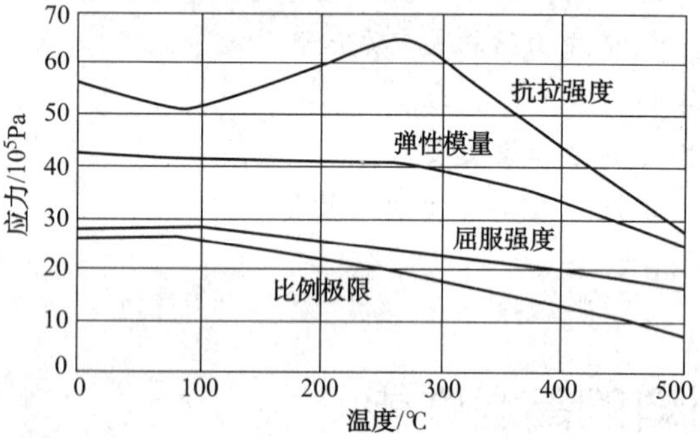


图 6-1 普通低碳钢高温力学性质

普通低合金钢在高温下的强度变化与普通碳素钢基本相同，在 200～300℃的温度范围内极限强度增加，当温度超过 300℃后，强度逐渐降低。

冷加工钢筋是普通钢筋经过冷拉、冷拔、冷轧等加工强化过程得到的钢材，其内部晶格架构发生畸变，强度增加而塑性降低。这种钢材在高温下，内部晶格的畸变随着温度升高而逐渐恢复正常，冷加工所提高的强度也逐渐减少和消失，塑性得到一定恢复。因此，在相同的温度下，冷加工钢材强度降低值比未加工钢筋大很多。当温度达到 300℃时，冷加工钢筋强度降低约 30%；500℃时强度急剧下降，降低约 50%；500℃左右时，其屈服强度接近甚至小于未冷加工钢筋在相应温度时的强度。

高强钢丝用于预应力钢筋混凝土结构。它属于硬钢，没有明显的屈服极限。在高温下，高强钢丝的抗拉强度的降低比其他钢筋更快。当温度在 150℃以内时，强度不降低；温度达到 350℃以上，强度降低约 50%；400℃时强度下降约 60%；500℃时强度下降 80%以上。

预应力钢筋混凝土构件由于所用的冷加工钢筋和高强钢丝，在火灾高温下强度下降明显大于普通低碳钢筋和低合金钢筋，因此耐火性能低于非预应力钢筋混凝土构件。

2. 混凝土和钢筋混凝土

(1)混凝土

混凝土是以胶凝材料、水、细骨料、粗骨料，必要时掺入化学外加剂和矿物质混合材料，按适当比例均匀拌制、密实成型及养护硬化而成的人工石材。

建筑工程中用量最大、用途最广的是以水泥为胶凝材料配制而成的水泥混凝土，其中表观密度为 1950～2500kg/m$^3$。用天然的砂、石作为骨料配制而成的，称为普通混凝土，一般在施工现场用人工或机械拌制，近年来集中搅拌，供应现场使用的商品混凝土在我国得到迅速发展。

普通混凝土有许多优点，可根据不同要求配制各种不同性质的混凝土；在凝结前具有良好的塑性，因此可以浇制成各种形状和大小的构件或结构物；它与钢筋有牢固的黏结力，能制作钢筋混凝土结构和构件；经硬化后有抗压强度高与耐久性良好的特性；其组成材料中砂、石等地方材料占80%以上，符合就地取材和经济的原则。

①抗压强度

混凝土在高温作用下，温度不超过300℃时，抗压强度变化不明显，温度在400~500℃时，开始出现裂缝，抗压强度受到一定影响；温度在600~700℃时，抗压强度下降较多，温度在800~900℃时，抗压强度几乎全部丧失，酥裂破坏。图6-2表示了混凝土的抗压强度随温度升高而变化的情况。

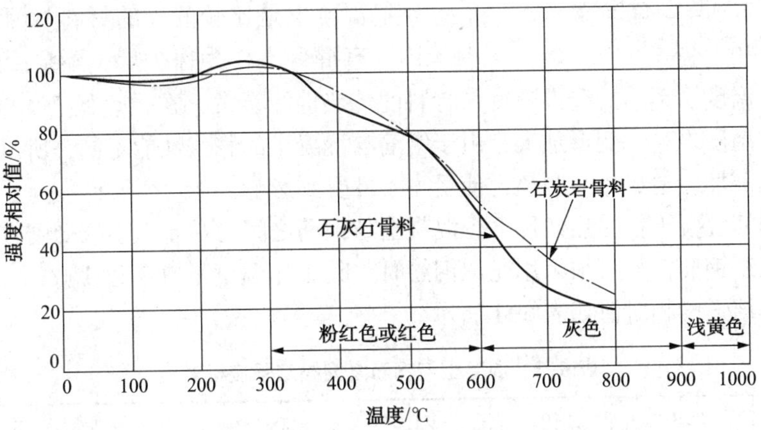


图6-2　高温混凝土抗压强度变化

混凝土在高温作用下抗压强度降低的主要原因是：

a. 混凝土各组成材料的热膨胀不同。在温度较高（超过300℃）情况下，水泥石脱水收缩，而骨料受热膨胀，由于胀缩的不一致性，使混凝土中产生很大的内应力，不但破坏了水泥石与骨料间的黏结，而且会把包裹在骨料周围的水泥石撑破。

b. 水泥石内部产生一系列物理化学变化。如水泥主要水化产物$Ca(OH)_2$，水化铝酸钙等的结晶水排出，使结构变得疏松。

c. 骨料内部的不均匀膨胀和热分解。如花岗岩和砂岩内石英颗粒膨胀的方向性及晶形转变（在温度达到573℃、870℃），石灰岩中$CaCO_3$的热分解（在825℃），导致骨料强度的下降。

骨料在混凝土组成中占绝大部分。骨料的种类不同，性质也不同，直接影响混凝土的高温强度。用膨胀性小、性能较稳定、粒径较小的骨料配制的混凝土在高温下抗压强度保持较好。此外，采用高标号水泥、减少水泥用量、减少含水量也有利于保持混凝土在高温下的强度。

混凝土在火灾条件下温度不超过500℃时，火灾后在空气中冷却一个月时抗压强度降至最低，此后随着时间的增长，强度逐渐回升，一年时的强度可恢复到加热前的90%。混凝土温度超过500℃后，强度则不能恢复。

②抗拉强度

在火灾高温条件下，混凝土的抗拉强度随温度上升明显下降，下降幅度比抗压强度大

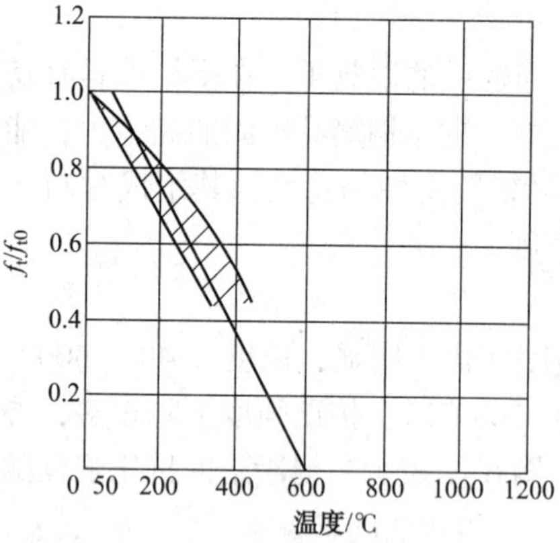


图 6-3　混凝土抗拉强度随温度的变化

10%~15%。当温度超过 600℃以后，混凝土抗拉强度则基本丧失，如图 6-3 所示。混凝土抗拉强度发生下降的原因是在高温下混凝土中的水泥石产生微裂缝造成的。

(2)钢筋混凝土

钢筋混凝土是钢筋与混凝土的结合。混凝土的抗压性能较好，但抗拉性能较差，一般仅为抗压强度的 1/10。在混凝土构件内放置钢筋的主要目的，是加强构件受拉区域的受拉性能，这样可以充分利用混凝土的抗压性能和钢筋的抗拉性能。

钢筋混凝土是比较耐火的材料。因为钢筋包在混凝土内，有混凝土作为保护层，不致因燃烧而很快达到钢筋的危险温度。钢筋的升温速度与骨料的传热性能有关，在受热低于 400℃时，两者能够共同受力，温度再高，变形加大，由于钢筋与混凝土的膨胀性能不同，所以，使两者之间的黏着力受到破坏，造成相互脱离，使受力条件受到影响。

为了使钢筋混凝土在受热条件下，混凝土与钢筋之间的黏着力不致受到较大影响，受拉主筋宜采用螺纹钢筋，如必须采用光圆钢筋时，其工作温度不宜超过 100℃。高温下混凝土与钢筋之间黏结强度相对值如表 6-1 所示。

**表 6-1　混凝土与钢筋之间黏结强度相对值**

| 温度/℃ | 100 | 200 | 300 | 400 | 500 | 600 | 700 |
|---|---|---|---|---|---|---|---|
| 光圆钢筋 | 0. 7 | 0. 55 | 0. 4 | 0. 32 | 0. 05 | | |
| 螺纹钢筋 | 1. 00 | 1. 00 | 0. 85 | 0. 65 | 0. 45 | 0. 28 | 0. 10 |

(3)预应力钢筋混凝土

应力就是材料在外力作用下内部产生的相应的抵抗力(抗拉或抗压)。外力加大，应力也随着加大。预应力钢筋混凝土是在外荷载加到结构上去以前，预先用某种方法在混凝土中(主要在受拉区)施加压力，所产生的预压应力可以抵消外荷载引起的拉应力的一部分或全部，这就是预应力混凝土。如果预加的压力是通过钢筋产生的，那就是预应力钢筋混凝土。

预应力钢筋混凝土中的钢筋若加热到 200℃时，其预加应力将减少 45%~50%，若加热到 300℃时，就会失去全部预加应力。

在加热生产中试验时可以看到，预应力钢筋混凝土构件在受热数分钟后，主拉钢筋受热伸长，出现一次突然的较大变形。所以预应力钢筋混凝土在耐火性能上不如普通钢筋混凝土。

3. 石材

石材是一种耐火性较好的材料。石材在温度超过 500℃以后，强度降低较明显，含石英质的石材还发生爆裂。出现这种情况的原因是：石材在火灾高温作用中，沿厚度方向存在较大的温度梯度，由于内外膨胀大小不一致而产生内应力，使石材强度降低，甚至使石材破裂；石材中的石英晶体，在 573℃和 870℃还会发生晶形转变，体积增大，导致强度急剧下降，并出现爆裂现象；含碳酸盐的石材(大理石、石灰石)，在高温下会发生分解反应，分解生成 CaO，其强度低，且遇水会消解成 $Ca(OH)_2$。

4. 木材

木材作为建筑材料，已有悠久的历史，目前仍是一种重要的建筑材料。作为建筑材料，木材有许多优良性能，如质轻、强度较高、弹性韧性好、易于加工、导热性低、耐久性好和装饰性好等。但木材也存在缺点，因它是由碳、氢、氧等元素组成的有机化合物，故有可燃性，在建材中属可燃性材料。

木材在起火前首先进行热分解。木材由常温开始逐步加热，最初是蒸发水分，水分蒸发完以后再继续加热，木材便开始热分解。大部分木材超过 100℃ 就可发生热分解，分解的主要产物是：可燃气体(一氧化碳、氢气等)和不燃气体(二氧化碳、水蒸气等)。进一步加热，木材开始炭化，当温度超过 200℃ 时，木材颜色变黑。当温度在 240~270℃ 之间时为木材可点燃，达到 400℃ 可自燃。随着燃烧的进行，其炭化体积增大，强度下降。表 6-2 为木材不同燃烧温度时的色泽变化情况。

**表 6-2　木材燃烧的温度与色泽**

| 颜色 | 温度/℃ | 颜色 | 温度/℃ |
|---|---|---|---|
| 黑 | 400 | 橙黄色 | 1100 |
| 稍有红色 | 500 | 鲜明橙黄色 | 1200 |
| 暗红色 | 700 | 白色 | 1300 |
| 樱红色 | 900 | 耀眼白色 | 1500 |
| 鲜明樱红色 | 1000 | | |

为克服木材容易燃烧的缺点，可以通过以下几种方法有效地对木材进行阻燃处理：

(1) 加压浸注。这种方法是将木材浸在容器内的阻燃剂溶液中，对容器内加压一段时间，将阻燃剂压入木材细胞中。常用的阻燃剂有磷酸铵、硫酸铵、硼酸铵、氯化铵、硼酸、氯化镁等。

(2) 常压浸注。这种方法是在常压、室温或加温约 95℃ 状态下将木材浸泡在阻燃剂溶液中。

(3) 表面涂刷。该方法在木材表面涂刷一层具有一定防火作用的防火涂料，形成保护性的阻火膜。

5. 部分其他建筑材料

(1) 硅酸盐砖。这种砖是由炉渣、粉煤灰、石灰等混合烘干制成的，在 300~400℃ 时开始分解，放出 $CO_2$，并自身开裂，不能作为耐热材料使用。

(2) 石膏板、石膏块。在高温下大量吸热而脱水分解，易开裂，遇水易受破坏，但它们是良好的隔热材料。

(3) 普通平板玻璃。在 700~800℃ 时软化，900~950℃ 时熔化。但在火灾条件下，大多数玻璃在 250℃ 左右时便碎裂，这主要是由于门窗的边框限制了玻璃的自动变形造成的。

(4) 砂浆抹灰层。作为某些结构构件的保护层使用，一般均能耐 800℃ 以上的高温。当其与所覆盖的结构表面结合牢固时，若灰层厚达 10~20mm，可使构件的耐火时间延长约半小时。

(5) 胶合板、纤维板。前者是用薄木板纵横叠放黏结而成的，后者则是用分层人造纤维网黏结而成的。它们的燃烧性能与所用的黏结剂有关。一般使用树脂型黏结剂的人造板为易燃或难燃板，使用无机黏结剂的板为不燃板。

(6)塑料板。人工合成的高分子材料，其耐热性差，适用温度一般为60~150℃。在火灾中大多数塑料可以熔化，或发生滴落，或到处流淌，容易加剧火灾蔓延，塑料燃烧时可产生大量有害烟气。

(7)专用绝热材料。这类产品很多，如矿渣棉及其制品、珍珠岩及其制品、膨胀蛭石及其制品、岩棉及其制品、硅酸铝及其制品等。它们均可用于结构构件的防火保护。

## 第二节　建筑耐火等级

### 一、建筑构件的耐火性能

任何建筑物都是由建筑构件组成的。建筑物的耐火能力取决于建筑构件抵抗火的能力，即建筑构件的耐火性能。一般而言，建筑构件的耐火性能包括两部分内容，一是组成构件材料的燃烧性能，二是构件的耐火极限。

1. 建筑构件的燃烧性能

建筑构件的燃烧性能主要是指组成建筑构件材料的燃烧性能。建筑构件根据燃烧性能可分为三类，即不燃性、难燃性和可燃性。

(1)不燃性

不燃性构件是用不燃烧性材料制成的建筑构件。不燃烧性材料系指在空气中受到火烧或高温作用时不起火、不微燃、不炭化的材料。如建筑中采用的金属材料和天然或人工的无机矿物材料。

(2)难燃性

难燃性构件是用难燃烧性材料制成的建筑构件或用燃烧性材料制成而用不燃烧性材料做保护层的建筑构件。难燃烧性材料系指在空气中受到火烧或高温作用难起火、难微燃、难炭化，当火源移走后燃烧或微燃立即停止的材料。如沥青混凝土、经过防火处理的木材、板条抹灰墙和水泥刨花板等。

(3)可燃性

可燃性构件是用燃烧性材料制成的建筑构件。燃烧性材料系指在空气中受到火烧或高温作用时立即起火或微燃，且火源移走后仍继续燃烧或微燃的材料。如木材、纤维板、聚氯乙烯塑料板等。

2. 耐火极限定义

在标准耐火试验条件下，建筑构件、配件或结构从受到火的作用时起，到失去承载能力、完整性或隔热性时止所用时间，用小时表示，称为耐火极限(Fire resistance rating)。

承载能力是指承重构件承受规定的试验荷载，其变形的大小和速率均未超过标准规定极限值的能力。

完整性是指在标准耐火试验条件下，建筑构件当某一面受火时，在一定时间内阻止火焰和热气穿透或在背火面出现火焰的能力。

隔热性是指在标准耐火试验条件下，建筑构件当某一面受火时，在一定时间内背火面温度不超过规定极限值的能力。

试件失去承载能力、完整性或隔热性的判定准则依据GB/T 9978《建筑构件耐火试验方法》。

3. 建筑构件的耐火性能

(1)梁

梁是建筑物的受弯构件，它承受楼板传来的荷载。按照所使用材料的不同，可分钢梁、钢筋混凝土梁、木梁等。按断面形状不同，可分为工字梁、T形梁、矩形梁等。

①钢梁　试验表明，钢梁的耐火极限是很低的，按标准火灾升温曲线升温，炉温在700℃左右时，梁的挠度就达到80mm以上，并且很快失去支持能力，这说明钢梁如没有防火保护措施，在火灾温度作用下，耐火极限仅有15min。钢梁耐火性能差的主要原因是钢材在高温作用下强度降低很多。

②钢筋混凝土梁　其耐火极限主要取决于梁的保护层厚度和梁所承受的荷载。试验表明，当梁按照常温下设计的荷载加载时，其耐火极限与保护层的厚度成近似的直线关系，即保护层厚，耐火极限长；保护层薄，耐火极限短。这主要是因为保护层能够起到防止受拉钢筋温度过高的作用。

对同一种梁来讲，随着荷载加大，其耐火极限成近似的直线关系减小。根据试验，当梁的保护层厚度为25mm时，在正常荷载作用下，其耐火极限可达1.5h。

(2)楼板

楼板在建筑物中是水平的承重结构，起分隔楼层和传递荷载的作用。楼板按结构形式不同，可分为肋形楼板和无梁楼板。按使用材料不同，可分为钢筋混凝土楼板和木质楼板。

①钢筋混凝土楼板　钢筋混凝土楼板的耐火极限：肋形楼板取决于梁的保护层厚度，无梁楼板取决于楼板本身的厚度，一般都能达到1h。楼板的耐火极限除了取决于上述因素外，还受楼板的支承情况及制作因素的影响。试验表明，在同样设计荷载及相同保护层的情况下，耐火极限的规律是：四面简支现浇钢筋混凝土楼板大于非预应力钢筋混凝土预制板，非预应力钢筋混凝土楼板大于预应力钢筋混凝土楼板。对同一种楼板来讲，随荷载加大，耐火极限成近似直线关系减小，随保护层加大，耐火极限成近似直线关系增加。

②木质楼板　木质楼板下有20mm厚板条抹灰时，属于难燃烧体，其耐火极限可以达到0.5h。

(3)柱

在建筑物中柱是受压构件(中心受压或偏心受压)，它承受梁传来的荷载。目前常采用有保护层的木柱、钢柱、砖柱和钢筋混凝土柱。柱的耐火极限，对于建筑物在火灾中的破坏和火灾后的修复工作起着重要作用。

①砖柱和钢筋混凝土柱　柱在火灾时四面受火，因此，其耐火极限主要是以失去支持能力作为判断的标准。砖柱在高温作用下失去支持能力，主要是因为水泥砂浆在高温作用下失去结合能力，致使柱体失去整体性而破坏，钢筋混凝土柱在高温作用下失去支持能力，主要是因为混凝土和钢筋在高温作用时强度降低和两者之间黏着力受到破坏造成的。

一般来讲，砖柱和钢筋混凝土柱的耐火极限都是随着截面的加大而增加的。当截面为370mm×370mm时，柱的耐火极限可以达到5h。

②钢柱　钢柱不耐火，如无保护层，其耐火极限只有0.25h。用60mm的砖砌体作为保护层时，其耐火极限可以达到2h。

③木柱　木柱是燃烧体，不耐火。如在木柱外用非燃烧材料加上保护层时则变成难燃烧体构件。难燃烧体柱的耐火极限取决于柱截面的大小和保护层的厚度。300mm×300mm的实心木柱，用厚10mm的石膏板贴面时，其耐火极限为0.75h；用厚25mm的钢丝网抹灰时，

其耐火极限为 1.5h。

(4)墙

墙是建筑物不可缺少的重要组成部分，它可以起承重作用和围护作用。按承重方式不同，可分为承重墙和非承重墙，非承重墙只起围护作用或分隔作用。按使用材料和构造方法不同，可分为砖墙、板条抹灰墙和大型墙板等。

①砖墙　砖墙耐火性能良好。在短时间高温作用下，墙体基本上不受损害。但在长时间高温作用下，受火面的砖块要熔化、流淌，使灰缝里面的砂浆酥裂，失去黏结能力。对于背火面温度，则主要是受墙体厚度的影响，墙越厚，背火面温度达到 220℃的时间就越长。

一般来说，砖墙的耐火极限取决于墙体本身的厚度。根据试验，120mm 厚的砖墙，其耐火极限为 2.5h，240mm 厚的砖墙，其耐火极限为 5h。

②板条抹灰墙

板条抹灰墙只起分隔作用，这种构件在高温作用下容易发生穿透裂缝，使火焰从缝隙中冒出，点燃背面的可燃物。试验表明，木骨架两面钉板条抹灰的难燃烧体墙的耐火极限为 0.7h。

(5)吊顶

吊顶在建筑中起隔热、隔声、平整楼板和屋顶的作用。在大型公共建筑中，还常常通过吊顶的处理来达到声学、光学和美观的要求。吊顶是悬吊结构，在木吊顶格栅下做板条抹灰面层时，因为有其抹灰层的隔热保护，所以耐火极限可以达到 0.25h。吊顶的耐火极限很低，在建筑构件中，它是最薄弱的环节。

(6)屋架

屋架是屋顶的承重构件。按使用材料的不同，可分为木屋架、钢屋架、钢木组合屋架和钢筋混凝土屋架等几种。

①钢屋架　钢屋架的耐火极限应以失去支持能力为标准。钢屋架虽然属于非燃烧体构件，但在高温作用下易于变形，其耐火极限只有 0.25h。

②钢木组合屋架　钢木组合屋架，通常采用钢材作为受拉杆件，采用木材作为受压杆件。这种屋架是不耐火的。

③钢筋混凝土屋架　普通钢筋混凝土屋架和预应力钢筋混凝土屋架的耐火极限，应按相同类型钢筋混凝土梁的主拉钢筋混凝土保护层的厚度来确定。

预应力钢筋混凝土屋架的耐火性能不如普通钢筋混凝土屋架的耐火性能。型钢和钢筋混凝土的组合屋架，应按型钢的条件来确定。无保护层的钢拉杆下弦屋架的耐火极限只有 0.25h。

4. 提高建筑构件耐火性的途径

进行建筑物的耐火设计时，如遇到某些构件的耐火极限或燃烧性能达不到规范要求，可以采取一些变更调整措施。常用的方法主要有：

(1)在钢构件表面施加耐火保护层

许多大型建筑物使用了相当多的钢梁和钢柱，它们直接受火的作用时很容易失去稳定性，在其外部增加耐火保护层可以减小这种影响。常用的措施主要有浇筑混凝土层、包敷耐火纤维、喷刷防火涂料等。

(2)在钢筋混凝土构件外围施加保护层

钢筋混凝土构件的耐火性主要取决于受力钢筋在高温下的强度变化。在构件的外围加上保护层可以延缓和减小火灾时燃烧对钢筋的影响。

(3)加强有关缝隙的封堵

在有些建筑构件上不可避免存在接缝，或者必须留有贯穿孔。这些部位的耐火性能薄弱，应当额外加强。例如使用一定的材料进行封堵，尤其应注意那些贯穿楼层的缝隙和孔隙的封堵。

(4)适当加大构件的截面

构件的尺寸较大显然能够增大稳定性、完整性和绝热性。但加大构件势必增加建设费用，因此需要合理掌握增加的幅度。

(5)采取合理的耐火构造设计

采取合理的结构设计，避免构件出现过大的挠曲、过于集中的受力等。这不仅有助于改善结构的性能，同时也加强了构件的耐火能力。

## 二、厂房和仓库耐火等级的分类

耐火等级是衡量建筑物耐火程度的标准。建筑物的耐火等级是由建筑构件的燃烧性能和最低耐火极限决定的。GB 50016—2014《建筑设计防火规范》将厂房和仓库的耐火等级划分为一级、二级、三级、四级。其构件的燃烧性能和耐火极限除规范另有规定外，不应低于表6-3的规定。

**表 6-3　不同耐火等级厂房和仓库建筑构件的燃烧性能和耐火极限**　h

| 构件名称 | | 耐火等级 | | | |
|---|---|---|---|---|---|
| | | 一级 | 二级 | 三级 | 四级 |
| 墙 | 防火墙 | 不燃性<br>3.00 | 不燃性<br>3.00 | 不燃性<br>3.00 | 不燃性<br>3.00 |
| | 承重墙 | 不燃性<br>3.00 | 不燃性<br>2.50 | 不燃性<br>2.00 | 难燃性<br>0.50 |
| | 楼梯间和前室的墙<br>电梯井的墙 | 不燃性<br>2.00 | 不燃性<br>2.00 | 不燃性<br>1.50 | 难燃性<br>0.50 |
| | 疏散走道两侧的隔墙 | 不燃性<br>1.00 | 不燃性<br>1.00 | 不燃性<br>0.50 | 难燃性<br>0.25 |
| | 非承重外墙<br>房间隔墙 | 不燃性<br>0.75 | 不燃性<br>0.50 | 难燃性<br>0.50 | 难燃性<br>0.25 |
| 柱 | | 不燃性<br>3.00 | 不燃性<br>2.50 | 不燃性<br>2.00 | 难燃性<br>0.50 |
| 梁 | | 不燃性<br>2.00 | 不燃性<br>1.50 | 不燃性<br>1.00 | 难燃性<br>0.50 |
| 楼板 | | 不燃性<br>1.50 | 不燃性<br>1.00 | 不燃性<br>0.75 | 难燃性<br>0.50 |
| 屋顶承重构件 | | 不燃性<br>1.50 | 不燃性<br>1.00 | 难燃性<br>0.50 | 可燃性 |

续表

| 构件名称 | 耐火等级 | | | |
|---|---|---|---|---|
| | 一级 | 二级 | 三级 | 四级 |
| 疏散楼梯 | 不燃性<br>1.50 | 不燃性<br>1.00 | 不燃性<br>0.75 | 可燃性 |
| 吊顶(包括吊顶搁栅) | 不燃性<br>0.25 | 难燃性<br>0.25 | 难燃性<br>0.15 | 可燃性 |

注：二级耐火等级建筑内采用不燃材料的吊顶，其耐火极限不限。

## 三、生产和储存物品的火灾危险性分类

建筑防火设计采取的防火措施，是根据生产和储存物品的火灾危险性类别提出的。生产类别决定了厂房应有的耐火等级，储存物品的类别决定了库房应有的耐火等级。此外，还应考虑建筑物的规模大小、高度、使用功能和重要性等。

1. 生产的火灾危险性分类

生产的火灾危险性是根据生产中使用或产生的物质性质及其数量等因素进行分类的，共分为甲、乙、丙、丁、戊五个类别，见表6-4。其分类举例见附录B。

**表6-4 生产的火灾危险性分类**

| 生产的火灾危险性类别 | 使用或产生下列物质生产的火灾危险性特征 |
|---|---|
| 甲 | 1. 闪点小于28℃的液体；<br>2. 爆炸下限小于10%的气体；<br>3. 常温下能自行分解或在空气中氧化能导致迅速自燃或爆炸的物质；<br>4. 常温下受到水或空气中水蒸气的作用，能产生可燃气体并引起燃烧或爆炸的物质；<br>5. 遇酸、受热、撞击、摩擦、催化以及遇有机物或硫黄等易燃的无机物，极易引起燃烧或爆炸的强氧化剂；<br>6. 受撞击、摩擦或与氧化剂、有机物接触时能引起燃烧或爆炸的物质；<br>7. 在密闭设备内操作温度不小于物质本身自燃点的生产 |
| 乙 | 1. 闪点不小于28℃，但小于60℃的液体；<br>2. 爆炸下限不小于10%的气体；<br>3. 不属于甲类的氧化剂；<br>4. 不属于甲类的易燃固体；<br>5. 助燃气体；<br>6. 能与空气形成爆炸性混合物的浮游状态的粉尘、纤维、闪点不小于60℃的液体雾滴 |
| 丙 | 1. 闪点不小于60℃的液体；<br>2. 可燃固体 |
| 丁 | 1. 对不燃烧物质进行加工，并在高温或熔化状态下经常产生强辐射热、火花或火焰的生产；<br>2. 利用气体、液体、固体作为燃料或将气体、液体进行燃烧做其他用的各种生产；<br>3. 常温下使用或加工难燃烧物质的生产 |
| 戊 | 常温下使用或加工不燃烧物质的生产 |

2. 储存物品的火灾危险性分类

储存物品的火灾危险性是根据储存物品的性质和储存物品中的可燃物数量等因素进行分类的，共分为甲、乙、丙、丁、戊五个类别，见表6-5。其分类举例见附录C。

**表6-5　储存物品的火灾危险性分类**

| 储存物品的火灾危险性类别 | 储存物品的火灾危险性特征 |
|---|---|
| 甲 | 1. 闪点小于28℃的液体；<br>2. 爆炸下限小于10%的气体，受到水或空气中水蒸气的作用能产生爆炸下限小于10%气体的固体物质；<br>3. 常温下能自行分解或在空气中氧化能导致迅速自燃或爆炸的物质；<br>4. 常温下受到水或空气中水蒸气的作用，能产生可燃气体并引起燃烧或爆炸的物质；<br>5. 遇酸、受热、撞击、摩擦以及遇有机物或硫黄等易燃的无机物，极易引起燃烧或爆炸的强氧化剂；<br>6. 受撞击、摩擦或与氧化剂、有机物接触时能引起燃烧或爆炸的物质 |
| 乙 | 1. 闪点不小于28℃，但小于60℃的液体；<br>2. 爆炸下限不小于10%的气体；<br>3. 不属于甲类的氧化剂；<br>4. 不属于甲类的易燃固体；<br>5. 助燃气体；<br>6. 常温下与空气接触能缓慢氧化，积热不散引起自燃的物品 |
| 丙 | 1. 闪点不小于60℃的液体；<br>2. 可燃固体 |
| 丁 | 难燃烧物品 |
| 戊 | 不燃烧物品 |

## 四、厂房和仓库耐火等级的选择

根据不同的火灾危险性类别，正确选择建筑物的耐火等级，并适当限制其层数及防火墙间的最大允许占地面积，是防止发生火灾蔓延扩大的一项基本措施。

厂房和仓库的耐火等级应根据其火灾危险性、建筑高度、建筑面积、使用功能、重要性和火灾扑救难度等确定。GB 50016《建筑设计防火规范》对厂房和仓库所选用的耐火等级作了如下规定：

(1)高层厂房，甲、乙类厂房的耐火等级不应低于二级，建筑面积不大于300$m^2$的独立甲、乙类单层厂房可采用三级耐火等级的建筑。

(2)单、多层丙类厂房和多层丁、戊类厂房的耐火等级不应低于三级。

使用或产生丙类液体的厂房和有火花、赤热表面、明火的丁类厂房，其耐火等级均不应低于二级；当为建筑面积不大于500$m^2$的单层丙类厂房或建筑面积不大于1000$m^2$的单层丁类厂房时，可采用三级耐火等级的建筑。

(3)使用或储存特殊贵重的机器、仪表、仪器等设备或物品的建筑，其耐火等级不应低于二级。

(4)锅炉房的耐火等级不应低于二级，当为燃煤锅炉房且锅炉的总蒸发量不大于4t/h

时，可采用三级耐火等级的建筑。

(5)油浸变压器室、高压配电装置室的耐火等级不应低于二级，其他防火设计应符合GB 50229《火力发电厂与变电站设计防火规范》等标准的规定。

(6)高架仓库、高层仓库、甲类仓库、多层乙类仓库和储存可燃液体的多层丙类仓库，其耐火等级不应低于二级。

单层乙类仓库，单层丙类仓库，储存可燃固体的多层丙类仓库和多层丁、戊类仓库，其耐火等级不应低于三级。

(7)粮食筒仓的耐火等级不应低于二级；二级耐火等级的粮食筒仓可采用钢板仓。

粮食平房仓的耐火等级不应低于三级；二级耐火等级的散装粮食平房仓可采用无防火保护的金属承重构件。

(8)甲、乙类厂房和甲、乙、丙类仓库内的防火墙，其耐火极限不应低于4.00h。

(9)一、二级耐火等级的单层厂房(仓库)的柱，其耐火极限分别不应低于2.50h和2.00h。

(10)采用自动喷水灭火系统全保护的一级耐火等级单、多层厂房(仓库)的屋顶承重构件，其耐火极限不应低于1.00h。

(11)除甲、乙类仓库和高层仓库外，一、二级耐火等级建筑的非承重外墙，当采用不燃性墙体时，其耐火极限不应低于0.25h；当采用难燃性墙体时，不应低于0.50h。

4层及4层以下的一、二级耐火等级丁、戊类地上厂房(仓库)的非承重外墙，当采用不燃性墙体时，其耐火极限不限。

(12)二级耐火等级厂房(仓库)中的房间隔墙，当采用难燃性墙体时，其耐火极限应提高0.25h。

(13)二级耐火等级多层厂房和多层仓库内采用预应力钢筋混凝土的楼板，其耐火极限不应低于0.75h。

(14)一、二级耐火等级厂房(仓库)的上人平屋顶，其屋面板的耐火极限分别不应低于1.50h和1.00h。

(15)一、二级耐火等级厂房(仓库)的屋面板应采用不燃材料。屋面防水层宜采用不燃、难燃材料，当采用可燃防水材料且铺设在可燃、难燃保温材料上时，防水材料或可燃、难燃保温材料应采用不燃材料做保护层。

(16)建筑中的非承重外墙、房间隔墙和屋面板，当确需采用金属夹芯板材时，其芯材应为不燃材料，且耐火极限应符合《建筑设计防火规范》的有关规定。

(17)除《建筑设计防火规范》另有规定外，以木柱承重且墙体采用不燃材料的厂房(仓库)，其耐火等级可按四级确定。

(18)预制钢筋混凝土构件的节点外露部位，应采取防火保护措施，且节点的耐火极限不应低于相应构件的耐火极限。

## 第三节　建筑总平面布局

### 一、建筑消防安全布局

建筑的总平面布局应满足城市规划和消防安全的要求。一般要根据建筑物的使用性质、生产经营规模、建筑高度、体量及火灾危险性等，合理确定其建筑位置、防火间距、消防车道和消防水源等。

1. 建筑选址

(1)周围环境

各类建筑在规划建设时，要考虑周围环境的相互影响。特别是工厂、仓库选址时，既要考虑本单位的安全，又要考虑邻近企业和居民的安全。生产、储存和装卸易燃易爆危险物品的工厂、仓库和专用车站、码头，必须设置在城市的边缘或者相对独立的安全地带。易燃易爆气体和液体的充装站、供应站、调压站，应当设置在合理的位置，符合防火防爆要求。

(2)地势条件

建筑选址时，还要充分考虑和利用自然地形、地势条件。存放甲、乙、丙类液体的仓库宜布置在地势较低的地方，以免火灾对周围环境造成威胁；若布置在地势较高处，则应采取防止液体流散的措施。乙炔站等遇水产生可燃气体，容易发生火灾爆炸的企业，严禁布置在可能被水淹没的地方。生产和储存爆炸物品的企业应利用地形，选择多面环山、附近没有建筑的地方。

(3)主导风向

散发可燃气体、可燃蒸气和可燃粉尘的车间、装置等，宜布置在明火或散发火花地点的常年主导风向的下风向或侧风向。液化石油气储罐区宜布置在本单位或本地区全年最小频率风向的上风侧，并选择通风良好的地点独立设置。易燃材料的露天堆场宜设置在天然水源充足的地方，并宜布置在本单位或本地区全年最小频率风向的上风侧。

2. 建筑总平面布局

(1)合理布置建筑

应根据各建筑物的使用性质、规模、火灾危险性，以及所处的环境、地形、风向等因素合理布置，建筑之间留有足够的防火间距，以消除或减少建筑物之间及周边环境的相互影响和火灾危害。

(2)合理划分功能区域

规模较大的企业要根据实际需要，合理划分生产区、储存区(包括露天储存区)、生产辅助设施区、行政办公和生活区等。同一企业内，若有不同火灾危险的生产建筑，则应尽量将火灾危险性相同的或相近的建筑集中布置，以利于采取防火防爆措施，便于安全管理。易燃、易爆的工厂和仓库的生产区、储存区内不得修建办公楼、宿舍等民用建筑。

## 二、厂房和仓库的防火间距

建筑物发生火灾时，火灾除了在建筑物内部蔓延扩大外，有时还会通过一定的途径蔓延到邻近的建筑物上。为了防止火灾在建筑物之间蔓延，十分有效的措施是在相邻建筑物之间留出一定的防火安全距离，即防火间距。从消防方面考虑，防火间距还起到了为消防灭火战斗、为建筑物内人员和物资的紧急疏散提供场地的作用。

防火间距是指防止着火建筑在一定时间内引燃相邻建筑，便于消防扑救的间隔距离。在建筑总平面布局时，布置好建筑物之间的防火间距是一项十分重要的技术措施。

1. 厂房的防火间距

(1)厂房之间及其与乙、丙、丁、戊类仓库、民用建筑等之间的防火间距

厂房之间及其与乙、丙、丁、戊类仓库、民用建筑等之间的防火间距不应小于表 6-6 的规定。

**表 6-6　厂房之间及与乙、丙、丁、戊类仓库、民用建筑的防火间距**　m

| 名称 | | | 甲类厂房 | 乙类厂房(仓库) | | | 丙、丁、戊类厂房(仓库) | | | | 民用建筑 | | | | |
|---|---|---|---|---|---|---|---|---|---|---|---|---|---|---|---|
| | | | 单、多层 | 单、多层 | | 高层 | 单、多层 | | | 高层 | 裙房，单、多层 | | | 高层 | |
| | | | 一、二级 | 一、二级 | 三级 | 一、二级 | 一、二级 | 三级 | 四级 | 一、二级 | 一、二级 | 三级 | 四级 | 一类 | 二类 |
| 甲类厂房 | 单、多层 | 一、二级 | 12 | 12 | 14 | 13 | 12 | 14 | 16 | 13 | 25 | | | 50 | |
| 乙类厂房 | 单、多层 | 一、二级 | 12 | 10 | 12 | 13 | 10 | 12 | 14 | 13 | | | | | |
| | | 三级 | 14 | 12 | 14 | 15 | 12 | 14 | 16 | 15 | | | | | |
| | 高层 | 一、二级 | 13 | 13 | 15 | 13 | 13 | 15 | 17 | 13 | | | | | |
| 丙类厂房 | 单、多层 | 一、二级 | 12 | 10 | 12 | 13 | 10 | 12 | 14 | 13 | 10 | 12 | 14 | 20 | 15 |
| | | 三级 | 14 | 12 | 14 | 15 | 12 | 14 | 16 | 15 | 12 | 14 | 16 | 25 | 20 |
| | | 四级 | 16 | 14 | 16 | 17 | 14 | 16 | 18 | 17 | 14 | 16 | 18 | | |
| | 高层 | 一、二级 | 13 | 13 | 15 | 13 | 13 | 15 | 17 | 13 | 13 | 15 | 17 | 20 | 15 |
| 丁、戊类厂房 | 单、多层 | 一、二级 | 12 | 10 | 12 | 13 | 10 | 12 | 14 | 13 | 10 | 12 | 14 | 15 | 13 |
| | | 三级 | 14 | 12 | 14 | 15 | 12 | 14 | 16 | 15 | 12 | 14 | 16 | 18 | 15 |
| | | 四级 | 16 | 14 | 16 | 17 | 14 | 16 | 18 | 17 | 14 | 16 | 18 | | |
| | 高层 | 一、二级 | 13 | 13 | 15 | 13 | 13 | 15 | 17 | 13 | 13 | 15 | 17 | 15 | 13 |
| 室外变、配电站 | 变压器总油量/t | ≥5，≤10 | 25 | 25 | 25 | 25 | 12 | 15 | 20* | 12 | 15 | 20 | 25 | 20 | |
| | | >10，≤50 | | | | | 15 | 20 | 25 | 15 | 20 | 25 | 30 | 25 | |
| | | >50 | | | | | 20 | 25 | 30 | 20 | 25 | 30 | 35 | 30 | |

注：1. 乙类厂房与重要公共建筑的防火间距不宜小于 50m；与明火或散发火花地点，不宜小于 30m。单、多层戊类厂房之间及与戊类仓库的防火间距可按本表的规定减少 2m，与民用建筑的防火间距可将戊类厂房等同民用建筑按《建筑设计防火规范》第 5. 2. 2 条的规定执行。为丙、丁、戊类厂房服务而单独设置的生活用房应按民用建筑确定，与所属厂房的防火间距不应小于 6m。确需相邻布置时，应符合本表注 2、3 的规定。

2. 两座厂房相邻较高一面外墙为防火墙时，或相邻两座高度相同的一、二级耐火等级建筑中相邻任一侧外墙为防火墙且屋顶的耐火极限不低于 1. 00h 时，其防火间距不限，但甲类厂房之间不应小于 4m。两座丙、丁、戊类厂房相邻两面外墙均为不燃性墙体，当无外露的可燃性屋檐，每面外墙上的门、窗、洞口面积之和各不大于外墙面积的 5%，且门、窗、洞口不正对开设时，其防火间距可按本表的规定减少 25%。甲、乙类厂房(仓库)不应与《建筑设计防火规范》第 3. 3. 5 条规定外的其他建筑贴邻。

3. 两座一、二级耐火等级的厂房，当相邻较低一面外墙为防火墙且较低一座厂房的屋顶无天窗，屋顶的耐火极限不低于 1. 00h，或相邻较高一面外墙的门、窗等开口部位设置甲级防火门、窗或防火分隔水幕或按《建筑设计防火规范》第 6. 5. 3 条的规定设置防火卷帘时，甲、乙类厂房之间的防火间距不应小于 6m；丙、丁、戊类厂房之间的防火间距不应小于 4m。

4. 发电厂内的主变压器，其油量可按单台确定。

5. 耐火等级低于四级的既有厂房，其耐火等级可按四级确定。

6. 当丙、丁、戊类厂房与丙、丁、戊类仓库相邻时，应符合本表注 2、3 的规定。

(2) 甲类厂房与重要公共建筑的防火间距

甲类厂房与重要公共建筑的防火间距不应小于 50m，与明火或散发火花地点的防火间距不应小于 30m。

(3) 散发可燃气体、可燃蒸气的甲类厂房与铁路、道路等的防火间距

散发可燃气体、可燃蒸气的甲类厂房与铁路、道路等的防火间距不应小于表 6-7 的规定，但甲类厂房所属厂内铁路装卸线当有安全措施时，防火间距不受表 6-7 规定的限制。

**表 6-7　散发可燃气体、可燃蒸气的甲类厂房与铁路、道路等的防火间距**　m

| 名称 | 厂外铁路线中心线 | 厂内铁路线中心线 | 厂外道路路边 | 厂内道路路边 | |
|---|---|---|---|---|---|
| | | | | 主要 | 次要 |
| 甲类厂房 | 30 | 20 | 15 | 10 | 5 |

2. 仓库的防火间距

(1) 甲类仓库的防火间距

甲类仓库之间及其与其他建筑、明火或散发火花地点、铁路、道路等的防火间距不应小于表 6-8 的规定。

**表 6-8　甲类仓库之间及其与其他建筑、明火或散发火花地点、铁路等的防火间距**　m

| 名称 | | 甲类仓库（储量/t） | | | |
|---|---|---|---|---|---|
| | | 甲类储存物品第 3、4 项 | | 甲类储存物品第 1、2、5、6 项 | |
| | | ≤5 | >5 | ≤10 | >10 |
| 高层民用建筑、重要公共建筑 | | 50 | | | |
| 裙房、其他民用建筑、明火或散发火花地点 | | 30 | 40 | 25 | 30 |
| 甲类仓库 | | 20 | 20 | 20 | 20 |
| 厂房和乙、丙、丁、戊类仓库 | 一、二级 | 15 | 20 | 12 | 15 |
| | 三级 | 20 | 25 | 15 | 20 |
| | 四级 | 25 | 30 | 20 | 25 |
| 电力系统电压为 35～500kV 且每台变压器容量不小于 10MV·A 的室外变、配电站，工业企业的变压器总油量大于 5t 的室外降压变电站 | | 30 | 40 | 25 | 30 |
| 厂外铁路线中心线 | | 40 | | | |
| 厂内铁路线中心线 | | 30 | | | |
| 厂外道路路边 | | 20 | | | |
| 厂内道路路边 | 主要 | 10 | | | |
| | 次要 | 5 | | | |

注：甲类仓库之间的防火间距，当第 3、4 项物品储量不大于 2t，第 1、2、5、6 项物品储量不大于 5t 时，不应小于 12m，甲类仓库与高层仓库的防火间距不应小于 13m。

(2) 乙、丙、丁、戊类仓库的防火间距

乙、丙、丁、戊类仓库之间及其与民用建筑之间的防火间距，不应小于表 6-9 的规定。

表 6-9　乙、丙、丁、戊类仓库之间及其与民用建筑之间的防火间距　　m

| 名称 | | | 乙类仓库 单、多层 一、二级 | 乙类仓库 单、多层 三级 | 乙类仓库 高层 一、二级 | 丙类仓库 单、多层 一、二级 | 丙类仓库 单、多层 三级 | 丙类仓库 单、多层 四级 | 丙类仓库 高层 一、二级 | 丁、戊类仓库 单、多层 一、二级 | 丁、戊类仓库 单、多层 三级 | 丁、戊类仓库 单、多层 四级 | 丁、戊类仓库 高层 一、二级 |
|---|---|---|---|---|---|---|---|---|---|---|---|---|---|
| 乙、丙、丁、戊类仓库 | 单、多层 | 一、二级 | 10 | 12 | 13 | 10 | 12 | 14 | 13 | 10 | 12 | 14 | 13 |
| | | 三级 | 12 | 14 | 15 | 12 | 14 | 16 | 15 | 12 | 14 | 16 | 15 |
| | | 四级 | 14 | 16 | 17 | 14 | 16 | 18 | 17 | 14 | 16 | 18 | 17 |
| | 高层 | 一、二级 | 13 | 15 | 13 | 13 | 15 | 17 | 13 | 13 | 15 | 17 | 13 |
| 民用建筑 | 裙房，单、多层 | 一、二级 | 25 | | | 10 | 12 | 14 | 13 | 10 | 12 | 14 | 13 |
| | | 三级 | 25 | | | 12 | 14 | 16 | 15 | 12 | 14 | 16 | 15 |
| | | 四级 | 25 | | | 14 | 16 | 18 | 17 | 14 | 16 | 18 | 17 |
| | 高层 | 一类 | 50 | | | 20 | 25 | 25 | 20 | 15 | 18 | 18 | 15 |
| | | 二类 | 50 | | | 15 | 20 | 20 | 15 | 13 | 15 | 15 | 13 |

注：1. 单、多层戊类仓库之间的防火间距，可按本表的规定减少 2m。

2. 两座仓库相邻外墙均为防火墙时，防火间距可以减小，但丙类仓库，不应小于 6m；丁、戊类仓库，不应小于 4m。两座仓库相邻较高一面外墙为防火墙，或相邻两座高度相同的一、二级耐火等级建筑中相邻任一侧外墙为防火墙且屋顶的耐火极限不低于 1.00h 时，且总占地面积不大于《建筑设计防火规范》第 3.3.2 条一座仓库的最大允许占地面积规定时，其防火间距不限。

3. 除乙类第 6 项物品外的乙类仓库，与民用建筑的防火间距不宜小于 25m，与重要公共建筑的防火间距不应小于 50m，与铁路、道路等的防火间距不宜小于甲类仓库与铁路、道路等的防火间距。

### 3. 防火间距不足时的消防技术措施

当防火间距由于场地等原因，难以满足国家有关消防技术规范的要求时，可根据建筑物的实际情况，采取以下几种措施补救：

(1)改变建筑物的生产和使用性质，尽量降低建筑物的火灾危险性，改变房屋部分结构的耐火性能，提高建筑物的耐火等级。

(2)调整生产厂房的部分工艺流程，限制库房内储存物品的数量，提高部分构件的耐火极限和燃烧性能。

(3)将建筑物的普通外墙改造为防火墙或减少相邻建筑的开口面积，如开设门窗，应采用防火门窗或加防火水幕保护。

(4)拆除部分耐火等级低、占地面积小、使用价值低且与新建筑物相邻的原有陈旧建筑物。

(5)设置独立的室外防火墙。在设置防火墙时，应兼顾通风排烟和破拆扑救，切忌盲目设置，顾此失彼。

## 三、消防车道

设置消防车道的目的在于，一旦发生火灾时确保消防车畅通无阻，迅速到达火场，及时扑灭火灾。消防车道的设置要求是：

(1)街区内的道路应考虑消防车的通行，道路中心线间的距离不宜大于160m。当建筑物沿街道部分的长度大于150m或总长度大于220m时，应设置穿过建筑物的消防车道。确有困难时，应设置环形消防车道。

(2)工厂、仓库区内应设置消防车道。高层厂房，占地面积大于3000m$^2$的甲、乙、丙类厂房或和占地面积大于1500m$^2$的乙、丙类仓库，应设置环形消防车道，确有困难时，应沿建筑物的两个长边设置消防车道。

(3)有封闭内院或天井的建筑物，当内院或天井的短边长度大于24m时，宜设置进入内院或天井的消防车道；当该建筑物沿街时，应设置连通街道和内院的人行通道(可利用楼梯间)，其间距不宜大于80m。

(4)在穿过建筑物或进入建筑物内院的消防车道两侧，不应设置影响消防车通行或人员安全疏散的设施。

(5)供消防车取水的天然水源和消防水池应设置消防车道。消防车道的边缘距离取水点不宜大于2m。

(6)消防车道应符合下列要求：

①车道的净宽度和净空高度均不应小于4.0m；

②转弯半径应满足消防车转弯的要求；

③消防车道与建筑之间不应设置妨碍消防车操作的树木、架空管线障碍物；

④消防车道靠建筑外墙一侧的边缘距离建筑外墙不宜小于5m；

⑤消防车道的坡度不宜大于8%。

(7)环形消防车道至少应有两处与其他车道连通。尽头式消防车道应设置回车道或回车场，回车场的面积不应小于12m×12m；对于高层建筑，不宜小于15m×15m；供重型消防车使用时，不宜小于18m×18m。

消防车道的路面、救援操作场地、消防车道和救援操作场地下面的管道和暗沟等，应能承受重型消防车的压力。

消防车道可利用城乡、厂区道路等，但该道路应满足消防车通行、转弯和停靠的要求。

(8)消防车道不宜与铁路正线平交，确需平交时，应设置备用车道，且两车道之间的间距不应小于一列火车的长度。

## 第四节　建筑防火分区、分隔

### 一、防火分区的定义和作用

建筑物的某空间发生火灾后，火势便会因热气体对流、辐射作用，或者是从楼板、墙壁的烧损处和门窗洞口向其他空间蔓延扩散，最后发展成为整座建筑的火灾。因而，对一定规模、面积大，或多层、高层的建筑而言，在一定时间内把火势控制在着火的一定区域内，是非常重要的。有效的措施是在建筑物内部划分防火分区。

防火分区(Fire compartment)是指在建筑内部采用防火墙、楼板及其他防火分隔设施分隔而成，能在一定时间内防止火灾向同一建筑的其余部分蔓延的局部空间。在建筑物内采取划分防火分区这一措施，可以在建筑物一旦发生火灾时，有效地把火势控制在一定的范围内，减少火灾损失，同时可以为人员安全疏散、消防扑救提供有利条件。消防队员为了迅速而有效地扑灭火灾，以便减少损失，常常采取堵截包围、穿插分割，最后扑灭火灾的方法。而防火分区之间的防火分隔物体本身就起着堵截包围的作用，它能将火灾控制在一定范围内，从而避免了扑救大面积火灾而带来的种种困难。在发生火灾时，起火防火分区以外的分区是较为安全的区域，因此，对于安全疏散而言，人员只要从着火防火分区逃出，其安全就相对地得到了较好的保障，确保了安全疏散的顺利进行。

## 二、防火分区的类型

1. 水平防火分区

所谓水平防火分区，就是采用具有一定耐火能力的墙体、门、窗等水平防火分隔物，按规定的建筑面积标准，将建筑物各层在水平方向上分隔为若干个防火区域，其作用是防止火灾在水平方向蔓延扩大。如图 6-4 所示。

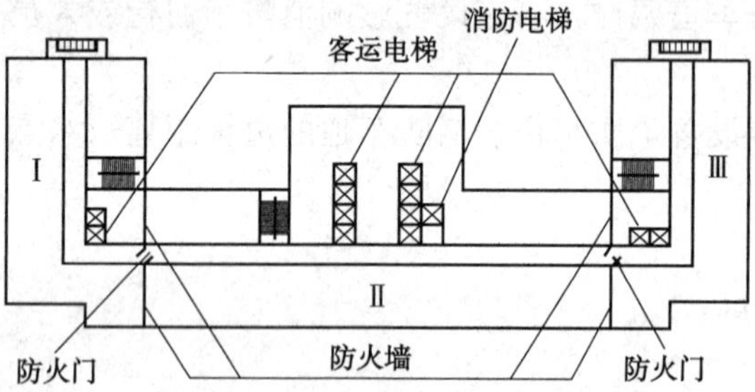


图 6-4　某建筑标准层防火分区示意图

2. 竖向防火分区

为了把火灾控制在一定的楼层范围内，防止其从起火层向其他楼层垂直蔓延，应沿建筑高度划分防火分区。由于竖向防火分区是以每个楼层为基本防火区域的，所以也称为层间防火分区。竖向防火分区主要是用具有一定耐火性能的钢筋混凝土楼板、上下楼层之间的窗间墙作分隔构件。

## 三、防火分隔物

火场上火势发展的规律表明，浓烟流窜的方向，往往就是火势蔓延的途径。防火分隔物是针对建筑物的不同部位和火势蔓延的途径而设置的。为了保证建筑物的防火安全，防止火势由外部向内部、或由内部向外部、或内部之间蔓延，用防火分隔物将建筑物分隔成若干个防火分区，以限制燃烧面积，阻止火势蔓延。

防火分隔物的类型主要有防火墙、防火门、防火窗和防火卷帘等。

1. 防火墙

防火墙是具有不少于 3. 00h 耐火极限的不燃烧体墙壁。防火墙应满足下列防火要求：

(1)防火墙应直接设置在建筑物的基础或钢筋混凝土框架、梁等承重结构上，框架、梁等承重结构的耐火极限不应低于防火墙的耐火极限。

(2)防火墙应从楼地面基层隔断至梁、楼板或屋面板的底面基层。当高层厂房(仓库)屋顶承重结构和屋面板的耐火极限低于 1. 00h，其他建筑屋顶承重结构和屋面板的耐火极限低于 0. 50h 时，防火墙应高出屋面 0. 5m 以上。

(3)防火墙横截面中心线水平距离天窗端面小于 4. 0m，且天窗端面为可燃性墙体时，应采取防止火势蔓延的措施。

(4)建筑外墙为难燃性或可燃性墙体时，防火墙应凸出墙的外表面 0. 4m 以上，且防火墙两侧的外墙均应为宽度不小于 2. 0m 的不燃性墙体，其耐火极限不应低于外墙的耐火极限。

(5)建筑外墙为不燃性墙体时，防火墙可不凸出墙的外表面，紧靠防火墙两侧的门、窗、洞口之间最近边缘的水平距离不应小于 2. 0m；采取设置乙级防火窗等防止火灾水平蔓延的措施时，该距离不限。如图 6-5 所示。

(6)建筑内的防火墙不宜设置在转角处，确需设置时，内转角两侧墙上的门、窗、洞口之间最近边缘的水平距离不应小于 4.0m；采取设置乙级防火窗等防止火灾水平蔓延的措施时，该距离不限。如图 6-6 所示。

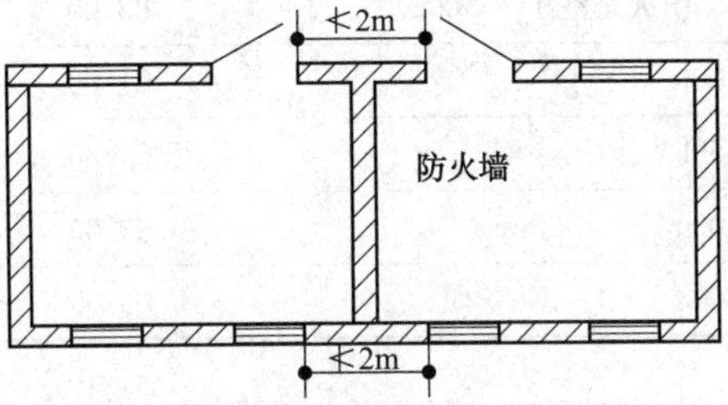


图 6-5　防火墙两侧门、窗、洞口之间的距离

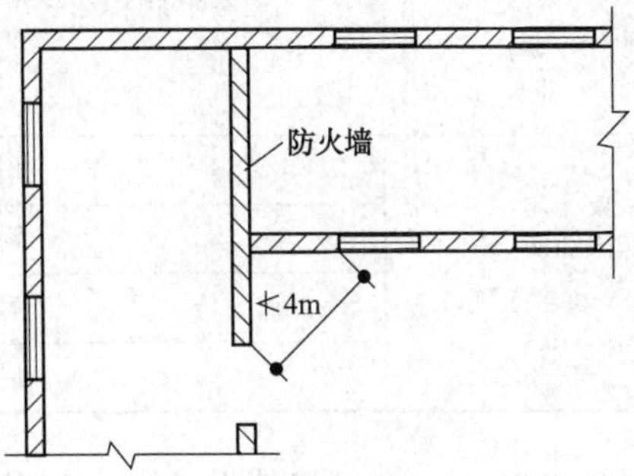


图 6-6　设在建筑物转角处的防火墙

(7)防火墙上不应开设门窗洞口，确需开设时，应设置不可开启或火灾时能自动关闭的甲级防火门、窗。

(8)可燃气体和甲、乙、丙类液体的管道严禁穿过防火墙。其他管道不宜穿过防火墙，确需穿过时，应采用防火封堵材料将墙与管道之间的空隙紧密填实，穿过防火墙处的管道保温材料，应采用不燃材料；当管道为难燃及可燃材料时，应在防火墙两侧的管道上采取防火措施。

(9)防火墙内不应设置排气道。

(10)防火墙的构造应使防火墙任意一侧的屋架、梁、楼板等受到火灾的影响而破坏时，不会导致防火墙倒塌。

2. 防火门

防火门是具有一定耐火极限，且在发生火灾时能自行关闭的门。防火门通常设在防火墙上，也是一种重要的防火分隔物。

根据 GB 12955—2008《防火门》防火门按耐火性能不同可分为隔热防火门、部分隔热防火门和非隔热防火门。见表 6-10。

**表 6-10　按耐火性能分类**

| 名称 | 耐火性能 | 代号 |
|---|---|---|
| 隔热防火门<br>(A 类) | 耐火隔热性≥0.50h<br>耐火完整性≥0.50h | A0.50(丙级) |
| | 耐火隔热性≥1.00h<br>耐火完整性≥1.00h | A1.00(乙级) |
| | 耐火隔热性≥1.50h<br>耐火完整性≥1.50h | A1.50(甲级) |
| | 耐火隔热性≥2.00h<br>耐火完整性≥2.00h | A2.00 |
| | 耐火隔热性≥3.00h<br>耐火完整性≥3.00h | A3.00 |

续表

| 名称 | 耐火性能 | | 代号 |
|---|---|---|---|
| 部分隔热防火门（B类） | 耐火隔热性≥0.50h | 耐火完整性≥1.00h | B1.00 |
| | | 耐火完整性≥1.50h | B1.50 |
| | | 耐火完整性≥2.00h | B2.00 |
| | | 耐火完整性≥3.00h | B3.00 |
| 非隔热防火门（C类） | 耐火完整性≥1.00h | | C1.00 |
| | 耐火完整性≥1.50h | | C1.50 |
| | 耐火完整性≥2.00h | | C2.00 |
| | 耐火完整性≥3.00h | | C3.00 |

GB 50016—2014《建筑设计防火规范》规定防火门按其耐火极限可分为甲级、乙级和丙级防火门分别与表中A1.50(甲级)、A1.00(乙级)和A0.50(丙级)相对应。

防火门的设置应符合下列规定：

(1)设置在建筑内经常有人通行处的防火门宜采用常开防火门。常开防火门应能在火灾时自行关闭，并应具有信号反馈的功能。

(2)除允许设置常开防火门的位置外，其他位置的防火门均应采用常闭防火门。常闭防火门应在其明显位置设置“保持防火门关闭”等提示标识。

(3)除管井检修门和住宅的户门外，防火门应具有自行关闭功能。双扇防火门应具有按顺序自行关闭的功能。

(4)设置在建筑变形缝附近时，防火门应设置在楼层较多的一侧，并应保证防火门开启时门扇不跨越变形缝。

(5)防火门关闭后应具有防烟性能。

(6)甲、乙、丙级防火门应符合GB 12955《防火门》的规定。

3. 防火窗

防火窗一般设置在防火间距不足部位的建筑外墙上的开口处或屋顶天窗部位、建筑内的防火墙或防火隔墙上需要进行观察和监控活动等的开口部位、需要防止火灾竖向蔓延的外墙开口部位。

防火门的设置应符合下列规定：

(1)设置在防火墙、防火隔墙上的防火窗，应采用不可开启的窗扇或具有火灾时能自行关闭的功能。

(2)防火窗应符合GB 16809《防火窗》的有关规定。

4. 防火卷帘

防火卷帘也是一种防火分隔物。一般是用钢板、铝合金板等金属板材，用扣环或铰接的方法组成可以卷绕的链状平面，平时卷起放在门窗上口的转轴箱中，起火时将其放下展开，用以防止火势从门窗洞口蔓延。

防火卷帘有轻型、重型之分。轻型卷帘钢板的厚度为0.5~0.6mm；重型卷帘钢板的厚度为1.5~1.6mm。厚度为1.5mm以上的卷帘适用于防火墙或防火分隔墙上。厚度为0.8~1.5mm的卷帘适用于楼梯间或电动扶梯的隔墙。

卷帘的卷起方法，有电动式和手动式两种。手动式经常采用拉链控制。如在转轴处安装电动机则是电动式卷帘，电动机由按钮控制，一个按钮可以控制一个或几个卷帘门，也可以对所有卷帘进行远距离控制。

在穿堂式建筑物内，可在房间之间的开口处设置上下开启或横向开启的卷帘。在多跨的大厅内，可将防火分区的界线放在一排中柱的轴线上，在柱间把卷帘固定在梁底下。起火后，放下卷帘，便形成一道临时性的防火分隔，如图 6–7 中虚线所示。

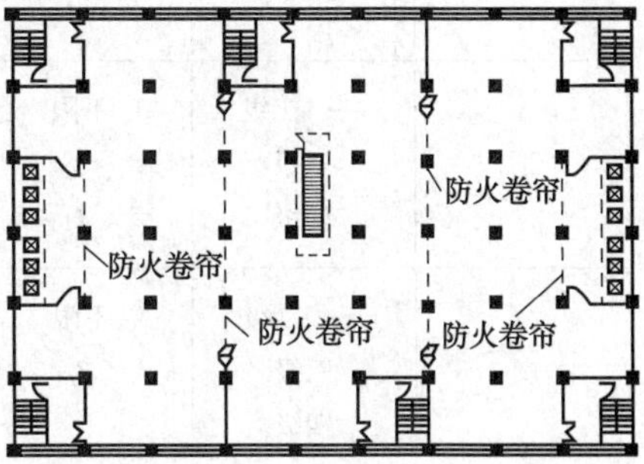

图 6–7　某建筑大厅的防火分隔示意图

防火分隔部位设置防火卷帘时，应符合下列规定：

(1)除中庭外，当防火分隔部位的宽度不大于 30m 时，防火卷帘的宽度不应大于 10m；当防火分隔部位的宽度大于 30m 时，防火卷帘的宽度不应大于该部位宽度的 1/3，且不应大于 20m。

(2)防火卷帘应具有火灾时靠自重自动关闭的功能。

(3)除规范另有规定外，防火卷帘的耐火极限不应低于《建筑设计防火规范》对所设置部位墙体的耐火极限要求。当防火卷帘的耐火极限符合 GB/T 7633《门和卷帘耐火试验方法》有关耐火完整性和耐火隔热性的判定条件时，可不设置自动喷水灭火系统保护。当防火卷帘的耐火极限仅符合 GB/T 7633《门和卷帘耐火试验方法》有关耐火完整性的判定条件时，应设置自动喷水灭火系统保护。自动喷水灭火系统的设计应符合 GB 50084《自动喷水灭火系统设计规范》的规定，但火灾延续时间不应小于该防火卷帘的耐火极限。

(4)防火卷帘应具有防烟性能，与楼板、梁、墙、柱之间的空隙应采用防火封堵材料封堵。

(5)需在火灾时自动降落的防火卷帘，应具有信号反馈的功能。

(6)其他要求，应符合 GB 14102《防火卷帘》的规定。

## 四、厂房和仓库的防火分区、层数和面积

### 1. 厂房的防火分区、层数和面积

厂房的层数和每个防火分区的最大允许建筑面积应符合表 6–11 的规定。

**表 6–11　厂房的层数和每个防火分区的最大允许建筑面积**

| 生产的火灾危险性类别 | 厂房的耐火等级 | 最多允许层数 | 每个防火分区的最大允许建筑面积/$m^2$ | | | |
|---|---|---|---|---|---|---|
| | | | 单层厂房 | 多层厂房 | 高层厂房 | 地下或半地下厂房（包括地下或半地下室） |
| 甲 | 一级 | 宜采用单层 | 4000 | 3000 | — | — |
| | 二级 | | 3000 | 2000 | — | — |
| 乙 | 一级 | 不限 | 5000 | 4000 | 2000 | — |
| | 二级 | 6 | 4000 | 3000 | 1500 | — |
| 丙 | 一级 | 不限 | 不限 | 6000 | 3000 | 500 |
| | 二级 | 不限 | 8000 | 4000 | 2000 | 500 |
| | 三级 | 2 | 3000 | 2000 | — | — |

| 生产的火灾危险性类别 | 厂房的耐火等级 | 最多允许层数 | 每个防火分区的最大允许建筑面积/$m^2$ | | | |
|---|---|---|---|---|---|---|
| | | | 单层厂房 | 多层厂房 | 高层厂房 | 地下或半地下厂房（包括地下或半地下室） |
| 丁 | 一、二级 | 不限 | 不限 | 不限 | 4000 | 1000 |
| | 三级 | 3 | 4000 | 2000 | — | — |
| | 四级 | 1 | 1000 | — | — | — |
| 戊 | 一、二级 | 不限 | 不限 | 不限 | 6000 | 1000 |
| | 三级 | 3 | 5000 | 3000 | — | — |
| | 四级 | 1 | 1500 | — | — | — |

注：1. 防火分区之间应采用防火墙分隔。除甲类厂房外的一、二级耐火等级厂房，当其防火分区的建筑面积大于本表规定，且设置防火墙确有困难时，可采用防火卷帘或防火分隔水幕分隔。采用防火卷帘时应符合本规范第 6.5.3 条的规定；采用防火分隔水幕时，应符合 GB 50084《自动喷水灭火系统设计规范》的规定。

2. 除麻纺厂房外，一级耐火等级的多层纺织厂房和二级耐火等级的单层、多层纺织厂房，其每个防火分区的最大允许建筑面积可按本表的规定增加 0.5 倍，但厂房内的原棉开包、清花车间与厂房内其他部位之间均应采用耐火极限不低于 2.50h 的防火隔墙分隔，需要开设门、窗、洞口时，应设置甲级防火门、窗。

3. 一、二级耐火等级的单、多层造纸生产联合厂房，其每个防火分区的最大允许建筑面积可按本表的规定增加 1.5 倍。一、二级耐火等级的湿式造纸联合厂房，当纸机烘缸罩内设置自动灭火系统，完成工段设置有效灭火设施保护时，其每个防火分区的最大允许建筑面积可按工艺要求确定。

4. 一、二级耐火等级的谷物筒仓工作塔，当每层工作人数不超过 2 人时，其层数不限。

5. 一、二级耐火等级卷烟生产联合厂房内的原料、备料及成组配方、制丝、储丝和卷接包、辅料周转、成品暂存、二氧化碳膨胀烟丝等生产用房应划分独立的防火分隔单元，当工艺条件许可时，应采用防火墙进行分隔。其中制丝、储丝和卷接包车间可划分为一个防火分区，且每个防火分区的最大允许建筑面积可按工艺要求确定，但制丝、储丝及卷接包车间之间应采用耐火极限不低于 2.00h 的防火隔墙和 1.00h 的楼板进行分隔。厂房内各水平和竖向防火分隔之间的开口应采取防止火灾蔓延的措施。

6. 厂房内的操作平台、检修平台，当使用人数少于 10 人时，平台的面积可不计入所在防火分区的建筑面积内。

7. "—"表示不允许。

### 2. 仓库的防火分区、层数和面积

仓库的层数和每个防火分区的最大允许建筑面积应符合表 6-12 的规定。

**表 6-12　仓库的层数和面积**

| 储存物品的火灾危险性类别 | | 仓库的耐火等级 | 最多允许层数 | 每座仓库的最大允许占地面积和每个防火分区的最大允许建筑面积/$m^2$ | | | | | | |
|---|---|---|---|---|---|---|---|---|---|---|
| | | | | 单层仓库 | | 多层仓库 | | 高层仓库 | | 地下或半地下仓库（包括地下或半地下室） |
| | | | | 每座仓库 | 防火分区 | 每座仓库 | 防火分区 | 每座仓库 | 防火分区 | |
| 甲 | 3、4 项 | 一级 | 1 | 180 | 60 | — | — | — | — | — |
| | 1、2、5、6 项 | 一、二级 | 1 | 750 | 250 | — | — | — | — | — |
| 乙 | 1、3、4 项 | 一、二级 | 3 | 2000 | 500 | 900 | 300 | — | — | — |
| | | 三级 | 1 | 500 | 250 | — | — | — | — | — |
| | 2、5、6 项 | 一、二级 | 5 | 2800 | 700 | 1500 | 500 | — | — | — |
| | | 三级 | 1 | 900 | 300 | — | — | — | — | — |

续表

| 储存物品的火灾危险性类别 | | 仓库的耐火等级 | 最多允许层数 | 每座仓库的最大允许占地面积和每个防火分区的最大允许建筑面积/$m^2$ | | | | | | |
|---|---|---|---|---|---|---|---|---|---|---|
| | | | | 单层仓库 | | 多层仓库 | | 高层仓库 | | 地下或半地下仓库(包括地下或半地下室) |
| | | | | 每座仓库 | 防火分区 | 每座仓库 | 防火分区 | 每座仓库 | 防火分区 | |
| 丙 | 1项 | 一、二级 | 5 | 4000 | 1000 | 2800 | 700 | — | — | 150 |
| | | 三级 | 1 | 1200 | 400 | — | — | — | — | — |
| | 2项 | 一、二级 | 不限 | 6000 | 1500 | 4800 | 1200 | 4000 | 1000 | 300 |
| | | 三级 | 3 | 2100 | 700 | 1200 | 400 | — | — | — |
| 丁 | | 一、二级 | 不限 | 不限 | 3000 | 不限 | 1500 | 4800 | 1200 | 500 |
| | | 三级 | 3 | 3000 | 1000 | 1500 | 500 | — | — | — |
| | | 四级 | 1 | 2100 | 700 | — | — | — | — | — |
| 戊 | | 一、二级 | 不限 | 不限 | 不限 | 不限 | 2000 | 6000 | 1500 | 1000 |
| | | 三级 | 3 | 3000 | 1000 | 2100 | 700 | — | — | — |
| | | 四级 | 1 | 2100 | 700 | — | — | — | — | — |

注：1. 仓库内的防火分区之间必须采用防火墙分隔，甲、乙类仓库内防火分区之间的防火墙不应开设门、窗、洞口；地下或半地下仓库(包括地下或半地下室)的最大允许占地面积，不应大于相应类别地上仓库的最大允许占地面积。

2. 石油库区内的桶装油品仓库应符合 GB 50074《石油库设计规范》的规定。

3. 一、二级耐火等级的煤均化库，每个防火分区的最大允许建筑面积不应大于 12000$m^2$。

4. 独立建造的硝酸铵仓库、电石仓库、聚乙烯等高分子制品仓库、尿素仓库、配煤仓库、造纸厂的独立成品仓库，当建筑的耐火等级不低于二级时，每座仓库的最大允许占地面积和每个防火分区的最大允许建筑面积可按本表的规定增加 1.0 倍。

5. 一、二级耐火等级粮食平房仓的最大允许占地面积不应大于 12000$m^2$，每个防火分区的最大允许建筑面积不应大于 3000$m^2$；三级耐火等级粮食平房仓的最大允许占地面积不应大于 3000$m^2$，每个防火分区的最大允许建筑面积不应大 1000$m^2$。

6. 一、二级耐火等级且占地面积不大于 2000$m^2$ 的单层棉花库房，其防火分区的最大允许建筑面积不应大于 2000$m^2$。

7. 一、二级耐火等级冷库的最大允许占地面积和防火分区的最大允许建筑面积，应符合 GB 50072《冷库设计规范》的规定。

8. "—"表示不允许。

# 第五节　建筑的安全疏散

## 一、安全疏散设计的基本原则

1. 安全疏散设计的目的

建筑物发生火灾时，为了避免建筑内部人员因火烧、烟气中毒及建筑构件倒塌破坏而造成伤害，为了给消防指战员迅速扑救火灾及抢救遇险人员提供方便条件，在建筑设计时需要认真考虑安全疏散问题。安全疏散设计是建筑防火设计的一项重要内容，应根据建筑物的使用性质、容纳人数、面积大小及人们在火灾时的生理和心理状态特点，合理地设置安全疏散设施，为人员的安全疏散提供有利条件。

2. 安全疏散设计应遵照下列原则

(1)疏散路线要简捷明了，便于寻找、辨别。考虑到紧急疏散时人们缺乏思考疏散方法的能力和时间紧迫，所以疏散路线要简捷，易于辨认，并需设置简明易懂、醒目易见的疏散指示标志。

(2)疏散路线要做到步步安全。疏散路线一般可分为四个阶段：第一阶段是从着火房间内到房间门，第二阶段是公共走道中的疏散，第三阶段是在楼梯间内的疏散，第四阶段为出楼梯间到室外等安全区域的疏散。这四个阶段必须是步步走向安全，以保证不出现"逆流"。疏散路线的尽端必须是安全区域。

(3)疏散路线设计要符合人们的习惯要求。人们在紧急情况下，习惯走平常熟悉的路线，因此在布置疏散楼梯的位置时，将其靠近经常使用的电梯间布置，使经常使用的路线与火灾时紧急使用的路线有机地结合起来，则很有利于迅速而安全地疏散人员。图 6-8 即是疏散楼梯靠近电梯布置示意图。此外，要利用明显的标志引导人们走向安全的疏散路线。

(4)尽量不使疏散路线和扑救路线相交叉，避免相互干扰。疏散楼梯不宜与消防电梯共用一个前室，因为两者共用前室时，会造成疏散人员和扑救人员相撞，妨碍安全疏散和消防扑救。图 6-9 是一种不理想的疏散楼梯布置方法。

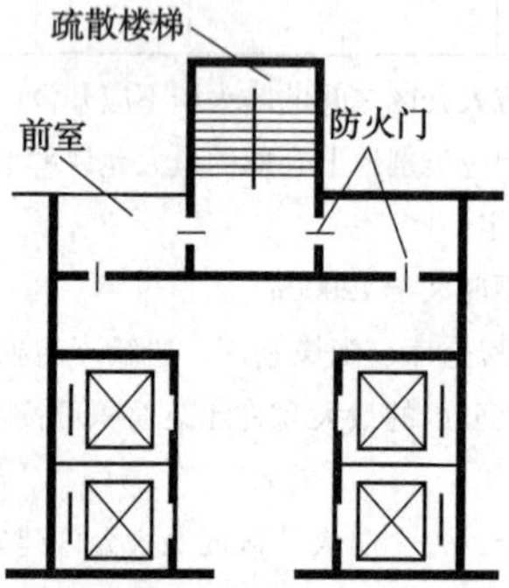

图 6-8　疏散楼梯靠近电梯布置示意图

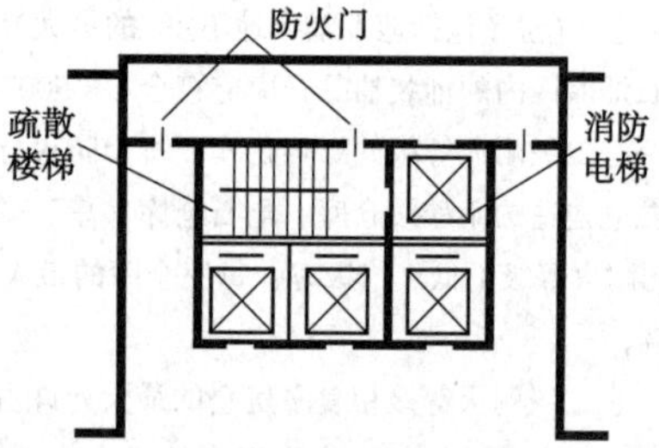

图 6-9　不理想的疏散楼梯布置示意图

(5)疏散走道不要布置成不甚畅通的"S"形或"U"形，也不要有变化宽度的平面，走道上方不能有妨碍安全疏散的凸出物，下面不能有突然改变地面标高的踏步，即应避免出现图 6-10 和图 6-11 所示的现象。

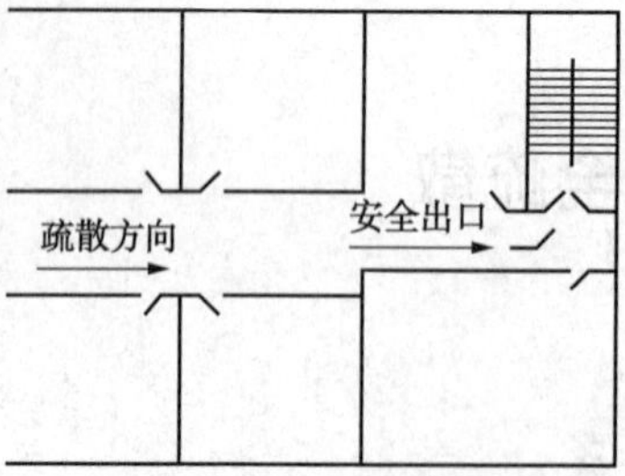

图 6-10　在疏散方向上疏散通道不应变窄阶

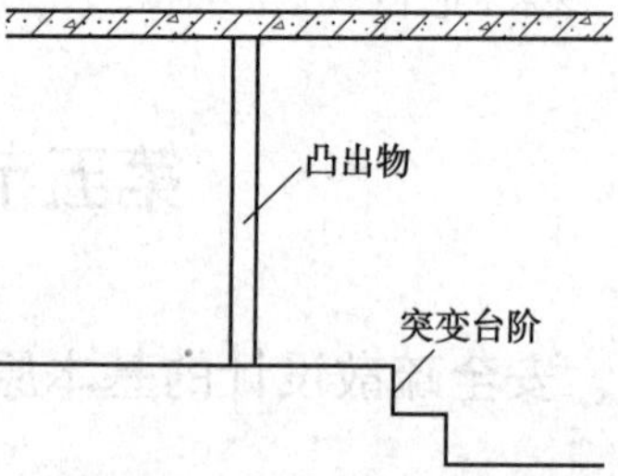

图 6-11　在人体高度内部应有凸出的障碍物或突变台

(6)在建筑物内任何部位最好同时有两个或两个以上的疏散方向可供疏散。避免把疏散走道布置成袋形，因为袋形走道的致命弱点是只有一个疏散方向，火灾时一旦出口被烟火堵住，其走道内的人员就很难安全脱险。

(7)合理设置各种安全疏散设施，做好其构造等设计。如疏散楼梯，要确定好其数量、布置位置、形式等，其防火分隔、楼梯宽度以及其他构造都要满足相关规范的有关要求，确保其在建筑物发生火灾时充分发挥作用，保证人员疏散安全。

## 二、允许疏散时间及安全疏散距离

1. 允许疏散时间

建筑物发生火灾时，人员可以安全地离开建筑物的时间叫允许疏散时间。一般来说，这段时间不长，只有几分钟。影响允许疏散时间的因素很多，主要可以从两个方面来分析：一方面是起火后烟气对人的威胁；另一方面是建筑结构的倒塌。

根据火场伤亡的统计，火灾条件下人员伤亡的原因多数是由于烟气中毒、高热或缺氧。火场上出现有毒的烟气、高热或严重缺氧的时间，由于种种条件的不同而有早有晚、有长有短，少则 5~6min，多则 10~20min，这是影响安全疏散，决定允许疏散时间的重要因素。

建筑结构的倒塌是由建筑构件的耐火极限决定的。耐火性能好，倒塌的可能性小，允许人员全部从容离开建筑物的时间长。剧院观众厅，由于建筑材料的条件决定了吊顶的耐火极限只有 15min，它限定了允许疏散的时间不能超过这个极限。所以，建筑构件的耐火极限也是决定允许疏散时间的一个重要因素。但是，由于构件到达耐火极限的时间，一般都比出现一氧化碳等有毒烟气、高热或严重缺氧的时间晚，所以，在确定建筑物允许疏散时间时，首先考虑的是火场上烟气中毒的问题。

除了上述因素以外，考虑人们发现火灾往往不是在火刚刚点燃，而是火已经扩大时才开始疏散以及其他影响疏散时间的一些条件，经过调查研究和对一些火灾事故的分析中，人们逐步认识到，在设计中，对于一、二级耐火等级的公共建筑，可将允许疏散时间定为 6min；三、四级耐火等级的建筑允许疏散时间可定为 2~4min。

2. 安全疏散距离

为了在允许疏散时间之内进行安全疏散，要求人到安全出口的最大距离不能过长。疏散时间，除了和距离有关外，还和人流的移动速度和拥挤程度有关。据调查，人员密集时，在平地上的疏散速度为 22m/min，平均每分钟通过 43 人，下楼梯时为 15m/min，平均每分钟通过 37 人。

最大允许疏散距离的计算可分段进行。

例如，在一般居住及公共建筑物中，可将疏散的全程分为三段：在房间内、在走道上、在楼梯间内。

$$t = t_1 + L_1/V_1 + L_2/V_2 \leq \text{允许疏散时间} \tag{6-1}$$

式中 $t$——建筑物内总的疏散时间，min；

$t_1$——自房间内最远点到房间门的疏散时间，据统计，人数少时可采用 0.25min，人数多时可采用 0.7min；

$L_1$——从房门到出口或楼梯间的走道长度，m；

$V_1$——人流在走道上的疏散速度，可采用 22m/min；

$L_2$——各层楼梯水平长度的总和，m；

$V_2$——人流下楼梯时疏散的速度，可采用 15m/min。

上面的公式和计算针对不封闭的楼梯间，当设计采用封闭的或防烟楼梯间时，楼梯间即可看成为安全地带，楼梯间疏散时间可以不计。

## 三、疏散楼梯间和疏散楼梯

疏散楼梯间和疏散楼梯是供人员在火灾紧急情况下安全疏散所用的楼梯。其形式按防烟火作用可分为防烟楼梯间、封闭楼梯间、室外疏散楼梯、敞开楼梯，其中防烟楼梯间防烟火作用、安全疏散程度最好，而敞开楼梯最差。

1. 疏散楼梯间应符合下列规定

(1)楼梯间应能天然采光和自然通风，并宜靠外墙设置。靠外墙设置时，楼梯间、前室及合用前室外墙上的窗口与两侧门、窗、洞口最近边缘的水平距离不应小于1.0m。

(2)楼梯间内不应设置烧水间、可燃材料储藏室、垃圾道。

(3)楼梯间内不应有影响疏散的凸出物或其他障碍物。

(4)封闭楼梯间、防烟楼梯间及其前室，不应设置卷帘。

(5)楼梯间内不应设置甲、乙、丙类液体管道。

(6)封闭楼梯间、防烟楼梯间及其前室内禁止穿过或设置可燃气体管道。敞开楼梯间内不应设置可燃气体管道，当住宅建筑的敞开楼梯间内确需设置可燃气体管道和可燃气体计量表时，应采用金属管和设置切断气源的阀门。

2. 防烟楼梯间

在楼梯间入口处设置防烟的前室、开敞式阳台或凹廊(统称前室)等设施，且通向前室和楼梯间的门均为防火门，以防止火灾时烟和热气进入楼梯间。防烟楼梯间在设置时除应符合疏散楼梯间的规定外，尚应符合下列规定：

(1)应设置防烟设施。

(2)前室可与消防电梯间前室合用。

(3)前室的使用面积：公共建筑、高层厂房(仓库)，不应小于6.0$m^2$；住宅建筑，不应小于4.5$m^2$。与消防电梯间前室合用时，合用前室的使用面积：公共建筑、高层厂房(仓库)，不应小于10.0$m^2$；住宅建筑，不应小于6.0$m^2$。

(4)疏散走道通向前室以及前室通向楼梯间的门应采用乙级防火门。

(5)除住宅建筑的楼梯间前室外，防烟楼梯间和前室内的墙上不应开设除疏散门和送风口外的其他门、窗、洞口。

(6)楼梯间的首层可将走道和门厅等包括在楼梯间前室内形成扩大的前室，但应采用乙级防火门等与其他走道和房间分隔。

防烟楼梯间前室不仅起防烟火作用，还能使不能同时进入楼梯间的人，在前室内短暂地等待，以减缓楼梯间的拥挤程度。

防烟楼梯间有以下几种类型：

(1)带开敞前室的疏散楼梯间

这种楼梯间的特点是以开敞式阳台或凹廊作前室，疏散人员须通过开敞的前室和两道防火门，才能进入封闭的楼梯间内。其优点是自然风力能将随人流进入阳台的烟气迅速排走，同时转折的路线也使烟很难袭入楼梯间中，无需再设其他的排烟装置。因此，这是安全性最高和最为经济的一种类型。但是，只有当楼梯间靠外墙时才能采用，故有一定的局限性。其设计形式如下：

①用阳台作开敞前室(图6-12和图6-13)。图6-12的两种形式看来大致相同，但实际效果并不完全一样。第一种形式须通过阳台才能进入楼梯间，风可将窜入阳台的烟气立即吹

走，且不受风向的影响，所以防烟、排烟的效果很好。第二种形式不通过阳台便进入楼梯间，窜入第一道防火门的烟气靠风力排除的效果较差。当风垂直吹向走道时，还有可能把烟压入楼梯间内，因而防、排烟的效果并不理想。

图 6-13 的布置形式不仅采用了阳台作开敞前室，还将楼梯和消防电梯间结合布置，形成一个良好的安全区，对安全疏散和消防扑救都比较有利，在设计中宜创造性地加以采用。

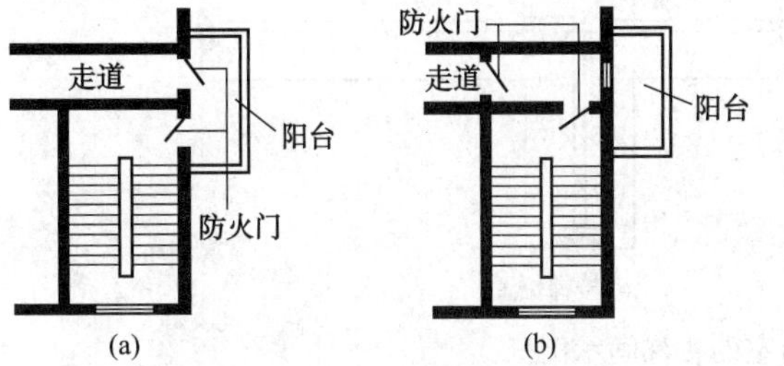


图 6-12　用阳台作开敞前室

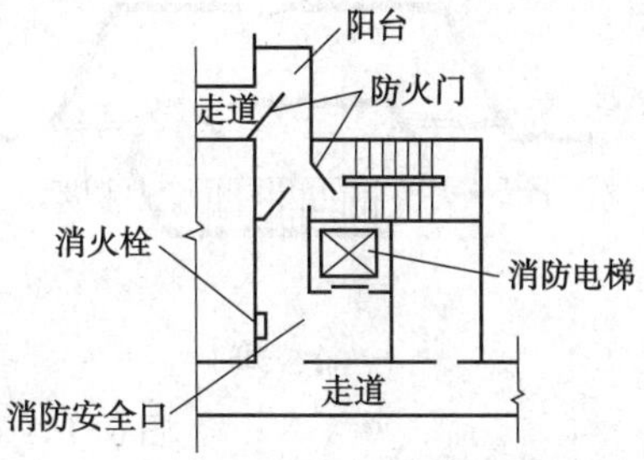


图 6-13　用阳台作开敞前室的楼梯间（与消防电梯结合布置）

②以凹廊作为开敞前室(图 6-14~图 6-16)。图 6-14~图 6-16 所列举的形式除自然排烟效果都较好外，在平面的布置上也各有特点。在图 6-14 及图 6-15 中，均将疏散楼梯和电梯厅结合布置，使经常用的路线和火灾时的疏散路线结合起来。图 6-15 的疏散楼梯还配合了消防电梯，且两者之间有一定的分隔措施，对安全疏散都十分有利。

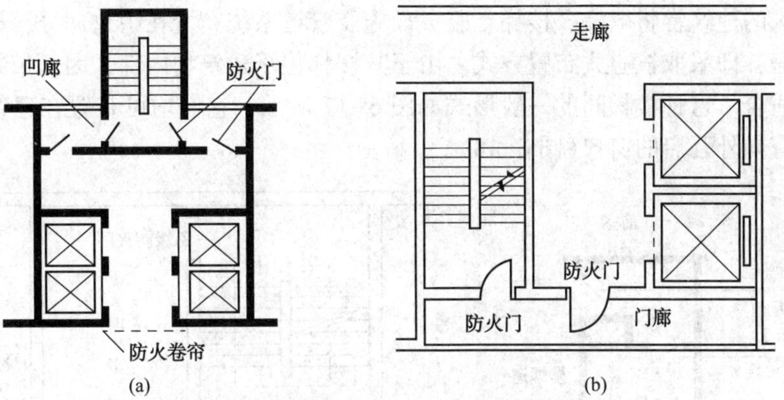


图 6-14　凹廊作前室的楼梯间示例一

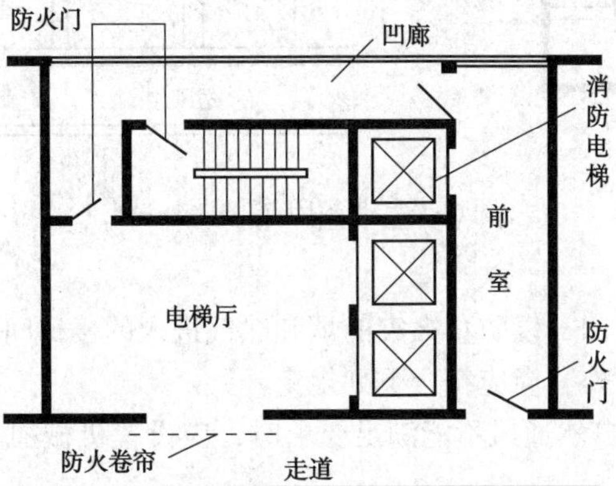


图 6-15　凹廊作前室的楼梯间示例二(与消防电梯结合布置)

图 6-16 中疏散楼梯间设在十字形平面的四个端头，且与布置在建筑中部并靠近电梯的疏散楼梯间相呼应，平面上任一位置均可向两个方向疏散，故其处理也是相当完善的。

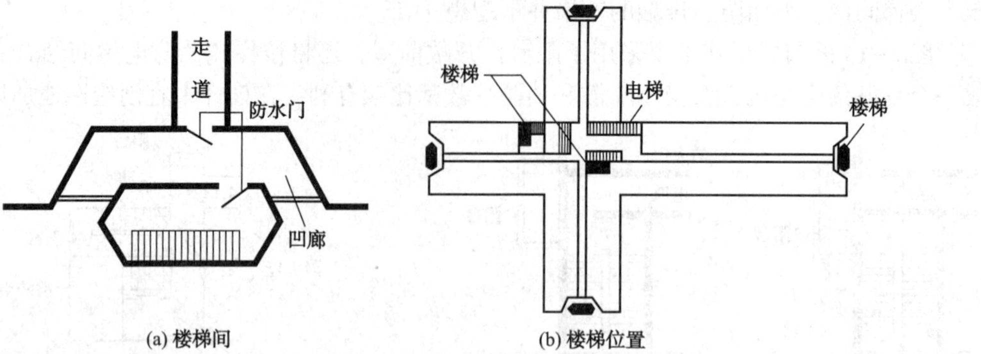


图 6-16　凹廊作前室的楼梯间示例三

(2) 带封闭前室的疏散楼梯间

这种楼梯间的特点是人员须通过封闭的前室和两道防火门，才能到达楼梯间内。与前一种类型相比，其主要优点是既可靠外墙设置，亦可放在建筑物内部，平面布置十分灵活且形式多样。主要缺点是排烟比较困难。位于内部的前室和楼梯间须设排烟装置，以此来排除侵入的烟气，不但设备复杂和经济性差，而且效果不易完全保证。当靠外墙时虽可利用窗口自然排烟，但受室外风向的影响较大，可靠性仍较差。

筒体结构的建筑常将电梯、楼梯、服务设施及管道系统布置在中央部分，周围则是大面积的主要用房，即采取核心式布置方式。由于其楼梯位于建筑物内部，因而带封闭前室的形式对它特别适合。这种楼梯间的一般形式如图 6-17 所示，它们均可布置在建筑物内部，如靠外墙时应有向外开启的窗户(图 6-18)。

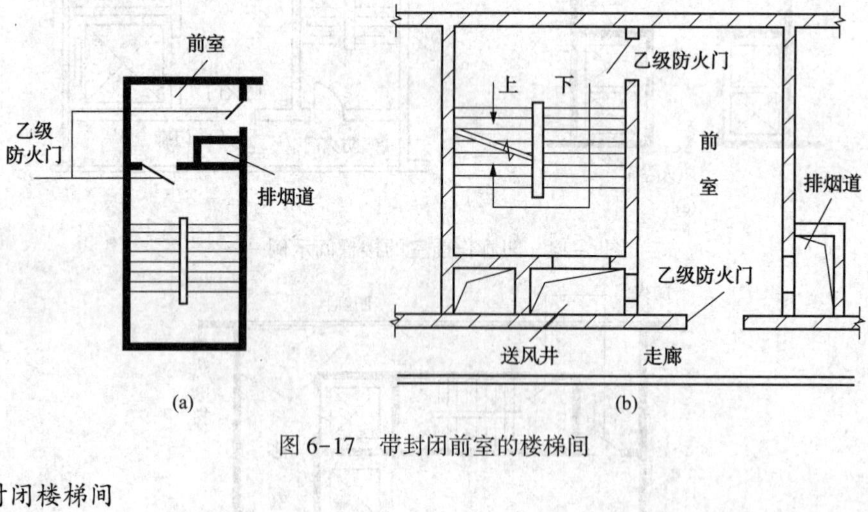


图 6-17　带封闭前室的楼梯间

3. 封闭楼梯间

在楼梯间入口处设置门，以防止火灾的烟和热气进入的楼梯间。封闭楼梯间在设置时除应符合疏散楼梯间的规定外，尚应符合下列规定：

(1) 不能自然通风或自然通风不能满足要求时，应设置机械加压送风系统或采用防烟楼梯间。

(2) 除楼梯间的出入口和外窗外，楼梯间的墙上不应开设其他门、窗、洞口。

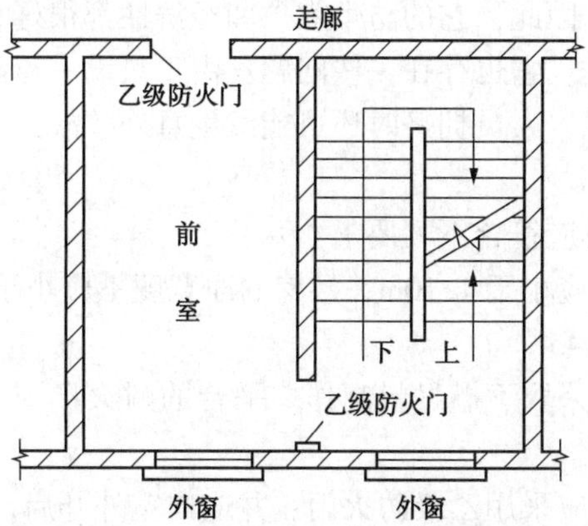


图 6-18　带封闭前室的楼梯间(靠外墙设排烟窗)

(3)高层建筑，人员密集的公共建筑，人员密集的多层丙类厂房，甲、乙类厂房，其封闭楼梯间的门应采用乙级防火门，并应向疏散方向开启；其他建筑，可采用双向弹簧门。

(4)楼梯间的首层可将走道和门厅等包括在楼梯间内形成扩大的封闭楼梯间，但应采用乙级防火门等与其他走道和房间分隔。

封闭楼梯间的形式如图 6-19 所示。

如有条件还可把楼梯间适当加长，设置两道防火门而形成门斗(因其面积很小，与前室有所区别)，这样处理之后可以提高它的防护能力，并给疏散以回旋的余地。上述封闭楼梯间形式如图 6-20 所示。

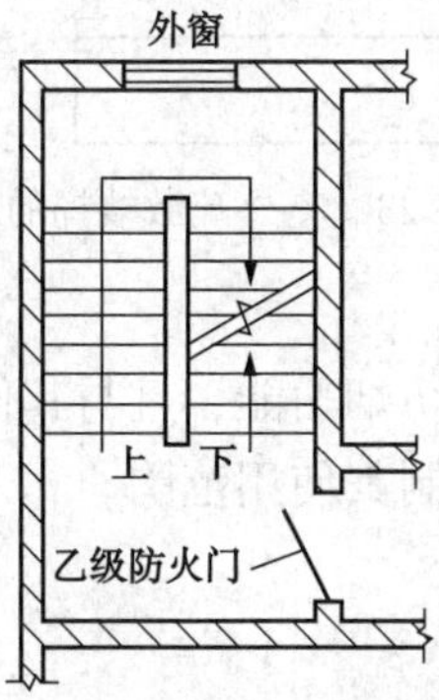


图 6-19　封闭楼梯间

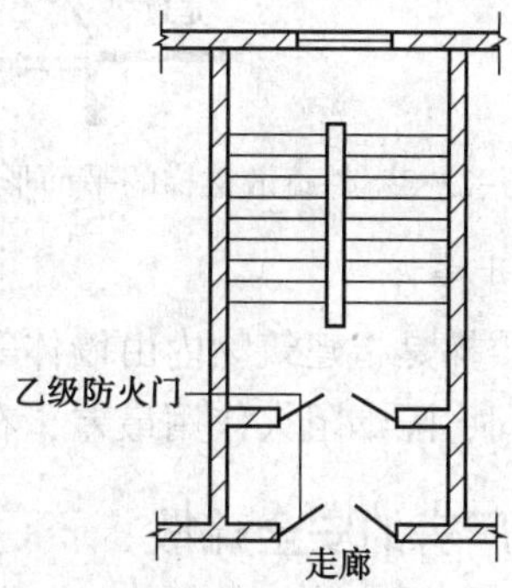


图 6-20　带门斗的封闭楼梯间

在建筑设计时，为了丰富门厅的空间艺术处理，并使交通流线清晰流畅，常把首层的封闭楼梯间敞开在大厅中。此时需对整个门厅作扩大的封闭处理，以乙级防火门或防火卷帘等将门厅与其他走道和房间等分隔开，门厅内应采用不燃化内装修。底层扩大封闭楼梯间如图 6-21 所示。

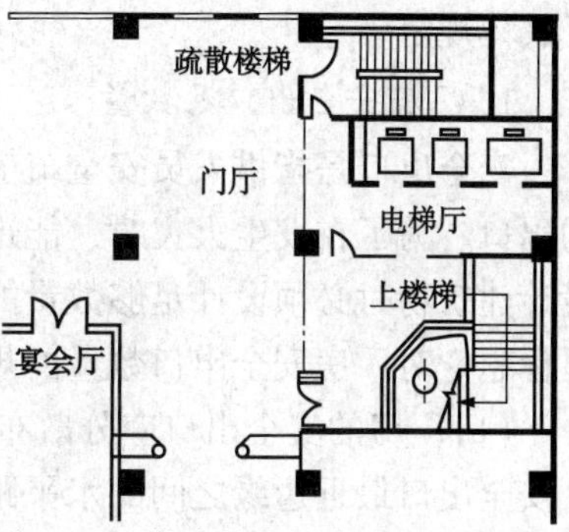


图 6-21　带建筑底层扩大封闭楼梯间

4. 室外疏散楼梯

这种楼梯的特点是设置在建筑外墙上，全部开敞于室外，且常布置在建筑端部。它不易受到烟火的威胁，既可供人员疏散使用，又可供消防人员登上高楼扑救使用。在结构上，它利于采取简单的悬挑方式，不占据室内有效的建筑面积。此外，侵入楼梯处的烟气能迅速被风吹走，不受风向的影响。因此，它的防烟效果和经济性都很好，当造型处理得当时，还可为建筑立面增添风采。但是，它也存在一些问题：由于只设一道防火门而防护能力较差，且易造成心理上的高空恐惧感，人员拥挤时还可能发生意外事故，所以安全性不是很大，宜与前两种楼梯配合使用。

在设置室外疏散楼梯时应符合下列要求：

(1)栏杆扶手的高度不应小于 1. 10m，楼梯的净宽度不应小于 0. 90m。

(2)倾斜角度不应大于 45°。

(3)楼梯段和平台均应采取不燃材料制作。平台的耐火极限不应低于 1. 00h，梯段的耐火极限不应低于 0. 25h。

(4)通向室外楼梯的门应采用乙级防火门，并应向室外开启。

(5)除疏散门外，楼梯周围 2m 内的墙面上不应设置门、窗、洞口。疏散门不应正对梯段。

室外疏散楼梯的平面形式如图 6-22 所示，室外疏散楼梯的布置如图 6-23 所示。

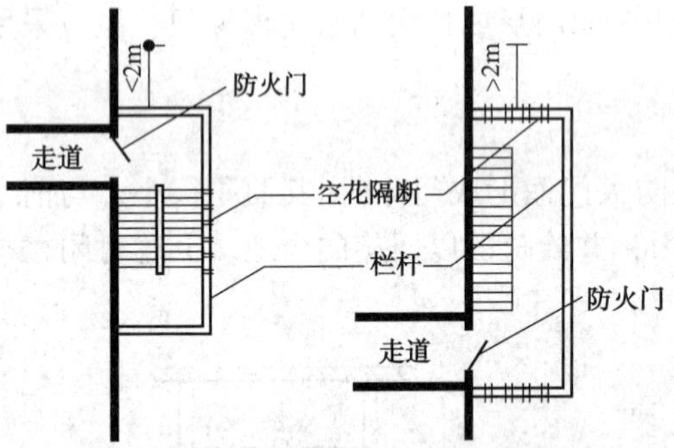


图 6-22　室外疏散楼梯的平面形式

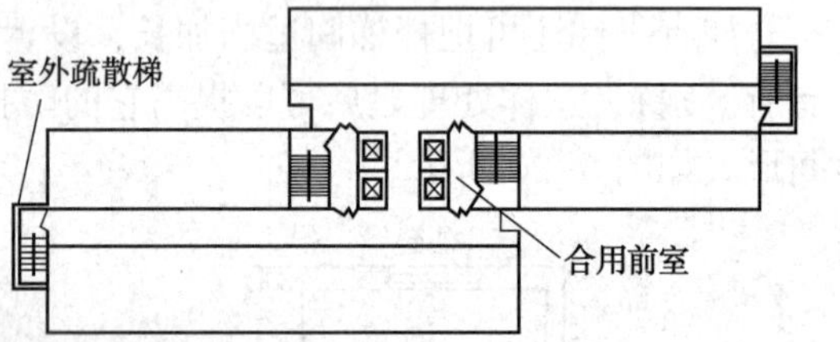


图 6-23　室外疏散楼梯的布置

5. 敞开楼梯

敞开楼梯是指建筑物内由墙体等围护构件构成的无封闭防烟功能，且与其他使用空间相通的楼梯间，隔烟阻火作用最差，在建筑中作疏散楼梯要限制其使用范围。

## 四、厂房的安全疏散

火灾实例中常有因安全出口或通道设计不当，或者在实际使用中堵塞不畅，造成人员无法疏散而伤亡惨重的案例。近年来发生多起一次死亡数十人甚至数百人的特大火灾，更加引起人们对安全疏散问题的重视。在《建筑设计防火规范》中，对于厂房及仓库的安全疏散做了具体规定。

1. 厂房安全出口及数量

安全出口是指供人员安全疏散用的楼梯间和室外楼梯的出入口，或直通室内外安全区域的出口。为了在发生火灾时，能迅速、安全地疏散人员和搬出贵重物资，减少火灾损失，在设计建筑物时必须设计足够数量的安全出口。安全出口应分散布置，且便于寻找，并应设明显标志。对厂房安全出口数量的规定是：

(1)厂房的安全出口应分散布置。每个防火分区或一个防火分区的每个楼层，其相邻 2 个安全出口最近边缘之间的水平距离不应小于 5m。

(2)厂房内每个防火分区或一个防火分区内的每个楼层，其安全出口的数量应经计算确定，且不应少于2个；当符合下列条件时，可设置1个安全出口：

①甲类厂房，每层建筑面积不大于100m²，且同一时间的作业人数不超过5人；

②乙类厂房，每层建筑面积不大于150m²，且同一时间的作业人数不超过10人；

③丙类厂房，每层建筑面积不大于250m²，且同一时间的作业人数不超过20人；

④丁、戊类厂房，每层建筑面积不大于400m²，且同一时间的作业人数不超过30人；

⑤地下或半地下厂房(包括地下或半地下室)，每层建筑面积不大于50m²，且同一时间的作业人数不超过15人。

(3)地下或半地下厂房(包括地下或半地下室)，当有多个防火分区相邻布置，并采用防火墙分隔时，每个防火分区可利用防火墙上通向相邻防火分区的甲级防火门作为第二安全出口，但每个防火分区必须至少有1个直通室外的独立安全出口。

2. 安全疏散距离

厂房的安全疏散距离是指厂房内最远工作地点到外部出口或楼梯的最大允许距离。规定安全疏散距离的目的在于缩短人员疏散的距离，使人员尽快安全地疏散到安全地点。厂房内任一点至最近安全出口的直线距离不应大于表6-13的规定。

**表6-13 厂房内任一点至最近安全出口的直线距离** m

| 生产的火灾危险性类别 | 耐火等级 | 单层厂房 | 多层厂房 | 高层厂房 | 地下或半地下厂房(包括地下或半地下室) |
|---|---|---|---|---|---|
| 甲 | 一、二级 | 30 | 25 | — | — |
| 乙 | 一、二级 | 75 | 50 | 30 | — |
| 丙 | 一、二级 | 80 | 60 | 40 | 30 |
| | 三级 | 60 | 40 | — | — |
| 丁 | 一、二级 | 不限 | 不限 | 50 | 45 |
| | 三级 | 60 | 50 | — | — |
| | 四级 | 50 | — | — | — |
| 戊 | 一、二级 | 不限 | 不限 | 75 | 60 |
| | 三级 | 100 | 75 | — | — |
| | 四级 | 60 | — | — | — |

3. 安全出口、走道、楼梯的宽度

厂房内疏散楼梯、走道、门的各自总净宽度，应根据疏散人数按每100人的最小疏散净宽度不小于表6-14的规定计算确定。但疏散楼梯的最小净宽度不宜小于1.10m，疏散走道的最小净宽度不宜小于1.40m，门的最小净宽度不宜小0.90m。当每层疏散人数不相等时，疏散楼梯的总净宽度应分层计算，下层楼梯总净宽度应按该层及以上疏散人数最多一层的疏散人数计算。

首层外门的总净宽度应按该层及以上疏散人数最多一层的疏散人数计算，且该门的最小净宽度不应小于1.20m。

表 6-14 厂房内疏散楼梯、走道和门的每 100 人最小疏散净宽度

| 厂房层数(层) | 1~2 | 3 | ≥4 |
| --- | --- | --- | --- |
| 最小疏散净宽度/(米/百人) | 0.60 | 0.80 | 1.00 |

4. 疏散楼梯和门的设置

(1)高层厂房和甲、乙、丙类多层厂房的疏散楼梯应采用封闭楼梯间或室外楼梯。建筑高度大于 32m 且任一层人数超过 10 人的厂房，应采用防烟楼梯间或室外楼梯。

(2)用作丁、戊类厂房内第二安全出口的楼梯可采用金属梯，但其净宽度不应小于 0.9m，倾斜角度不应大于 45°。

(3)丁、戊类高层厂房，当每层工作平台上的人数不超过 2 人且各层工作平台上同时工作的人数总和不超过 10 人时，其疏散楼梯可采用敞开楼梯或利用净宽度不小于 0.90m、倾斜角度不大于 60°的金属梯。

(4)疏散用楼梯和疏散通道上的阶梯不宜采用螺旋楼梯和扇形踏步。确需采用时，踏步上、下两级所形成的平面角度不应大于 10°，且每级离扶手 250mm 处的踏步深度不应小于 220mm。

(5)建筑内的疏散用门应符合下列规定：民用建筑和厂房的疏散门，应采用向疏散方向开启的平开门，不应采用推拉门、卷帘门、吊门、转门和折叠门。除甲、乙类生产车间外，人数不超过 60 人且每樘门的平均疏散人数不超过 30 人的房间，其疏散门的开启方向不限。

5. 消防电梯

建筑高度大于 32m 且设置电梯的高层厂房(仓库)，每个防火分区内宜设置 1 台消防电梯，但符合下列条件的建筑可不设置消防电梯：

(1)建筑高度大于 32m 且设置电梯，任一层工作平台上的人数不超过 2 人的高层塔架；

(2)局部建筑高度大于 32m，且局部高出部分的每层建筑面积不大于 $50m^2$ 的丁、戊类厂房。

## 五、仓库的安全疏散

1. 仓库安全出口及数量

(1)仓库的安全出口应分散布置。每个防火分区或一个防火分区的每个楼层，其相邻 2 个安全出口最近边缘之间的水平距离不应小于 5m。

(2)每座仓库的安全出口不应少于 2 个，当一座仓库的占地面积不大于 $300m^2$ 时，可设置 1 个安全出口。仓库内每个防火分区通向疏散走道、楼梯或室外的出口不宜少于 2 个，当防火分区的建筑面积不大于 $100m^2$ 时，可设置 1 个出口。通向疏散走道或楼梯的门应为乙级防火门。

(3)地下或半地下仓库(包括地下或半地下室)的安全出口不应少于 2 个；当建筑面积不大于 $100m^2$ 时，可设置 1 个安全出口。

(4)地下或半地下仓库(包括地下或半地下室)，当有多个防火分区相邻布置并采用防火墙分隔时，每个防火分区可利用防火墙上通向相邻防火分区的甲级防火门作为第二安全出口，但每个防火分区必须至少有 1 个直通室外的安全出口。

(5)粮食筒仓、冷库、金库的安全疏散设计应分别符合 GB 50072《冷库设计规范》和 GB 50322《粮食钢板筒仓设计规范》等标准的规定。

(6)粮食筒仓上层面积小于 $1000m^2$，且该层作业人数不超过 2 人时，可设置 1 个安全出口。

2. 疏散楼梯设置

(1)仓库、筒仓中符合《建筑设计防火规范》第 6.4.5 条规定的室外金属梯，可作为疏散楼梯，但筒仓室外楼梯平台的耐火极限不应低于 0.25h。

(2)高层仓库的疏散楼梯应采用封闭楼梯间。

3. 其他要求

(1)仓库的疏散门应采用向疏散方向开启的平开门，但丙、丁、戊类仓库首层靠墙的外侧可采用推拉门或卷帘门。

(2)除一、二级耐火等级的多层戊类仓库外，其他仓库中供垂直运输物品的提升设施宜设置在仓库外，确需设置在仓库内时，应设置在井壁的耐火极限不低于 2.00h 的井筒内。室内外提升设施通向仓库的入口应设置乙级防火门或符合《建筑设计防火规范》第 6.5.3 条规定的防火卷帘。

## 第六节　厂房和仓库的防爆

### 一、厂房的防爆

1. 泄压面积

有爆炸危险的厂房或厂房内有爆炸危险的部位应设置泄压设施。所谓泄压，就是使爆炸瞬间产生的巨大压力，由建筑物的内部，通过泄压设施向外排出，以大大减轻爆炸时产生的破坏强度，保证建筑结构不受大的破坏。泄压是在发生爆炸时，避免建筑物主体遭到破坏而造成人员、物质重大损失的最有效措施。

为了确保建筑结构的安全，应首先确定需设置的泄压面积，以保证室内产生的压力不致超过某一允许限值。此限值是设计承重结构的依据。

有爆炸危险的甲、乙类厂房，其泄压面积宜按式(6-2)计算，但当厂房的长径比大于 3 时，宜将该建筑划分为长径比小于等于 3 的多个计算段，各计算段中的公共截面不得作为泄压面积。

$$A=10CV^{\frac{2}{3}} \tag{6-2}$$

式中　$A$——泄压面积，$m^2$；

$V$——厂房的容积，$m^3$；

$C$——厂房容积为 $1000m^3$ 时的泄压比，可按表 6-15 选取，$m^2/m^3$。

表 6-15　厂房内爆炸性危险物质的类别与泄压比值　$m^2/m^3$

| 厂房内爆炸性危险物质的类别 | $C$ 值 |
|---|---|
| 氨以及粮食、纸、皮革、铅、铬、铜等 $K_{尘}<10MPa \cdot m \cdot s^{-1}$ 的粉尘 | ≥0.030 |
| 木屑、炭屑、煤粉、锑、锡等 $10MPa \cdot m \cdot s^{-1} \leqslant K_{尘} \leqslant 30MPa \cdot m \cdot s^{-1}$ 的粉尘 | ≥0.055 |
| 丙酮、汽油、甲醇、液化石油气、甲烷、喷漆间或干燥室，苯酚树脂、铝、镁、锆等 $K_{尘}>30MPa \cdot m \cdot s^{-1}$ 的粉尘 | ≥0.110 |

续表

| 厂房内爆炸性危险物质的类别 | $C$值 |
| --- | --- |
| 乙烯 | ≥0.160 |
| 乙炔 | ≥0.200 |
| 氢 | ≥0.250 |

注：1. 长径比为建筑平面几何外形尺寸中的最长尺寸与其横截面周长的积和4.0倍的该建筑横截面积之比。

2. $K_{尘}$是指粉尘爆炸指数。

2. *泄压设施*

泄压设施宜采用轻质屋面板、轻质墙体和易于泄压的门、窗等，应采用安全玻璃等在爆炸时不产生尖锐碎片的材料。泄压设施的设置应避开人员密集场所和主要交通道路，并宜靠近有爆炸危险的部位。作为泄压设施的轻质屋面板和墙体的质量不宜大于60kg/m$^2$。屋顶上的泄压设施应采取防冰雪积聚措施。

散发较空气轻的可燃气体、可燃蒸气的甲类厂房，宜采用轻质屋面板作为泄压面积。顶棚应尽量平整、无死角，厂房上部空间应通风良好。

3. *厂房的防爆措施*

散发较空气重的可燃气体、可燃蒸气的甲类厂房和有粉尘、纤维爆炸危险的乙类厂房，应符合下列规定：

(1)应采用不发火花的地面。采用绝缘材料作整体面层时，应采取防静电措施。

(2)散发可燃粉尘、纤维的厂房，其内表面应平整、光滑，并易于清扫。

(3)厂房内不宜设置地沟，确需设置时，其盖板应严密，地沟应采取防止可燃气体、可燃蒸气和粉尘、纤维在地沟积聚的有效措施，且应在与相邻厂房连通处采用防火材料密封。

4. *防爆厂房的平面布置*

(1)有爆炸危险的甲、乙类厂房

①有爆炸危险的甲、乙类生产部位，宜布置在单层厂房靠外墙的泄压设施或多层厂房顶层靠外墙的泄压设施附近。

②有爆炸危险的设备宜避开厂房的梁、柱等主要承重构件布置。

(2)有爆炸危险的甲、乙类厂房的楼梯间

有爆炸危险区域内的楼梯间、室外楼梯或有爆炸危险的区域与相邻区域连通处，应设置门斗等防护措施。门斗的隔墙应为耐火极限不应低于2.00h的防火隔墙，门应采用甲级防火门并应与楼梯间的门错位设置。

(3)有爆炸危险的甲、乙类厂房总控制室与分控室

①有爆炸危险的甲、乙类厂房的总控制室应独立设置。

②有爆炸危险的甲、乙类厂房的分控制室宜独立设置，当贴邻外墙设置时，应采用耐火极限不低于3.00h的防火隔墙与其他部位分隔。

(4)使用和生产甲、乙、丙类液体的厂房管、沟

使用和生产甲、乙、丙类液体的厂房，其管、沟不应与相邻厂房的管、沟相通，下水道应设置隔油设施。

## 二、仓库的防爆

(1)甲、乙、丙类液体仓库应设置防止液体流散的设施。遇湿会发生燃烧爆炸的物品仓

库应采取防止水浸渍的措施。

(2)有粉尘爆炸危险的筒仓，其顶部盖板应设置必要的泄压设施。粮食筒仓工作塔和上通廊的泄压面积应按表 6-15 的规定计算确定。有粉尘爆炸危险的其他粮食储存设施应采取防爆措施。

(3)有爆炸危险的仓库或仓库内有爆炸危险的部位，宜采取防爆措施，设置泄压设施。

## 复习思考题

1. 在建筑防火方面，通常从哪些方面衡量建筑材料的高温性能?
2. 什么是耐火极限? 防火墙的耐火等级是如何要求的?
3. 厂房和仓库的耐火等级应根据什么确定?
4. 什么是防火间距? 简述设置防火间距的作用。
5. 什么是防火分区? 不同耐火等级的建筑要求的防火分区面积是多少?
6. 简述防火分隔物的类型及作用。
7. 为什么要进行安全疏散设计?
8. 厂房的安全出口及数量应如何确定?
9. 哪些厂房需要设置泄压设施? 泄压设施宜采用什么材料?

# 第七章　灭火技术

**学习目标**

1. 掌握灭火的基本原理、常用灭火剂的灭火原理与适用范围；
2. 了解灭火器的分类方法，掌握灭火器的使用方法、维护与报废要求；
3. 熟悉灭火器的配置设计计算；
4. 掌握室内外消火栓的系统组成和工作原理；
5. 掌握自动喷水灭火系统的系统组成和工作原理。

## 第一节　灭火剂

### 一、灭火的基本原理

一切灭火方法都是为了破坏已经产生的燃烧条件，只要失去其中任何一个条件，燃烧就会停止。但由于在灭火时，燃烧已经开始，控制火源已经没有意义，主要是消除前两个条件，即可燃物和氧化剂。

根据物质燃烧原理及与火灾斗争的实践经验，灭火的基本方法有：减少空气中氧含量的窒息灭火法；降低燃烧物质温度的冷却灭火法；隔离与火源相近可燃物质的隔离灭火法；消除燃烧过程中自由基的化学抑制灭火法。

1. 冷却灭火法

此法是常用的灭火方法。即将灭火剂直接喷洒在燃烧着的物体上，将可燃物质的温度降到燃点以下以终止燃烧。也可用灭火剂喷洒在火场附近未燃的可燃物上起冷却作用，防止其受辐射热影响升温而起火。

2. 隔离灭火法

这也是常用的灭火方法之一。即将燃烧物质与附近未燃的可燃物质隔离或疏散开，使燃烧因缺少可燃物质而停止。这种灭火方法适用于扑救各种固体、液体和气体火灾。

隔离灭火法常用的具体措施有：

(1)将可燃、易燃、易爆物质和氧化剂，从燃烧区移出至安全地点；

(2)关闭阀门，阻止可燃气体、液体流入燃烧区；

(3)用泡沫覆盖已着火的可燃液体表面，把燃烧区与可燃液体表面隔开，阻止可燃蒸气进入燃烧区；

(4)拆除与燃烧物相连的易燃建筑物；

(5)在着火林区周围挖隔离带；

(6)用水流、泥浆或用爆炸等方法封闭井口。

3. 窒息灭火法

此法即阻止空气流入燃烧区，或用惰性气体稀释空气，使燃烧物质因得不到足够的氧气而熄灭。在火场上运用窒息法灭火时，可采用石棉布、浸湿的棉被、帆布、沙土等不燃或难燃材料覆盖燃烧物或封闭孔洞；用水蒸气、惰性气体通入燃烧区域内；利用建筑物上原来的门、窗以及生产、储运设备上的盖、阀门等，封闭燃烧区，阻止新鲜空气流入等。此外，在万不得已而条件又许可的情况下，也可采取用水淹没(灌注)的方法灭火。

采用窒息灭火法，须注意以下几个问题：

(1)此法适用于扑救燃烧部位空间较小，容易堵塞封闭的房间、生产及储运设备内发生的火灾，而且燃烧区域内应没有氧化剂存在。

(2)在采用水淹办法救火时，必须考虑到水与可燃物质接触后是否会产生不良后果，如有，则不能用。

(3)采用此法时，必须在确认火已熄灭后，方可打开孔洞进行检查。严防因过早打开封闭的房间或设备，新鲜空气流入，导致“死灰复燃”。

4. 化学抑制灭火法

窒息、冷却、隔离灭火法，在灭火过程中，灭火剂不参与燃烧反应，属于物理灭火方法。而化学抑制灭火法则是使灭火剂参与到燃烧反应中去，起到抑制反应的作用。具体说就是使燃烧反应中产生的自由基与灭火剂中的卤素离子相结合，形成稳定分子或低活性的自由基，从而切断了自由基的连锁反应链，使燃烧停止。

根据上述四种基本灭火方法所采取的具体灭火措施是多种多样的。在灭火中，应根据可燃物的性质、燃烧特点、火灾大小、火场的具体条件以及消防技术装备的性能等实际情况，选择一种或几种灭火办法。一般说来，几种灭火法综合运用效果较好。

无论哪种灭火方法，都要重视初起灭火。所谓初起灭火，即在火灾初起时，一个人(或几个人)就能将火灾扑灭，这种灭火活动称为初起灭火。由于一般情况下发生火灾时，火灾的规模随时间推移成指数关系扩大，所以应采取措施，力求在火灾初起时迅速将火扑灭。很多案例都是在火灾发生后，才发现没有消防设施，贻误了扑救时机，酿成巨大损失。为此，需要做好下列几项工作：

(1)制定防火计划，火灾事故应急预案，健全消防体制，进行防火教育及训练，以在火灾发生时能采取恰当对策，迅速行动；

(2)平时彻底检查、整治、消除能够引起火灾扩大的条件；

(3)经常对消防器材进行维护检查，做到随时可用。

## 二、灭火剂的主要类型

灭火剂是能够有效地破坏燃烧条件，终止燃烧的物质。

选择灭火剂的基本要求是灭火效能高，使用方便，来源丰富，成本低廉，对人、物和环境基本无害。

灭火剂的种类很多，常用的有十余种，下面做简要介绍。

1. 水灭火剂

水是不燃液体，它的来源丰富，取用方便，价格便宜，是最常用的天然灭火剂。水既可以单独使用，也可以与不同的化学剂组成混合液使用。

(1)水的灭火原理

①冷却作用。水的比热容比任何其他液体都大。1g 水温度升高 1℃需要吸收 4.18J 的热量。水的汽化热也很大，1g 水在 100℃时变成同温度的水蒸气需要吸收 225.7J 的热量。水喷洒到火源处，使水温升高并汽化，就会大量吸收燃烧物的热量，降低火区温度，使燃烧反应速度降低，最终停止燃烧。一般情况下冷却作用是水的主要灭火作用。

②对氧气的稀释作用。水在火区汽化，产生大量水蒸气(1L 水能汽化成 1700L 水蒸气)，降低了火区的氧气浓度。当空气中的水蒸气体积浓度达到 35%时，燃烧就会停止。

③水流冲击作用。从水枪喷射出的水流具有速度快、冲击力大的特点，可以冲散燃烧物，使可燃物相互分离，使火势减弱。快速的水流，带动空气扰动，使火焰不稳定，或者冲断火焰，使之熄灭。

(2)水流形态

①直流水和开花水。由直流水枪喷出的密集水流称为直流水。直流水射程远，冲击力强，是水灭火的最常用方式。由开花水枪喷出的滴状水流称为开花水，开花水水滴直径一般大于 100μm。

②细水雾。所谓“细水雾”，是指在最小设计工作压力下、距喷嘴 1m 处的平面上，测得水雾最粗部分的水微粒直径 $D_{V0.99}$不大于 1000μm。细水雾灭火技术是利用水雾喷头在一定水压下将水流分锯成细小水雾滴进行灭火或防护冷却的一种固定式灭火技术，是在自动喷水灭火技术的基础上发展起来的，具有无环境污染(不会损耗臭氧层或产生温室效应)、灭火迅速、耗水量低、对防护对象破坏性小等特点，在喷水灭火系统中占有重要的地位，已被看作是卤代烷系列灭火剂的主要替代品。

细水雾液滴的直径很小，增加了单位体积水微粒的表面积。而表面积的增大，更容易进行热吸收，冷却燃烧反应区。水微粒容易汽化，汽化后体积增大约 1700 倍。由于水蒸气的产生，既稀释了火焰附近氧气的浓度，窒息了燃烧反应，又有效地控制了热辐射。可以认为，细水雾灭火主要是通过高效率的冷却与缺氧窒息的双重作用。

③水蒸气。水蒸气是不燃的惰性气体，它能稀释或置换燃烧区内的可燃气体和助燃气体，从而达到窒息灭火的作用。

(3)水灭火剂的优缺点

①水的优点

a. 与其他灭火剂比，水的比热容较大，冷却作用显著；

b. 价格便宜；

c. 易于远距离输送；

d. 水在化学上呈中性，对人、物、环境无毒、无害。

②水的缺点

a. 水在零度下会结冰，当泵暂时停止供水时，会在管道中形成冰冻堵塞；

b. 水对很多物品如档案、图书、珍贵物品等，有破坏作用；

c. 许多物品经水浸湿后会膨胀变重，有可能使楼板发生危险，如书库、棉布或棉花仓库等；

d. 用水扑救橡胶粉、煤粉等物品的火灾时，由于水不能或很难浸透燃烧物，因而灭火效率很低，必须向水中添加润湿剂才能弥补以上不足。

(4) 水灭火剂的适用范围

除以下情况下，都可以考虑用水灭火。

①遇水放出易燃气体的物质。如轻金属、电石等着火不能用水扑救。因为它们能与水起化学反应，生成可燃性气体及放热，扩大火势甚至导致爆炸。

②不溶于水，且相对分子质量比水小的易燃液体，如汽油、煤油等着火不能用水扑救。但原油、重油可用雾状水扑救。

③直流水不能扑救带电设备火灾，也不能扑救可燃性粉尘聚集处的火灾。

④不能用直流水扑救储存有大量浓硫酸、浓硝酸场所的火灾，因为水流能引起酸的飞溅、流散，遇可燃物质后，又有引起燃烧的危险。

⑤高温设备着火，不宜用水扑救，因为这会使金属机械强度受到影响。

⑥精密仪器设备、贵重文物档案、图书着火，不宜用水扑救。

以上各条不是绝对的。在一些特定条件下，采取适当措施，采用水的适当形式(如雾状水，水蒸气等)可以扑救一些原来不能用水扑救的火灾。

2. 泡沫灭火剂

凡能与水混溶，并可通过化学反应或机械方法产生泡沫的灭火药剂，称为泡沫灭火剂。

(1) 泡沫灭火剂分类

按照生成泡沫的机理，泡沫灭火剂可以分为化学泡沫灭火剂和空气泡沫灭火剂两大类。化学泡沫是通过硫酸铝和碳酸氢钠的水溶液发生化学反应，产生二氧化碳而形成泡沫。空气泡沫是由含有表面活性剂的水溶液在泡沫发生器中通过机械作用而产生的，泡沫中所含的气体为空气。空气泡沫也称为机械泡沫。空气泡沫灭火剂种类繁多，根据发泡倍数的不同可分为低倍数泡沫、中倍数泡沫和高倍数泡沫灭火剂，根据发泡剂的类型和用途，低倍数泡沫又分为五种类型，见表 7-1。

**表 7-1　泡沫灭火剂分类**

<table>
<tr><td rowspan="8">泡沫灭火剂</td><td colspan="3">化学泡沫灭火剂</td></tr>
<tr><td rowspan="7">空气泡沫灭火剂</td><td colspan="2">高倍数泡沫(发泡倍数：200~1000 倍)</td></tr>
<tr><td colspan="2">中倍数泡沫(发泡倍数：20~200 倍)</td></tr>
<tr><td rowspan="5">低倍数泡沫<br>(发泡倍数：<20 倍)</td><td>蛋白泡沫</td></tr>
<tr><td>氟蛋白泡沫</td></tr>
<tr><td>水成膜泡沫</td></tr>
<tr><td>合成泡沫</td></tr>
<tr><td>抗溶泡沫</td></tr>
</table>

化学泡沫虽然具有良好的灭火性能，但由于化学泡沫灭火设备较为复杂、投资大、维护费用高，近年来多采用灭火设备简单、操作方便的空气泡沫灭火。

(2) 灭火原理

①由于泡沫的相对密度较小，可漂浮于可燃液体的表面，或黏附在可燃固体的表面，形成泡沫覆盖层，使燃烧物表面与空气隔离。

②泡沫层可以遮挡火焰对燃烧物表面的热辐射，降低可燃液体的蒸发速度或固体的热分解速度，使可燃气体难以进入燃烧区。

③泡沫层中析出的水分对燃烧表面有冷却作用。

④泡沫中的水分受热蒸发产生的水蒸气进入燃烧区有降低氧气浓度的作用。

(3)适用范围

泡沫灭火剂主要用于扑救各种可燃、易燃液体火灾，如石油产品等的火灾，也可用来扑救木材、纤维、橡胶等固体物质火灾。扑救水溶性可燃、易燃液体火灾时应使用抗溶性泡沫灭火剂，如醇、酯、醛、酮、有机酸和胺等液体火灾。

高倍数泡沫灭火剂可用来扑救非水溶性易燃液体、可燃液体及一般固体物质的火灾。对仓库、飞机库、地下室和坑道都适用。但高倍数泡沫由于密度小，流动性好，不适合扑救油罐火灾，因油罐着火时有一股很大的上升气流，高倍数泡沫不能覆盖到油面上。

由于泡沫灭火剂中含一定量的水，所以不能用来扑救带电设备及遇水放出易燃气体的物质引起的火灾。

3. 干粉灭火剂

干粉灭火剂是一种干燥的、易于流动的微细固体粉末，由能灭火的基料(90%以上)和防潮剂、流动促进剂、结块防止剂等添加剂组成。在救火中，干粉借助气体压力从容器中喷出，一般以粉雾形式灭火。

(1)分类

干粉灭火剂大致分为普通干粉、多用型干粉和专用干粉。

①普通干粉以碳酸氢钾或碳酸氢钠为基料制成，并采用全硅化防潮处理，主要用于扑灭易燃液体和气体火灾，因而又称为 BC 干粉。

②多用干粉又称为磷铵干粉，主要成分为磷酸氢二铵、磷酸二氢铵、磷酸铵或焦磷酸盐，并加入一些硫酸铵、硅油等添加剂，进行全硅化防潮处理。这种干粉可广泛用于扑灭可燃固体、液体、气体及带电设备火灾，因此又称为 ABC 干粉。

③专用干粉主要是指扑灭轻金属火灾的干粉，又称为 D 类干粉，其基料成分主要有氯化钾、氯化钠、氯化钡、碳酸钠等。

(2)灭火原理

①化学抑制作用。当粉粒与火焰中产生的自由基接触时，自由基被瞬时吸附在粉粒表面，并发生如下反应：

$$\text{M(粉粒)}+OH^{\bullet}\longrightarrow MOH$$

$$MOH+H^{\bullet}\longrightarrow M+H_2O$$

这样，借助粉粒的作用消耗了燃烧反应中的自由基($OH^{\bullet}$和$H^{\bullet}$)，使其数量急剧减少而导致燃烧反应中断，使火焰熄灭。

②隔离作用。喷出的粉末覆盖在燃烧物表面上，能形成阻碍燃烧的隔离层。

③冷却作用和窒息作用。粉末在高温下，将放出结晶水或发生分解，反应方程式如下：

$$2NaHCO_3\longrightarrow Na_2CO_3+H_2O+CO_2$$

该反应是吸热反应，而分解生成的不活泼气体又可稀释燃烧区的氧气浓度，起到冷却与窒息作用。

(3)优缺点与适用范围

干粉灭火剂综合了泡沫、二氧化碳、卤代烷等灭火剂的特点，灭火效率高。此外干粉灭火剂还具有以下优点：

①干粉的物理化学性质稳定，无毒性、不腐蚀、不导电、易于长期储存；

②干粉适用温度范围广，能在-50~60℃的温度条件下贮存与使用；

③干粉雾能防止热辐射，因而在大型火灾中，即使不穿隔热服也能进行灭火；

④干粉可用管道进行输送。

适用范围：BC 干粉适用于易燃、可燃液体、气体及带电设备的前期火灾，不适合固体类物质火灾；ABC 干粉适用于易燃、可燃液体、气体和电气设备的初起火灾，还能有效地扑救木材、纸张、纤维等 A 类固体物质火灾。

干粉灭火剂也有缺点：

①在密闭房间中，使用干粉时会形成强烈的粉雾，且灭火后留有残渣，因而不适于扑救精密仪器设备、旋转电机等的火灾；

②干粉的冷却作用较弱，不能扑救阴燃火灾，不能迅速降低燃烧物品表面温度，容易发生复燃。因此，干粉若与泡沫或喷雾水配合使用，效果更佳。

4. 二氧化碳灭火剂

(1)灭火原理

二氧化碳灭火剂在消防工作上有较广泛的应用。二氧化碳是以液态形式加压充装于灭火器钢瓶中。当它从灭火器中喷出时，突然减压，一部分二氧化碳绝热膨胀，汽化，吸收大量热，使另一部分二氧化碳迅速冷却成固体雪花状二氧化碳(干冰)。“干冰”温度为-78.5℃，喷向着火处时，立即汽化，起到稀释氧浓度作用；由于汽化吸热又起到冷却作用；大量二氧化碳聚集在燃烧区周围，还能起隔离燃烧物与空气的作用。因此，二氧化碳的灭火效率也较高，当二氧化碳占空气浓度的30%~35%时，燃烧就会停止。

(2)适用范围

由于二氧化碳不导电，不含水分，灭火后很快散逸，不留痕迹，不污损仪器设备，所以它适用于扑救各种易燃液体火灾，特别适用于扑救 600V 以下的电气设备、精密仪器、贵重生产设备、图书、档案等火灾。

二氧化碳不能扑救锂、钠、钾、镁、铝等金属及其氧化物的火灾，也不能用于扑救如硝化棉、赛璐珞、火药等本身含氧的化学物质的火灾。

灭火时由于二氧化碳浓度增加，氧气浓度必然下降，对人有窒息作用。此外，还要注意使用二氧化碳灭火后，可燃物的温度仍然很高，要防止复燃。

除二氧化碳外，其他惰性气体如氮气、水蒸气，也可用作灭火剂。

5. 卤代烷灭火剂

卤代烷即碳氢化合物中氢原子完全地或部分地被卤族元素取代而生成的化合物。碳氢化合物多为甲烷、乙烷，卤族元素多为氟、氯、溴。它的编号原则是：第一个数字代表分子中碳原子数目；第二个数字代表氟原子数目；第三个数字代表氯原子数目；第四个数字代表溴原子数目；第五个数字代表碘原子的数目。如 2005 年以前国内常用 1211(二氟一氯一溴甲烷)、1202(二氟二溴甲烷)、1301(三氟一溴甲烷)及 2402(四氟二溴乙烷)等灭火剂。

(1)灭火原理

①主要是化学抑制作用。即卤代烷分子参与燃烧反应，其卤素原子能与燃烧反应中的自由基结合生成较为稳定的化合物，从而使燃烧反应因缺少自由基而终止。

②冷却作用。卤代烷灭火剂通常经加压液化储于钢瓶中。使用时因减压汽化而吸热，所以对燃烧物有冷却作用。但它的汽化热只有水汽化热的 1/10~1/15，故冷却作用不是很强。

(2)优缺点及适用范围

卤代烷灭火剂具有灭火效率高、腐蚀性小、久储不变质、灭火后不留痕迹、不污染被保护物、绝缘性能好等优点。

主要适用于扑救易燃、可燃液体、气体及带电设备的初起火灾；扑救精密仪器、仪表、贵重的物资、珍贵文物、图书档案等初起火灾。

卤代烷灭火剂的主要缺点是毒性较高。试验证明，短暂地接触(1min 以内)时，如 1211 体积浓度在 4%以上，1301 浓度在 7%以上，人就会发生中毒反应。因此在狭窄的、密闭的、通风条件不好的场所，如防空洞、地下室、矿井等，最好使用无毒灭火剂(如泡沫、干粉等)灭火。

此外，卤代烷不能用来扑救阴燃火灾，因为此时会形成有毒的热分解产物。卤代烷也不能扑救轻金属，如镁、铝、钠等的火灾，因为它们能与这些轻金属起化学反应且发生爆炸。

由于卤代烷灭火剂会破坏大气臭氧层，对地球生态环境和人类危害很大，我国在 2005 年已完全停止生产卤代烷灭火剂。近年来已有一些新型卤代烷灭火剂投入使用，例如七氟丙烷($C_3F_7H$)，商品名为 FM-200。由于其成分中不含有氯和溴，故对大气臭氧层的危害潜能值(ODP)较小，在大气中的残留时间也比较短，是理想的卤代烷替代物，在欧美已经得到普及应用，在我国也得到迅速推广应用。

七氟丙烷灭火剂在大气中完全汽化不留残渣，具有良好的气相电绝缘性，适用于以全淹没灭火方式扑救电气火灾、液体火灾或可熔固体火灾、固体表面火灾、灭火前能切断气源的气体火灾，保护计算机房、通讯机房、变配电室、精密仪器室等场所。

6. 其他灭火剂

(1)烟烙尽

烟烙尽(IG541)是一种混合气体灭火剂，一般是由 52%的氮、40%的氩和 8%的二氧化碳组成的，主要通过降低着火区的氧浓度来灭火的。由于烟烙尽是由大气中的基本气体组成的，因而对大气臭氧层没有耗损，在灭火时也不会参与化学反应，且灭火后没有残留物，故不会污染环境。这种灭火剂平时以气态形式储存，在喷放时不会形成浓雾，使人员在火灾时能清楚地分辨逃生方向。此外，它还有良好的电绝缘性。

但是烟烙尽灭火剂的灭火浓度较高，通常达到 37.5%以上。在应用中，需要较长的喷放时间。烟烙尽的组分对人没有毒性影响，但当其浓度过高时，可致使氧浓度过于降低，会对人的呼吸造成一定影响。因此也应当严防烟烙尽灭火系统的误操作。

(2)7150 灭火剂

7150 灭火剂是一种无色透明液体，成分为三甲氧基硼氧六环，分子式为$(CH_3O)_3B_3O_3$，是扑灭镁、铝等轻金属及其合金火灾的有效灭火剂。

7150 灭火剂主要充灌在储压式灭火器中使用。所用的加压气体为干燥的空气或氮气。

(3)其他

用砂、土覆盖物来灭火也很广泛。它们覆盖在燃烧物上，主要起到与空气隔绝的作用，其次砂、土也可从燃烧物吸收热量，起到一定的冷却作用。

## 三、灭火剂的选用

当发生火灾时，要视火灾类别和具体情况，根据表 7-2 选用适当的灭火剂，以求最好的灭火效果。

表 7-2　各类灭火剂的适用范围表

| 灭火剂种类 | | | 火灾种类 | | | | |
| --- | --- | --- | --- | --- | --- | --- | --- |
| | | | 可燃固体火灾 | 可燃液体火灾 | | 带电设备火灾 | 金属火灾 |
| | | | | 非水溶性 | 水溶性 | | |
| 液体 | 水 | 直流 | ○ | × | × | × | × |
| | | 喷雾 | ○ | △ | ○ | ○ | × |
| | 水溶液 | 直流(加强化剂) | ○ | × | × | × | × |
| | | 喷雾(加强化剂) | ○ | ○ | ○ | × | × |
| | | 水加表面活性剂 | ○ | △ | △ | × | × |
| | 泡沫 | 蛋白泡沫 | ○ | ○ | × | × | × |
| | | 氟蛋白泡沫 | ○ | ○ | × | × | × |
| | | 水成膜泡沫(轻水) | ○ | ○ | × | × | × |
| | | 合成泡沫 | ○ | ○ | × | × | × |
| | | 抗溶泡沫 | ○ | △ | ○ | × | × |
| | | 高、中倍数泡沫 | ○ | ○ | × | × | × |
| | 特殊液体(7150 灭火剂) | | × | × | × | × | ○ |
| 气体 | 卤代烷 | 七氟丙烷 | △ | ○ | ○ | ○ | × |
| | 不燃气体 | 二氧化碳 | △ | ○ | ○ | ○ | × |
| | | 氮　气 | △ | ○ | ○ | ○ | × |
| 固体 | 干粉 | 钠盐、钾盐干粉 | △ | ○ | ○ | ○ | × |
| | | 磷酸盐干粉 | ○ | ○ | ○ | ○ | × |
| | | 金属火灾用干粉 | × | × | × | × | ○ |
| | 烟雾灭火剂 | | × | ○ | × | × | × |

注：○—适用；△—一般不用；×—不适用。

# 第二节　灭　火　器

## 一、灭火器分类

灭火器是指在其压力作用下，将所装填的灭火剂喷出，以扑救初起火灾的小型灭火器具。灭火器是一种可携式灭火工具，由于它的结构简单，操作方便，使用面广，对扑灭初起火灾有一定效果，因此被广泛应用于各类场所。

1. 灭火器的分类

(1)按充装灭火剂的种类分

按充装灭火剂的种类分为：

①水基型灭火器　包括清洁水或带添加剂的水，如湿润剂、增稠剂、阻燃剂或发泡剂等；

②干粉灭火器　干粉有“BC”或“ABC”型或灭 D 类火特别配置的；

③二氧化碳灭火器；

④洁净气体灭火器。

(2)按灭火器的质量及移动方式分类

①手提式灭火器　手提式灭火器的灭火剂充装量一般小于20kg，是能手提移动实施灭火的便携式灭火器，应用较为广泛。

②推车式灭火器　推车式灭火器总装量较大，灭火剂充装量一般在20kg以上，其操作一般需两人协同进行。通过其上固有的轮子可推行移动实施灭火，该灭火器灭火能力较大。

(3)按加压方式分

①储气瓶式灭火器　灭火器中的灭火剂是由一个专门储存压缩空气的钢瓶释放气体加压驱动的。

②储压式灭火器　灭火器中的灭火剂是由与其同储于一个容器内的压缩气体或灭火剂蒸气的压力所驱动的。

2. 灭火器型号

GB 4351—2005《手提式灭火器》和GB 8109—2005《推车式灭火器》中规定了灭火器的型号编制方法。手提式灭火器型号编制方法如图7-1所示，推车式灭火器型号编制方法如图7-2所示，灭火剂代号和特定的灭火剂特征代号见表7-3。

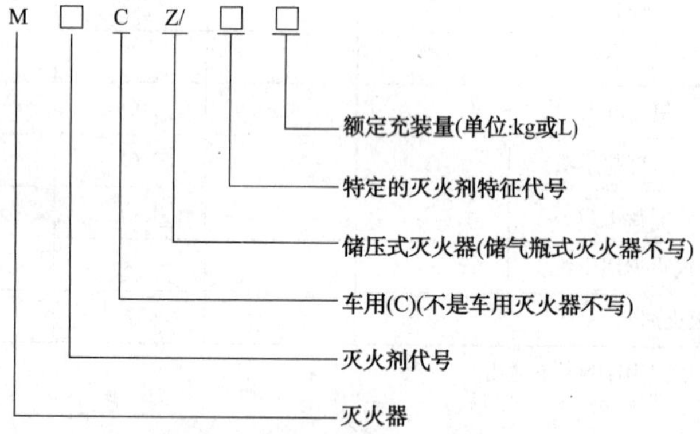


图7-1　手提式灭火器型号编制方法

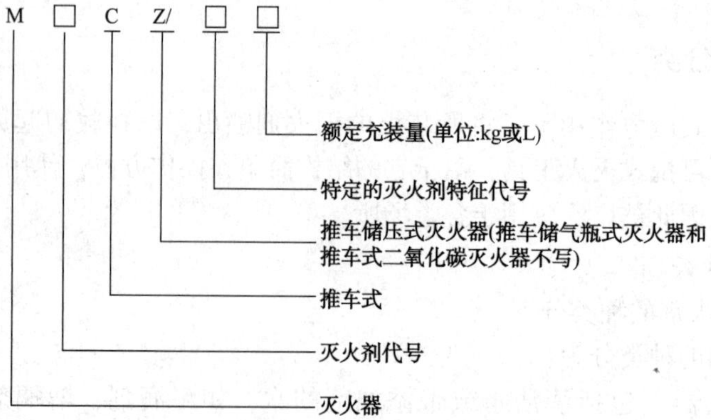


图7-2　推车式灭火器型号编制方法

表 7-3　灭火剂代号和特定的灭火剂特征代号

| 分类 | 灭火剂代号 | 灭火剂代号含义 | 特定的灭火剂特征代号 | 特征代号含义 |
| --- | --- | --- | --- | --- |
| 水基型灭火器 | S | 清水或带添加剂的水，但不具有发泡倍数和25%析液时间要求 | AR(不具有此性能不写) | 具有扑灭水溶性液体燃料火灾的能力 |
| | P | 泡沫灭火剂，具有发泡倍数和25%析液时间要求。包括：P、FP、S、AR、AFFF 和 FFFP 等灭火剂 | AR(不具有此性能不写) | 具有扑灭水溶性液体燃料火灾的能力 |
| 干粉灭火器 | F | 干粉灭火剂。包括：BC 型和 ABC 型干粉灭火剂 | ABC(BC 干粉灭火剂不写) | 具有扑灭 A 类火灾的能力 |
| 二氧化碳灭火器 | T | 二氧化碳灭火剂 | — | |
| 洁净气体灭火器 | J | 洁净气体灭火剂。包括：卤代烷烃类气体灭火剂、惰性气体灭火剂和混合气体灭火剂等 | — | |

## 二、灭火器的适用范围

1. 水基型灭火器

水基型灭火器是指内部充入的灭火剂是以水为基础的灭火器，一般由水、氟碳催渗剂、碳氢催渗剂、阻燃剂、稳定剂等多组分配合而成，以氮气(或二氧化碳)为驱动气体，是一种高效的灭火剂。

常用的水基型灭火器有清水灭火器、水基型泡沫灭火器和水基型水雾灭火器三种。

(1)清水灭火器

清水灭火器是指筒体中充装的是清洁的水，并以二氧化碳(氮气)为驱动气体的灭火器。一般有 6L 和 9L 两种规格，灭火器容器内分别盛装有 6L 和 9L 的水。

清水灭火器由保险帽、提圈、筒体、二氧化碳(氮气)气体储气瓶和喷嘴等部件组成，使用时摘下保险帽，用手掌拍击开启杆顶端灭火器头，清水便会从喷嘴喷出。它主要用于扑救固体物质火灾，如木材、棉麻、纺织品等的初起火灾，但不适于扑救油类、电气、轻金属以及可燃气体火灾。清水灭火器的有效喷水时间为 1min 左右，所以当灭火器中的水喷出时，应迅速将灭火器提起，将水流对准燃烧最猛烈处喷射；同时，清水灭火器在使用中应始终与地面保持大致垂直状态，不能颠倒或横卧，否则会影响水流的喷出。

(2)水基型泡沫灭火器

水基型泡沫灭火器内部装有 AFFF 水成膜泡沫灭火剂和氮气，可在烃类物质表面迅速形成一层能抑制其蒸发的水膜，靠泡沫和水膜的双重作用迅速有效地灭火，是化学泡沫灭火器的更新换代产品。它能扑灭可燃固体和液体的初起火灾，更多地用于扑救石油及石油产品等非水溶性物质的火灾(抗溶性泡沫灭火器可用于扑救水溶性易燃、可燃液体火灾)。

(3)水基型水雾灭火器

水基型水雾灭火器是一种新型水雾灭火器，属物理灭火机理。灭火药剂在可燃物表面形成一层薄水膜，使可燃物与空气隔离，实现灭火；经雾化喷嘴，喷射出细水雾，漫布火场并吸收热量，迅速降低火场温度，同时降低燃烧区空气中氧的浓度，防止复燃。

水基型水雾灭火器具有绿色环保(灭火后药剂可100%生物降解，不会对周围设备与空间造成污染)、高效阻燃、抗复燃性强、灭火速度快、渗透性强等特点。主要适用于扑救易燃固体、液体的初起火灾。

2. 干粉灭火器

干粉灭火器是利用氮气作为驱动动力，将筒内的干粉喷出灭火的灭火器。ABC型干粉灭火器可扑灭一般的可燃固体火灾，石油、有机溶剂等易燃液体、可燃气体和电气设备的初期火灾。

3. 二氧化碳灭火器

二氧化碳灭火器的容器内充装的是二氧化碳气体，靠自身的压力驱动喷出进行灭火。二氧化碳灭火器具有流动性好、喷射率高、不腐蚀容器和不易变质等优良性能，适用于扑灭图书、档案、贵重设备、精密仪器、600V以下电气设备及油类的初起火灾。

4. 洁净气体灭火器

洁净气体灭火器是将洁净气体(如IG541、七氟丙烷等)灭火剂直接加压充装在容器中，使用时，灭火剂从灭火器中排出形成气雾状射流射向燃烧物，当灭火剂与火焰接触时发生一系列物理化学反应，使燃烧中断，达到灭火目的。洁净气体灭火器适用于扑救可燃液体、可燃气体和可熔化的固体物质以及带电设备的初期火灾。

## 三、灭火器的构造与使用方法

灭火器配件主要由灭火器筒体、阀门(俗称器头)、灭火剂、保险销、虹吸管、密封圈和压力指示器(二氧化碳灭火器除外)等组成。

1. 手提式灭火器

(1)手提式干粉灭火器

手提式灭火器的结构根据驱动气体的驱动方式可分为储压式、外置储气瓶式、内置储气瓶式三种形式。外置储气瓶式和内置储气瓶式主要应用于干粉灭火器，但随着科技的发展，性能安全可靠的储压式干粉灭火器逐步取代了储气瓶式干粉灭火器，市场上主要是储压式结构的灭火器，如干粉灭火器、水基型灭火器等都是储压式结构，如图7-3所示。

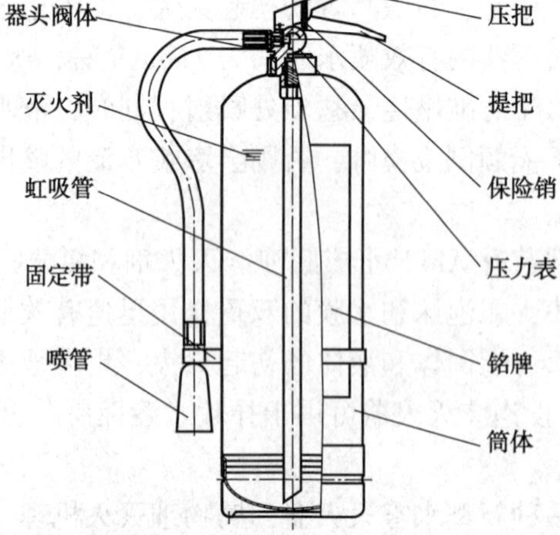


图7-3 手提储压式灭火器结构

手提储压式灭火器主要由筒体、器头阀门、喷(头)管、保险销、灭火剂、驱动气体(一般为氮气)，与灭火剂一起充装在灭火器筒体内，额定压力一般在1.2~1.5MPa、压力表以及铭牌等组成。在待用状态下，灭火器内驱动气体的压力通过压力表显示出来，以便判断灭火器是否失效。

使用手提式干粉灭火器时，应手提灭火器的提把或肩扛灭火器到火场。在距燃烧处5m左右，放下灭火器，先拔出保险销，一手握住开启压把，另一手握在喷射软管前端的喷嘴处。如果灭火器无喷射软管，则可一手握住开启压把，另一手扶住灭火器底部的底圈部分。先将喷嘴对准燃烧处，用力握紧开启压把，对准火焰根部扫射。在使用干粉灭火器灭火的过程中要注意，如果在室外，则应尽量选择在上风方向。

(2)手提式二氧化碳灭火器

手提式二氧化碳灭火器结构与手提储压式灭火器结构相似，只是充装压力较高而已，一般在5.0MPa左右，二氧化碳既是灭火剂又是驱动气体。以前二氧化碳灭火器除鸭嘴式外还有一种手轮式结构，由于操作不便、开启速度慢等原因，现已明令淘汰。手提式二氧化碳灭火器结构如图7-4所示。

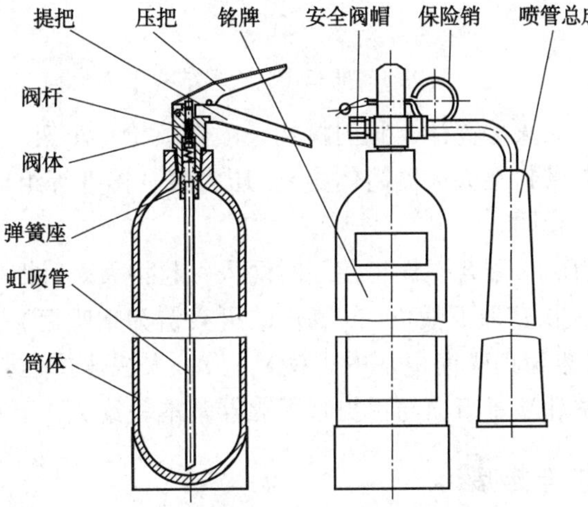


图7-4　手提式二氧化碳灭火器结构

手提式二氧化碳灭火器的结构与其他手提式灭火器的结构基本相似，只是二氧化碳灭火器的充装压力较大，取消了压力表，增加了安全阀。判断二氧化碳灭火器是否失效一般采用称重法。标准要求二氧化碳灭火器每年至少检查一次，低于额定充装量的95%就应进行检修。

灭火时只要将灭火器提到火场，在距燃烧物5m左右，放下灭火器拔出保险销，一手握住喇叭筒根部的手柄，另一只手紧握启闭阀的压把。对没有喷射软管的二氧化碳灭火器，应把喇叭筒往上扳70°~90°，灭火时，当可燃液体呈流淌状燃烧时，使用者将二氧化碳灭火剂的喷流由近而远向火焰喷射。如果可燃液体在容器内燃烧，则使用者应将喇叭筒提起，从容器的一侧上部向燃烧的容器中喷射，但不能将二氧化碳射流直接冲击可燃液面，以防止将可燃液体冲出容器而扩大火势，造成灭火困难。使用二氧化碳灭火器扑救电气火灾时，如果电压超过600V，则应先断电后灭火。

**注意：**使用二氧化碳灭火器时，在室外使用的，应选择在上风方向喷射，使用时宜佩戴手套，不能直接用手抓住喇叭筒外壁或金属连接管，以防止手被冻伤；在室内狭小空间使用的，灭火后操作者应迅速离开，以防窒息。

2. 推车式灭火器

推车式灭火器结构如图 7-5 所示。

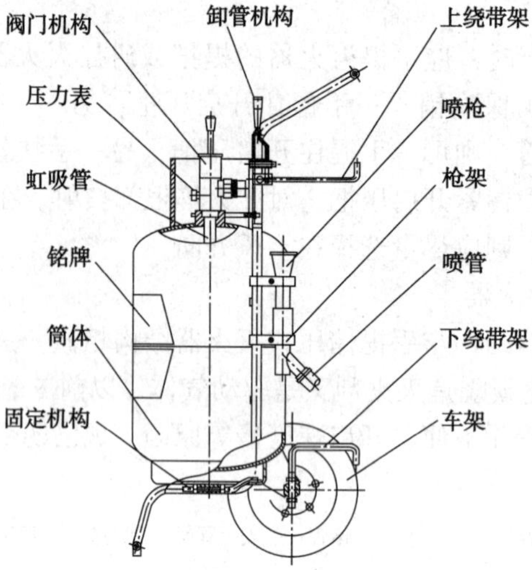


图 7-5 推车式灭火器结构

推车式灭火器主要由灭火器筒体、阀门机构、喷管喷枪、车架、灭火剂、驱动气体(一般为氮气，与灭火剂一起密封在灭火器筒体内)、压力表及铭牌等组成。铭牌的内容与手提式灭火器的铭牌内容基本相同。

推车式灭火器一般由两人配合操作，使用时两人一起将灭火器推或拉到燃烧处，在离燃烧物 10m 左右停下，一人快速取下喷枪(二氧化碳灭火器为喇叭筒)并展开喷射软管，然后握住喷枪(二氧化碳灭火器为喇叭筒根部的手柄)，另一人快速按逆时针方向旋动手轮，并开到最大位置。灭火方法和注意事项与手提式灭火器基本一致。

## 四、灭火器的维护与报废

灭火器的检查与维护应由相关技术人员承担，每次送修的灭火器数量不得超过计算单元配置灭火器总数量的 25%，超出时，应选择相同类型和操作方法的灭火器替代，替代灭火器的灭火级别不应小于原配置灭火器的灭火级别，检查或维修后的灭火器均应按原设置点位置摆放，灭火器的维修、报废工作应由灭火器生产企业或专业维修单位进行。

灭火器安全与有效使用需要满足一些基本条件，规范对灭火器的报废做了详细规定。

(1)应报废与淘汰灭火器的类型，这类灭火器主要有：酸碱型灭火器；化学泡沫型灭火器；倒置使用型灭火器；氯溴甲烷与四氯化碳灭火器；国家政策明令淘汰的其他类型灭火器。

(2)有下列情况之一的灭火器应报废：

①筒体严重锈蚀，锈蚀面积大于或等于筒体总面积的 1/3，表面有凹坑。

②筒体明显变形，机械损伤严重。

③器头存在裂纹，无泄压机构。

④筒体为平底等结构不合理。

⑤没有间歇喷射机构的手提式灭火器。

⑥没有生产厂名称和出厂年月的灭火器，包括铭牌脱落，或虽有铭牌，但已看不清生产厂名称，或出厂年月钢印无法识别。

⑦筒体有锡焊、铜焊或补缀等修补痕迹。

⑧被火烧过的。

(3)超过灭火器使用寿命周期的应该报废，灭火器出厂时间达到或超过表 7-4 规定的报废期限时应报废。

**表 7-4 灭火器的维修与报废期限**

| 灭火器类型 | | 维修期限 | 报废期限 |
|---|---|---|---|
| 水基型灭火器 | 手提式水基型灭火器 | 出厂期满 3 年；首次维修以后每满 1 年 | 6 年 |
| | 推车式水基型灭火器 | | |
| 干粉灭火器 | 手提式(储压式)干粉灭火器 | 出厂期满 5 年；首次维修以后每满 2 年 | 10 年 |
| | 手提式(储气瓶式)干粉灭火器 | | |
| | 推车式(储压式)干粉灭火器 | | |
| | 推车式(储气瓶式)干粉灭火器 | | |
| 洁净气体灭火器 | 手提式洁净气体灭火器 | | |
| | 推车式洁净气体灭火器 | | |
| 二氧化碳灭火器 | 手提式二氧化碳灭火器 | | 12 年 |
| | 推车式二氧化碳灭火器 | | |

(4)应报废的灭火器或储气瓶，必须在筒身或瓶体上打孔，并且用不干胶贴上“报废”的明显标志，内容应包括：“报废”二字，字体最小为 25mm×25mm；报废年、月；维修单位名称；检验员签章等。

(5)灭火器报废后，应按照等效替代的原则进行更换。

## 五、灭火器的配置

GB 50140—2005《建筑灭火器配置设计规范》中对生产、使用或储存可燃物的新建、改建、扩建的工业与民用建筑工程的灭火器配置做了详细的规定，主要目的是为了合理配置建筑灭火器，有效地扑救工业与民用建筑初起火灾，减少火灾损失，保护人身和财产的安全。下面对灭火器的配置做简要介绍。

1. 灭火器配置场所的火灾种类和危险等级

(1)火灾种类

灭火器配置场所的火灾种类应根据该场所内的物质及其燃烧特性进行分类。灭火器配置场所的火灾种类可划分为以下五类：

A 类火灾：指固体物质火灾。如木材、棉、毛、麻、纸张及其制品等燃烧的火灾。

B 类火灾：指液体火灾或可熔化固体物质火灾。如汽油、煤油、柴油、原油、甲醇、乙醇、沥青、石蜡等燃烧的火灾。

C 类火灾：指气体火灾。如煤气、天然气、甲烷、乙烷、丙烷、氢气等燃烧的火灾。

D 类火灾：指金属火灾。如钾、钠、镁、钛、锆、锂、铝镁合金等燃烧的火灾。

E 类(带电)火灾：指带电物体的火灾。如发电机房、变压器室、配电间、仪器仪表间和电子计算机房等在燃烧时不能及时或不宜断电的电气设备带电燃烧的火灾。E 类火灾是建筑灭火器配置设计的专用概念，主要是指发电机、变压器、配电盘、开关箱、仪器仪表和电子计算机等在燃烧时仍旧带电的火灾，必须用能达到电绝缘性能要求的灭火器来扑灭。对于那些仅有常规照明线路和普通照明灯具而且并无上述电气设备的普通建筑场所，可不按 E 类火灾的规定配置灭火器。

(2)危险等级

①工业建筑灭火器配置场所的危险等级

工业建筑灭火器配置场所的危险等级根据其生产、使用、储存物品的火灾危险性，可燃物数量，火灾蔓延速度，扑救难易程度等因素，划分为以下三级：

严重危险级：火灾危险性大，可燃物多，起火后蔓延迅速，扑救困难，容易造成重大财产损失的场所。

中危险级：火灾危险性较大，可燃物较多，起火后蔓延较迅速，扑救较难的场所。

轻危险级：火灾危险性较小，可燃物较少，起火后蔓延较缓慢，扑救较易的场所。

工业建筑灭火器配置场所的危险等级举例见附录 D。

②民用建筑灭火器配置场所的危险等级

民用建筑灭火器配置场所的危险等级根据其使用性质，人员密集程度，用电用火情况，可燃物数量，火灾蔓延速度，扑救难易程度等因素，划分为以下三级：

严重危险级：使用性质重要，人员密集，用电用火多，可燃物多，起火后蔓延迅速，扑救困难，容易造成重大财产损失或人员群死群伤的场所。

中危险级：使用性质较重要，人员较密集，用电用火较多，可燃物较多，起火后蔓延较迅速，扑救较难的场所。

轻危险级：使用性质一般，人员不密集，用电用火较少，可燃物较少，起火后蔓延较缓慢，扑救较易的场所。

民用建筑灭火器配置场所的危险等级举例见附录 E。

2. 灭火器的选择

(1)一般规定

①灭火器的选择应考虑的因素　灭火器配置场所的火灾种类；灭火器配置场所的危险等级；灭火器的灭火效能和通用性；灭火剂对保护物品的污损程度；灭火器设置点的环境温度；使用灭火器人员的体能。

②在同一灭火器配置场所，宜选用相同类型和操作方法的灭火器。当同一灭火器配置场所存在不同火灾种类时，应选用通用型灭火器。

③在同一灭火器配置场所，当选用两种或两种以上类型灭火器时，应采用灭火剂相容的灭火器。

不相容的灭火剂举例见表 7–5。

**表 7–5　不相容的灭火剂举例**

| 灭火剂类型 | 不相容的灭火剂 | |
|---|---|---|
| 干粉与干粉 | 磷酸铵盐 | 碳酸氢钠、碳酸氢钾 |
| 干粉与泡沫 | 碳酸氢钠、碳酸氢钾 | 蛋白泡沫 |
| 泡沫与泡沫 | 蛋白泡沫、氟蛋白泡沫 | 水成膜泡沫 |

(2)灭火器的类型选择

①A 类火灾场所应选择水型灭火器、磷酸铵盐干粉灭火器、泡沫灭火器或卤代烷灭火器。

②B 类火灾场所应选择泡沫灭火器、碳酸氢钠干粉灭火器、磷酸铵盐干粉灭火器、二氧化碳灭火器、灭 B 类火灾的水型灭火器或卤代烷灭火器。极性溶剂的 B 类火灾场所应选择灭 B 类火灾的抗溶性灭火器。

③C 类火灾场所应选择磷酸铵盐干粉灭火器、碳酸氢钠干粉灭火器、二氧化碳灭火器或卤代烷灭火器。

④D 类火灾场所应选择扑灭金属火灾的专用灭火器。

⑤E 类火灾场所应选择磷酸铵盐干粉灭火器、碳酸氢钠干粉灭火器、卤代烷灭火器或二氧化碳灭火器，但不得选用装有金属喇叭喷筒的二氧化碳灭火器。

⑥非必要场所不应配置卤代烷灭火器。非必要场所的举例见表 7-6 和表 7-7。必要场所可配置卤代烷灭火器。

**表 7-6　民用建筑类非必要配置卤代烷灭火器的场所举例**

| 序号 | 名　称 | 序号 | 名　称 |
|---|---|---|---|
| 1 | 电影院、剧院、会堂、礼堂、体育馆的观众厅 | 7 | 商店 |
| 2 | 医院门诊部、住院部 | 8 | 百货楼、营业厅、综合商场 |
| 3 | 学校教学楼、幼儿园与托儿所的活动室 | 9 | 图书馆一般书库 |
| 4 | 办公楼 | 10 | 展览厅 |
| 5 | 车站、码头、机场的候车、候船、候机厅 | 11 | 住宅 |
| 6 | 旅馆的公共场所、走廊、客房 | 12 | 民用燃油、燃气锅炉房 |

**表 7-7　工业建筑类非必要配置卤代烷灭火器的场所举例**

| 序号 | 名　称 | 序号 | 名　称 |
|---|---|---|---|
| 1 | 橡胶制品的涂胶和胶浆部位；压延成型和硫化厂房 | 18 | 润滑油再生部位或沥青加工厂房 |
| 2 | 橡胶、塑料及其制品库房 | 19 | 泡沫塑料厂的发泡、成型、印片、压花部位 |
| 3 | 植物油加工厂的浸出厂房；植物油加工精炼部位 | 20 | 化学、人造纤维及其织物和棉、毛、丝、麻及其织物的库房 |
| 4 | 黄磷、赤磷制备厂房及其应用部位 | 21 | 酚醛泡沫塑料的加工厂房 |
| 5 | 樟脑或松香提炼厂房、焦化厂精萘厂房 | 22 | 化纤厂后加工润湿部位；印染厂的漂炼部位 |
| 6 | 煤粉厂房和面粉厂房的碾磨部位 | 23 | 木工厂房和竹、藤加工厂房 |
| 7 | 谷物筒仓工作塔、亚麻厂的除尘器和过滤器室 | 24 | 纸张、竹、木及其制品的库房、堆场 |
| 8 | 散装棉花堆场 | 25 | 造纸厂或化纤厂的浆粕蒸煮工段 |
| 9 | 稻草、芦苇、麦秸等堆场 | 26 | 玻璃原料熔化厂房 |
| 10 | 谷物加工厂房 | 27 | 陶瓷制品的烘干、烧成厂房 |
| 11 | 饲料加工厂房 | 28 | 金属(镁合金除外)冷加工车间 |
| 12 | 粮食、食品库房及粮食堆场 | 29 | 钢材库房、堆场 |
| 13 | 高锰酸钾、重铬酸钠厂房 | 30 | 水泥库房 |
| 14 | 过氧化钠、过氧化钾、次氯酸钙厂房 | 31 | 搪瓷、陶瓷制品库房 |
| 15 | 可燃材料工棚 | 32 | 难燃烧或非燃烧的建筑装饰材料库房 |
| 16 | 可燃液体贮罐、桶装库房或堆场 | 33 | 原木堆场 |
| 17 | 柴油、机器油或变压器油灌桶间 | | |

3. 灭火器的设置

(1)一般规定

①灭火器应设置在位置明显和便于取用的地点，且不得影响安全疏散。

②对有视线障碍的灭火器设置点，应设置指示其位置的发光标志。

③灭火器的摆放应稳固，其铭牌应朝外。手提式灭火器宜设置在灭火器箱内或挂钩、托架上，其顶部离地面高度不应大于1.50m；底部离地面高度不宜小于0.08m。灭火器箱不得上锁。

④灭火器不宜设置在潮湿或强腐蚀性的地点。当必须设置时，应有相应的保护措施。灭火器设置在室外时，应有相应的保护措施。

⑤灭火器不得设置在超出其使用温度范围的地点。

(2)灭火器的最大保护距离

①设置在A类火灾场所的灭火器，其最大保护距离应符合表7-8的规定。

**表7-8　A类火灾场所的灭火器最大保护距离**　m

| 危险等级＼灭火器型式 | 手提式灭火器 | 推车式灭火器 |
|---|---|---|
| 严重危险级 | 15 | 30 |
| 中危险级 | 20 | 40 |
| 轻危险级 | 25 | 50 |

②设置在B、C类火灾场所的灭火器，其最大保护距离应符合表7-9的规定。

**表7-9　B、C类火灾场所的灭火器最大保护距离**　m

| 危险等级＼灭火器型式 | 手提式灭火器 | 推车式灭火器 |
|---|---|---|
| 严重危险级 | 9 | 18 |
| 中危险级 | 12 | 24 |
| 轻危险级 | 15 | 30 |

③D类火灾场所的灭火器，其最大保护距离应根据具体情况研究确定。

④E类火灾场所的灭火器，其最大保护距离不应低于该场所内A类或B类火灾的规定。

4. 灭火器的配置

(1)一般规定

①一个计算单元内配置的灭火器数量不得少于2具。

②每个设置点的灭火器数量不宜多于5具。

③当住宅楼每层的公共部位建筑面积超过100m$^2$时，应配置1具1A的手提式灭火器；每增加100m$^2$时，增配1具1A的手提式灭火器。

(2)灭火器的最低配置基准

①A类火灾场所灭火器的最低配置基准应符合表7-10的规定。

表 7-10 A 类火灾场所灭火器的最低配置基准

| 危险等级 | 严重危险级 | 中危险级 | 轻危险级 |
| --- | --- | --- | --- |
| 单具灭火器最小配置灭火级别 | 3A | 2A | 1A |
| 单位灭火级别最大保护面积/($m^2$/A) | 50 | 75 | 100 |

②B、C 类火灾场所灭火器的最低配置基准应符合表 7-11 的规定。

表 7-11 B、C 类火灾场所灭火器的最低配置基准

| 危险等级 | 严重危险级 | 中危险级 | 轻危险级 |
| --- | --- | --- | --- |
| 单具灭火器最小配置灭火级别 | 89B | 55B | 21B |
| 单位灭火级别最大保护面积/($m^2$/B) | 0.5 | 1.0 | 1.5 |

③D 类火灾场所的灭火器最低配置基准应根据金属的种类、物态及其特性等研究确定。

④E 类火灾场所的灭火器最低配置基准不应低于该场所内 A 类(或 B 类)火灾的规定。

5. 灭火器配置设计计算

(1)一般规定

①灭火器配置的设计与计算应按计算单元进行。灭火器最小需配灭火级别和最少需配数量的计算值应进位取整。

②每个灭火器设置点实配灭火器的灭火级别和数量不得小于最小需配灭火级别和数量的计算值。

③灭火器设置点的位置和数量应根据灭火器的最大保护距离确定，并应保证最不利点至少在 1 具灭火器的保护范围内。

(2)计算单元

①灭火器配置设计的计算单元的划分

a. 当一个楼层或一个水平防火分区内各场所的危险等级和火灾种类相同时，可将其作为一个计算单元。

b. 当一个楼层或一个水平防火分区内各场所的危险等级和火灾种类不相同时，应将其分别作为不同的计算单元。

c. 同一计算单元不得跨越防火分区和楼层。

②计算单元保护面积的确定

a. 建筑物应按其建筑面积确定。

b. 可燃物露天堆场，甲、乙、丙类液体储罐区，可燃气体储罐区应按堆垛、储罐的占地面积确定。

(3)配置设计计算

①计算单元的最小需配灭火级别应按式(7-1)计算：

$$Q=K\frac{S}{U} \tag{7-1}$$

式中 $Q$——计算单元的最小需配灭火级别，A 或 B；

$S$——计算单元的保护面积，$m^2$；

$U$——A 类或 B 类火灾场所单位灭火级别最大保护面积，$m^2$/A 或 $m^2$/B；

$K$——修正系数。

②修正系数应按表 7-12 的规定取值。

表 7-12　修正系数

| 计算单元 | K | 计算单元 | K |
|---|---|---|---|
| 未设室内消火栓系统和灭火系统 | 1.0 | 可燃物露天堆场<br>甲、乙、丙类液体储罐区<br>可燃气体储罐区 | 0.3 |
| 设有室内消火栓系统 | 0.9 | | |
| 设有灭火系统 | 0.7 | | |
| 设有室内消火栓系统和灭火系统 | 0.5 | | |

③歌舞娱乐放映游艺场所、网吧、商场、寺庙以及地下场所等的计算单元的最小需配灭火级别应按式(7-2)计算：

$$Q=1.3K\frac{S}{U} \tag{7-2}$$

④计算单元中每个灭火器设置点的最小需配灭火级别应按式(7-3)计算：

$$Q_e=\frac{Q}{N} \tag{7-3}$$

式中　$Q_e$——计算单元中每个灭火器设置点的最小需配灭火级别，A 或 B；

$N$——计算单元中的灭火器设置点数，个。

(4)灭火器配置的设计计算程序

①确定各灭火器配置场所的火灾种类和危险等级；

②划分计算单元，计算各计算单元的保护面积；

③计算各计算单元的最小需配灭火级别；

④确定各计算单元中的灭火器设置点的位置和数量；

⑤计算每个灭火器设置点的最小需配灭火级别；

⑥确定每个设置点灭火器的类型、规格与数量；

⑦确定每具灭火器的设置方式和要求；

⑧在工程设计图上用灭火器图例和文字标明灭火器的型号、数量与设置位置。

# 第三节　消防给水系统

消防给水设施包括消防水源(消防水池)、消防水泵、消防供水管道、增(稳)压设备、消防水泵接合器和消防水箱等。

## 一、消防给水设施

1. 消防水泵

消防水泵是指在消防给水系统中(包括消火栓系统、喷淋系统和水幕系统等)用于保证系统给水压力和水量的给水泵。消防转输泵是指在串联消防泵给水系统和重力消防给水系统中，用于提升水源至中间水箱或消防高位水箱的给水泵。

在临时高压消防给水系统、稳高压消防给水系统中均需设置消防泵。在串联消防给水系统和重力消防给水系统中，除需设置消防泵外，还需设置消防转输泵。消火栓给水系统与自动喷水灭火系统宜分别设置消防泵。

设置消防水泵和消防转输泵时均应设置备用泵。备用泵的工作能力不应小于最大一台消防工作泵的工作能力。

2. 消防水池和消防水箱

(1)消防水池

在市政给水管道、进水管道或天然水源不能满足消防用水量，以及市政给水管道为枝状或只有一条进水管的情况下，且室外消火栓设计流量大于20L/s或建筑高度大于50m的建(构)筑物应设消防水池。不同建(构)筑物设置的消防水池，其有效容量应根据国家相关消防技术标准经计算确定。

(2)消防水箱

采用临时高压给水系统的建筑物应设置高位消防水箱。设置消防水箱的目的，一是提供系统启动初期的消防用水量和水压，在消防泵出现故障的紧急情况下应急供水，确保喷头开放后立即喷水，以及时控制初期火灾，并为外援灭火争取时间；二是利用高位差为系统提供准工作状态下所需的水压，以达到管道内充水并保持一定压力的目的。

3. 消防水泵接合器

消防水泵接合器是供消防车向消防给水管网输送消防用水的预留接口。它既可用以补充消防水量，也可用于提高消防给水管网的水压。在火灾情况下，当建筑物内的消防水泵发生故障或室内消防用水不足时，消防车从室外取水通过水泵接合器将水送到室内消防给水管网，供灭火使用。

4. 消防供水管道

(1)室外消防给水管道

为确保供水安全可靠，室外消防给水管道在布置时应符合下列规定：

①室外消防给水采用两路消防供水时，应布置成环状，但当采用一路消防供水时，可布置成枝状。

②向环状管网输水的进水管不应少于两条，当其中一条发生故障时，其余的进水管应能满足消防用水总量的供给要求。

③消防给水管道应采用阀门分成若干独立段，每段内室外消火栓的数量不宜超过5个；管道的直径应根据流量、流速和压力要求经计算确定，但不应小于*DN*100，有条件的应不小于*DN*150。

④室外消防给水管道设置的其他要求应符合国家标准GB 50013《室外给水设计规范》的有关规定。

(2)室内消防给水管网

室内消防给水管网是室内消火栓给水系统的重要组成部分，为确保供水安全可靠，其在布置时应符合下列规定：

①室内消火栓系统管网应布置成环状，当室外消火栓设计流量不大于20L/s，且室内消火栓不超10个时，除现行国家标准GB 50974—2014《消防给水及消火栓系统技术规范》第8.1.2条外，可布置成枝状。

②当由室外生产生活消防合用系统直接供水时，合用系统除应满足室外消防给水设计流量以及生产和生活最大小时设计流量的要求外，还应满足室内消防给水系统的设计流量和压力要求。

③室内消防管道管径应根据系统设计流量、流速和压力要求经计算确定；室内消火栓竖

管管径应根据竖管最低流量经计算确定，但不应小于 *DN*100。

5. 增(稳)压设备

对于采用临时高压消防给水系统的高层或多层建筑，当所设消防水箱的高度满足不了系统最不利点灭火设备所需的水压要求时，应在建筑消防给水系统中设置增压稳压设备。

增压稳压设备一般由隔膜式气压罐、稳压泵、管道附件及控制装置组成。其中气压罐的作用是储存、调节消防用水。其罐内最小气压应满足消防给水系统最不利点或附近几层的灭火设备所需的水压，以达到增压的目的。稳压泵是用来给气压罐补水，以保证气压罐内始终储存有 30s 的消防用水量，从而达到稳压的目的。

## 二、室外消火栓系统

1. 系统组成

室外消火栓给水系统通常是指室外消防给水系统，它是设置在建筑物外墙外的消防给水系统，主要承担城市、集镇、居住区或工矿企业等室外部分的消防给水任务。

室外消火栓给水系统由消防水源、消防供水设备、室外消防给水管网和室外消火栓灭火设施组成。室外消防给水管网包括进水管、干管和相应的配件、附件；室外消火栓灭火设施包括室外消火栓、水带、水枪等。

2. 系统工作原理

(1)常高压消防给水系统

常高压消防给水系统管网内应经常保持足够的压力和消防用水量。当火灾发生后，现场人员可从设置在附近的消火栓箱内取出水带和水枪，将水带与消火栓栓口连接，接上水枪，打开消火栓的阀门，直接出水灭火。

(2)临时高压消防给水系统

临时高压消防给水系统中设有消防泵，平时管网内压力较低。当火灾发生后，现场人员可从设置在附近的消火栓箱内取出水带和水枪，将水带与消火栓栓口连接，接上水枪，打开消火栓的阀门，通知水泵房启动消防泵，使管网内的压力达到高压给水系统的水压要求，消火栓即可投入使用。当室外采用高压或临时高压给水系统时，宜与室内消防给水系统合用，独立的室外临时高压消防给水系统宜采用稳压泵维持系统的充水和压力。

(3)低压消防给水系统

低压消防给水系统管网内的压力较低，当火灾发生后，消防队员打开最近的室外消火栓，将消防车与室外消火栓连接，从室外管网内吸水加入消防车内，然后利用消防车直接加压灭火，或者由消防车通过水泵接合器向室内管网内加压供水。建筑物室外宜采用低压消防给水系统，当采用市政给水管网时，应采用双路消防供水，除建筑高度超过 54m 的住宅外，室外消火栓设计流量小于或等于 20L/s 时可采用一路消防供水，且室外消火栓应由市政给水管网直接供水。

3. 系统设置要求

(1)室外消火栓的设置范围

①在城市、居住区、工厂、仓库等的规划和建筑设计中，必须同时设计消防给水系统；城镇(包括居住区、商业区、开发区、工业区等)应沿可通行消防车的街道设置市政消火栓系统。

②民用建筑、厂房(仓库)、储罐(区)、堆场周围应设室外消火栓。

③用于消防救援和消防车停靠的屋面上，应设置室外消火栓系统。

④)耐火等级不低于二级，且建筑物体积小于或等于 3000m$^3$ 的戊类厂房；或居住区人数不超过 500 人，且建筑物层数不超过两层的居住区，可不设置室外消防给水系统。

(2)室外消火栓的设置要求

①市政消火栓设置要求

a. 市政消火栓宜采用直径 *DN*150 的室外消火栓。

b. 市政消火栓宜在道路的一侧设置，并宜靠近十字路口，但当市政道路宽度超过 60m 时，应在道路的两侧交叉错落设置市政消火栓。

c. 市政桥桥头和城市交通隧道出入口等市政公用设施处，应设置市政消火栓。

d. 市政消火栓的保护半径不应超过 150m，间距不应大于 120m。

e. 市政消火栓应布置在消防车易于接近的人行道和绿地等地点，且不应妨碍交通。具体要求：距路边不宜小于 0.5m，并不应大于 2.0m；距建筑外墙或外墙边缘不宜小于 5.0m；应避免设置在机械易撞击的地点，确有困难时，应采取防撞措施。

f. 市政给水管网的阀门设置应便于市政消火栓的使用和维护。

g. 当市政给水管网设有市政消火栓时，其平时运行工作压力不应小于 0.14MPa，火灾时水力最不利市政消火栓的出流量不应小于 15L/s，且供水压力从地面算起不应小于 0.10MPa。

h. 严寒地区在城市主要干道上设置消防水鹤的布置间距宜为 1000m，连接消防水鹤的市政给水管的管径不宜小于 *DN*200。

i. 火灾时消防水鹤的出流量不宜低于 30L/s，且供水压力从地面算起不应小于 0.10MPa。

j. 地下式市政消火栓应有明显的永久性标志。

②室外消火栓设置要求

a. 建筑室外消火栓的数量应根据室外消火栓设计流量和保护半径经计算确定，保护半径不应大于 150.0m，每个室外消火栓的出流量宜按 10~15L/s 计算。

b. 室外消火栓宜沿建筑周围均匀布置，且不宜集中布置在建筑一侧；建筑消防扑救面一侧的室外消火栓数量不宜少于 2 个。

c. 人防工程、地下工程等建筑应在出入口附近设置室外消火栓，且距出入口的距离不宜小于 5m，并不宜大于 40m。

d. 停车场的室外消火栓宜沿停车场周边设置，且与最近一排汽车的距离不宜小于 7m，距加油站或油库不宜小于 15m。

e. 甲、乙、丙类液体储罐区和液化烃罐罐区等构筑物的室外消火栓，应设在防火堤或防护墙外，数量应根据每个罐的设计流量经计算确定，但距罐壁 15m 范围内的消火栓，不应计算在该罐可使用的数量内。

f. 工艺装置区等采用高压或临时高压消防给水系统的场所，其周同应设置室外消火栓，数量应根据设计流量经计算确定，且间距不宜大于 60.0m，当工艺装置区宽度大于 120.0m 时，宜在该装置区内的路边设置室外消火栓。

g. 当工艺装置区、罐区、堆场、可燃气体和液体码头等构筑物的面积较大或高度较高，室外消火栓的充实水柱无法完全覆盖时，宜在适当部位设置室外固定消防炮。

h. 当工艺装置区、储罐区、堆场等构筑物采用高压或临时高压消防给水系统时，室外消火栓处宜配置消防水带和消防水枪；工艺装置休息平台等处需要设置消火栓的场所应采用室内消火栓，并应符合相关规定。

i. 室外消防给水引入管当设有倒流防止器，且火灾时因其水头损失导致室外消火栓不能满足要求时，应在该倒流防止器前设置一个室外消火栓。

## 三、室内消火栓系统

1. 系统的组成和工作原理

室内消火栓给水系统组成如图 7-6 所示，保证系统在火灾延续时间内，连续不断提供灭火用水。

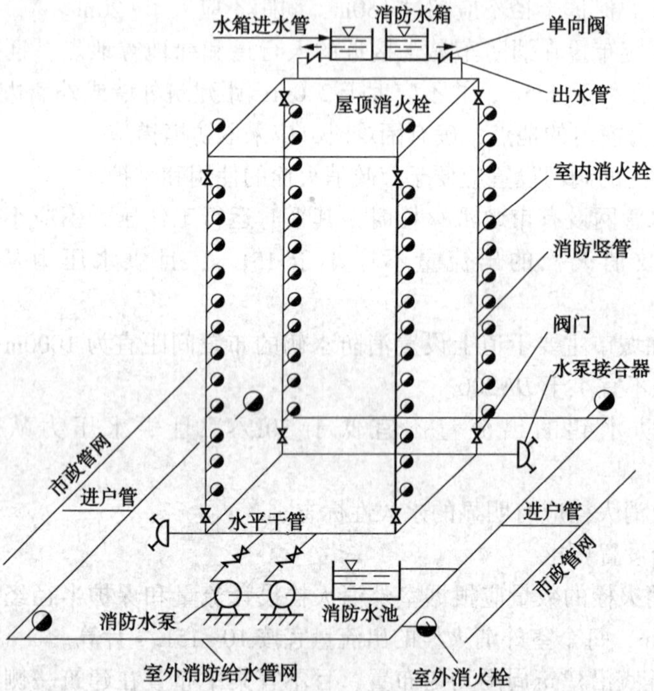


图 7-6　室内消火栓系统组成示意图

当发生火灾时，首先连接好消火栓箱内设备，然后开启消火栓。在火灾初期由消防水箱提供消防用水，待消防水泵启动后，由消防水泵提供灭火所需的水压和水量；需要时，利用消防车亦可由水泵接合器补充消防水量。

2. 系统的设置

(1)室内消火栓系统设置场所

①应设置场所

a. 建筑占地面积大于 300m² 的厂房和仓库。

b. 高层公共建筑和建筑高度大于 21m 的住宅建筑(注：建筑高度不大于 27m 的住宅建筑，设置室内消火栓系统确有困难时，可只设置干式消防竖管和不带消火栓箱的 *DN*65 的室内消火栓)。

c. 体积大于 5000m³ 的车站、码头、机场的候车(船、机)建筑、展览建筑、商店建筑、旅馆建筑、医疗建筑和图书馆建筑等单、多层建筑。

d. 特等、甲等剧场，超过 800 个座位的其他等级的剧场和电影院等以及超过 1200 个座位的礼堂、体育馆等单、多层建筑。

e. 建筑高度大于 15m 或体积大于 10000$m^3$ 的办公建筑、教学建筑和其他单、多层民用建筑。

②宜设置场所

国家级文物保护单位的重点砖木或木结构的古建筑。

(2)消防软管卷盘或轻便消防水龙的设置

①应增设的场所

a. 人员密集的公共建筑、建筑高度大于 100m 的建筑和建筑面积大于 200$m^2$ 的商业服务网点内应设置消防软管卷盘或轻便消防水龙。

b. 高层住宅建筑的户内宜配置轻便消防水龙。

②单独设置的场所

前面未规定的建筑或场所和下列建筑或场所，可不设置室内消火栓系统，但宜设置消防软管卷盘或轻便消防水龙：

a. 耐火等级为一、二级且可燃物较少的单、多层丁、戊类厂房(仓库)。

b. 耐火等级为三、四级且建筑体积不大于 3000$m^3$ 的丁类厂房；耐火等级为三、四级且建筑体积不大于 5000$m^3$ 的戊类厂房(仓库)。

c. 粮食仓库、金库、远离城镇且无人值班的独立建筑。

d. 存有与水接触能引起燃烧爆炸的物品的建筑。

e. 室内无生产、生活给水管道，室外消防用水取自储水池且建筑体积不大于 5000$m^3$ 的其他建筑。

3. 系统的类型

(1)按管网布置形式分类

①环状管网消火栓给水系统

室内消火栓给水系统的水平干管或竖管互相连接，在水平面或立面上形成环状管网。这种系统供水安全可靠，高层建筑和室内消火栓数量超过 10 个且室外消防用水量大于 15L/s 的低层建筑应设置环状消防给水管网。

②枝状管网消火栓给水系统

室内消火栓给水系统管网在平面或立面上布置成树枝状。其特点是后方用水受前方供水的制约，当某段管网检修或损坏时，会导致后方无水，影响火场供水。因此应限制枝状管网在消防给水系统中使用。

(2)按消防水压分类

①高压消火栓给水系统

能保证室内最不利点消火栓设备经常有足够的消防水压和水量。一般当室外有可能利用地势设置高位水池或设置区域集中高压消防给水系统时，才适宜采用高压消火栓给水系统。

②临时高压消火栓给水系统

平时利用高位消防水箱、消防增压稳压设备保证系统压力，一旦发生火灾，启动消防水泵来进行加压供水，以满足灭火要求。一般独立的高层建筑常采用该给水系统。

(3)按系统给水服务范围分类

①独立的消火栓给水系统

每幢建筑物独立设置水池、水泵和水箱等给水设施的消火栓给水系统。这种系统供水安全性较高，但设备比较分散，管理难度较大，投资也较高。

②区域集中的消火栓给水系统

两栋及两栋以上的建筑物共用消防给水系统的设置形式称为区域集中的消火栓给水系统。它具有便于集中管理的优点，在某些情况下，可节省投资。对于规划合理的建筑群可采用区域集中的消火栓给水系统。

(4)按管网是否充水分类

①湿管系统

消防给水管网中始终充满着压力水，目前设置的消火栓给水系统大多数属于湿管给水系统。

②干管系统

消防给水管网中不充水，发生火灾时，依靠消防车等移动消防装备进行加压供水。超过7层的住宅应设置室内消火栓系统，当确有困难时，可只设置干式消防竖管和不带消火栓箱的 *DN*65 室内消火栓，消防竖管的直径不应小于65mm。

4. 系统的给水方式

给水方式是指建筑物消火栓给水系统的供水方案。系统设计时，应综合考虑建筑物性质、高度、外网所能提供的水压及系统所需水压等因素，选择适宜的给水方式。

(1)低层建筑消火栓给水系统的给水方式

①直接给水方式

室内消火栓给水系统管网直接与室外给水管网相连，利用室外给水管网水压直接供水的给水方式，如图7-7所示。这种给水方式无需设置加压水泵和水箱，系统构造简单、投资省，安装维护方便。适用于建筑物高度不高、室外给水管网所供水量和水压在全天内任何时候均能满足系统最不利点消火栓设备所需水量和水压的情况。

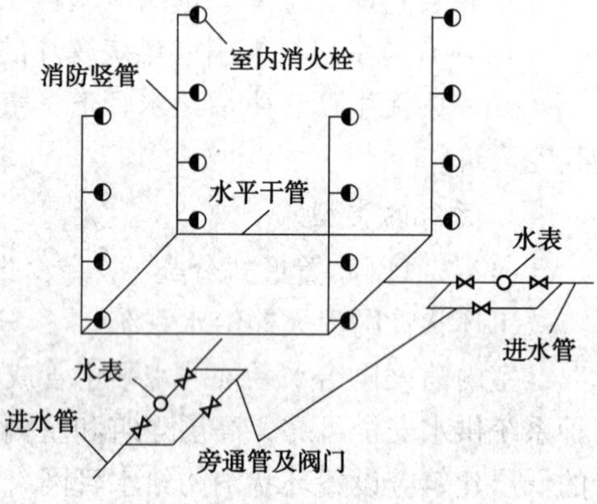

图7-7 直接给水方式

②设有消防水箱的给水方式

室内消防给水管网与外网直接相连，利用外网压力供水，同时设消防水箱调节流量和压力，如图7-8所示。当生活、生产用水量达到最大时，室外管网不能保证室内最不利点消火栓的压力和流量，而当生活、生产用水量较小时，室外管网的压力又较大，能向高位水箱补水。当全天内大部分时间室外管网压力能够满足要求，但在用水高峰期满足不了室内消火栓的压力要求时，可采用这种给水方式。

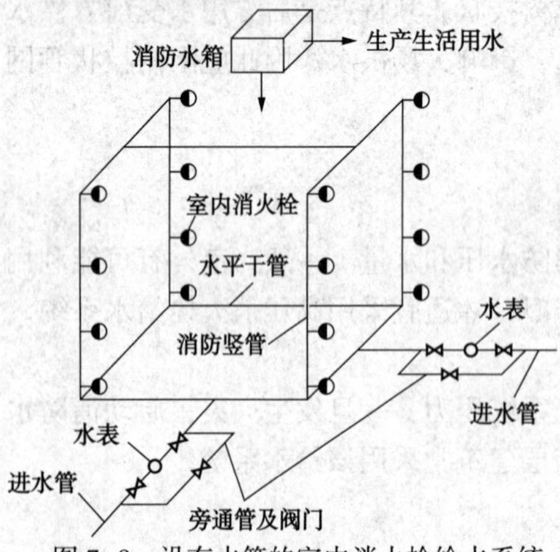

图7-8 设有水箱的室内消火栓给水系统

③设有水箱-水泵的给水方式

该系统平时消防水量和水压由水箱提供，火灾时启动水泵向系统供水，如图7-9所示。当室外给水管网的水压经常不能满足室内消火栓给水系统所需水压时，宜采用这种给水方式。

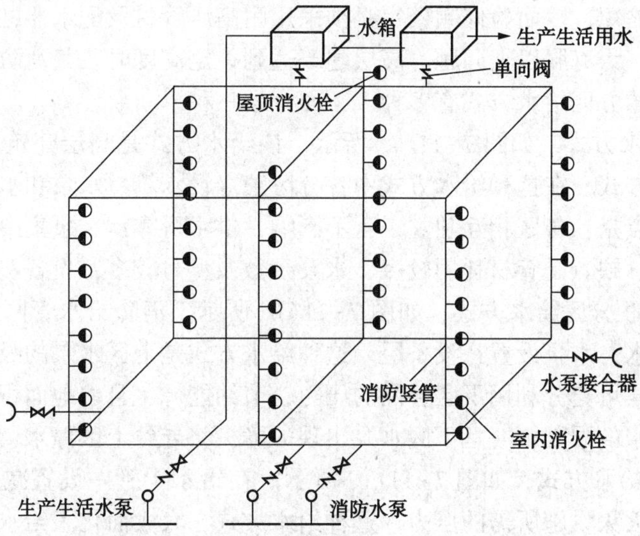


图 7-9　设有消防泵和水箱的消火栓给水系统

(2)高层建筑消火栓给水系统的给水方式

①不分区给水方式

整幢建筑物采用一个区供水，如图 7-10 所示。其最大优点是系统简单、设备少，但对管材及灭火设备的耐压要求较高。当高层建筑最低消火栓设备处的静水压力不超过 1.0MPa 时，可采用这种给水方式。

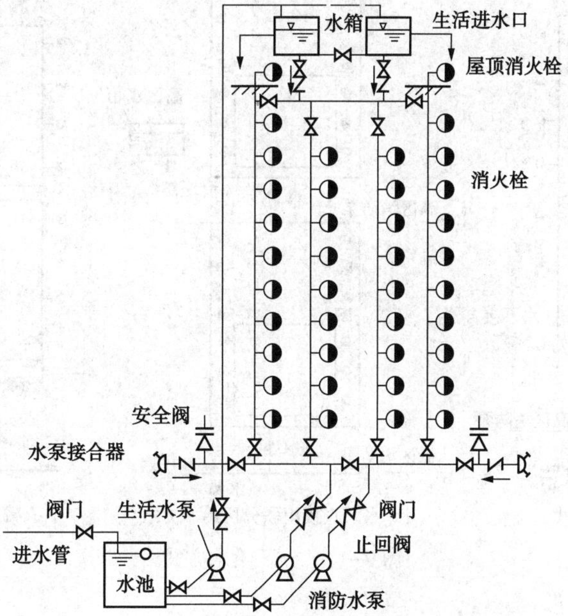


图 7-10　不分区消火栓给水系统

②分区给水方式

高层建筑层数多、高度大，加上我国管材质量以及材料设备性能等，如果整幢建筑物从上到下只采用一个区供水，则建筑物低层部分灭火设备处的水压将过大，因而会产生以下不良现象给使用带来不便，如水枪反作用力过大，使用者难以操作使用等；破坏系统正常运行，如水箱的消防储水量在很短时间内就被用完；容易产生水击及水流噪声；使管材和器材等磨损加速，寿命缩短，因而检修频繁；必须采用耐高压管材及配水器材；维修管理费用和水泵运转电费增高。为克服以上问题，高层建筑达到一定高度时，其消防给水系统要进行竖向分区给水。常见的分区给水方式有多种，下面介绍三种。

a. 分区并联给水方式，如图 7-11(a)所示。该给水方式是高层建筑消防给水系统中广泛采用的一种给水方式。在这种给水方式中各分区独立设水箱、水泵和水泵接合器，分别向各分区供水。其优点是：各区相互独立，互不影响，供水可靠；水泵集中设置，管理维护方便；能源消耗较小。缺点是管材耗用较多，水泵台数及型号较多，设备费用增加投资大。

b. 水泵直接串联分区给水方式，如图 7-11(b)所示。消防给水管网竖向各区由串联消防水泵分级向上供水，水泵设置在设备层。这种给水方式是上区水泵的吸水管直接接在下区的给水管网上，这样可充分利用下区管网的压力，节约能源，且占地面积小，节省投资。但上区给水受下区给水的限制，一旦下区水泵出现故障，将导致上区停水，故安全性不高。

c. 减压阀分区给水方式，如图 7-11(c)所示。在给水干管中设置减压阀，使给水管网中的压力适合本区灭火设施所需的压力。这种给水方式，大大简化了给水系统的设计，结构简单，占地面积小，节省投资。但减压阀减压范围会受到一定的限制，可调式减压阀阀前与阀后的最大压差不应大于 0.4MPa，比例式减压阀的减压比不宜大于 3∶1，且该给水方式过度依赖减压阀，一旦减压阀失效将导致灭火设备超压而损坏。

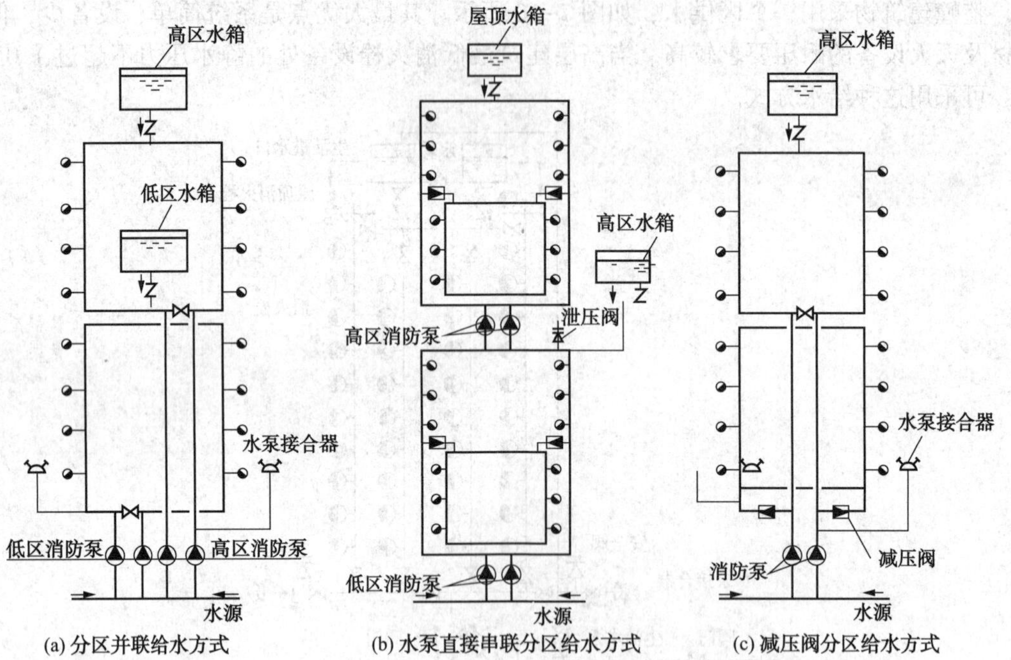


图 7-11　分区给水方式

5. 系统的选型

(1)湿式系统

室内环境温度不低于 4℃，且不高于 70℃的场所，应采用湿式室内消火栓系统。

(2)干式系统

①干式系统的选用

室内环境温度低于4℃或高于70℃的场所，宜采用干式消火栓系统。

建筑高度不大于27m的多层住宅建筑设置室内湿式消火栓系统确有困难时，可设置干式消防竖管。

严寒、寒冷等冬季结冰地区城市隧道及其他构筑物的消火栓系统，应采取防冻措施，并宜采用干式消火栓系统和干式室外消火栓。

②干式系统的要求

干式消火栓系统的充水时间不应大于5min，并应符合下列规定：

a. 在供水干管上宜设干式报警阀、雨淋阀或电磁阀、电动阀等快速启闭装置；当采用电动阀时开启时间不应超过30s。

b. 当采用雨淋阀、电磁阀和电动阀时，在消火栓箱处应设置直接开启快速启闭装置的手动按钮。

c. 在系统管道的最高处应设置快速排气阀。

(3)干式消防竖管

建筑高度不大于27m的住宅，当设置消火栓时，可采用干式消防竖管，并应符合列规定：

①干式消防竖管宜设置在楼梯间休息平台，且仅应配置消火栓栓口。

②干式消防竖管应设置消防车供水接口。

③消防车供水接口应设置在首层便于消防车接近和安全的地点。

④竖管顶端应设置自动排气阀。

6. 室内消火栓的设置

室内消火栓的选型应根据使用者、火灾危险性、火灾类型和不同灭火功能等因素综合确定。其设置应符合下列要求：

①应采用*DN*65的室内消火栓，并可与消防软管卷盘或轻便水龙设置在同一箱体内。配置公称直径65mm有内衬里的消防水带，长度不宜超过25.0m；宜配置喷嘴当量直径16mm或19mm的消防水枪，但当消火栓设计流量为2.5L/s时，宜配置喷嘴当量直径11mm或13mm的消防水枪。

②设置室内消火栓的建筑，包括设备层在内的各层均应设置消火栓。

③屋顶设有直升机停机坪的建筑，应在停机坪出入口处或非电气设备机房处设置消火栓，且距停机坪机位边缘的距离不应小于5.0m。

④消防电梯前室应设置室内消火栓，并应计入消火栓使用数量。

⑤室内消火栓的布置应满足同一平面有两支消防水枪的两股充实水柱同时达到任何部位的要求，但建筑高度小于或等于24.0m且体积小于或等于5000$m^3$的多层仓库、建筑高度小于或等于54m且每单元设置一部疏散楼梯的住宅，以及GB 50974—2014《消防给水及消火栓系统技术规范》第3.5.2中规定可采用一支消防水枪计算消防量的场所，可采用一支消防水枪的一股充实水柱到达室内任何部位。

⑥建筑室内消火栓的设置位置应满足火灾扑救要求，并应符合下列规定：

a. 室内消火栓应设置在楼梯间及其休息平台和前室、走道等明显易于取用，以及便于火灾扑救的位置。

b. 住宅的室内消火栓宜设置在楼梯间及其休息平台。

c. 汽车库内消火栓的设置不应影响汽车的通行和车位的设置，并应确保消火栓的开启。

d. 同一楼梯间及其附近不同层设置的消火栓，其平面位置宜相同。

e. 冷库的室内消火栓应设置在常温穿堂或楼梯间内。

⑦建筑室内消火栓栓口的安装高度应便于消防水龙带的连接和使用，其距地面高度宜为1.1m；其出水方向应便于消防水带的敷设，并宜与设置消火栓的墙面成90°或向下。

⑧设有室内消火栓的建筑应设置带有压力表的试验消火栓，其设置位置对于多层和高层建筑应在其屋顶设置，严寒、寒冷等冬季结冰地区可设置在顶层出口处或水箱间内等便于操作和防冻的位置；对于单层建筑宜设置在水力最不利处，且应靠近出入口。

⑨室内消火栓宜按直线距离计算其布置间距，对于消火栓按两支消防水枪的两股充实水柱布置的建筑物，消火栓的布置间距不应大于30.0m；对于消火栓按一支消防水枪的一股充实水柱布置的建筑物，消火栓的布置间距不应大于50.0m。

⑩住宅户内宜在生活给水管道上预留一个接 *DN*15 消防软管或轻便水龙的接口。跃层住宅和商业网点的室内消火栓应至少满足一股充实水柱到达室内任何部位，并宜设置在户门附近。

## 第四节　自动喷水灭火系统

自动喷水灭火系统是由洒水喷头、报警阀组、水流报警装置(水流指示器或压力开关)等组件，以及管道、供水设施组成的，并能在发生火灾时喷水的自动灭火系统。自动喷水灭火系统在保护人身和财产安全方面具有安全可靠、经济实用、灭火成功率高等优点，广泛应用于工业建筑和民用建筑。

### 一、系统类型

自动喷水灭火系统根据所使用喷头的型式，可分为闭式自动喷水灭火系统和开式自动喷水灭火系统两大类；根据系统的用途和配置状况，自动喷水灭火系统又分为湿式系统、干式系统、预作用系统、雨淋系统和水幕系统等。

1. 湿式自动喷水灭火系统

湿式系统是自动喷水灭火系统中最基本的系统形式，为绝大多数工程所采用。

(1)组成及工作原理

湿式系统由闭式喷头、湿式报警阀组、管道系统、报警控制装置和给水设备等组成，如图7-12所示。准工作状态时在报警阀的上下管道中始终充满压力水，故称为湿式系统或湿管系统。

其工作原理为：火灾发生时，火焰或高温气流使闭式喷头的热敏感元件动作，喷头被打开喷水灭火。此时，由于管网中的水由静止变为流动，水源压力水使原来处于关闭状态的湿式报警阀开启，压力水流向灭火管网。随着报警阀的开启，报警信号管路开通，压力水冲击水力警铃发出声响报警信号，同时，安装在管路上的压力开关接通发出相应的电信号，直接或通过消防控制中心自动启动消防水泵向系统加压供水，达到持续自动喷水灭火的目的。另外，串联在管路上的水流指示器动作发出相应的电信号，在报警控制器上指示某一区域已在喷水。

(2)主要特点

①因为管网内始终有水，因此系统灭火速度快，控火效率高。

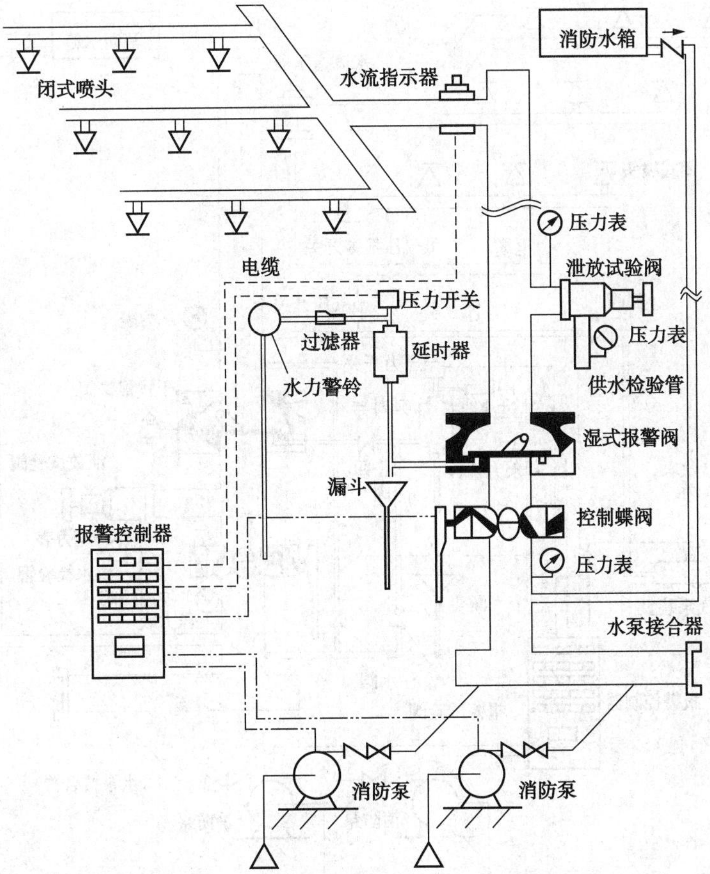


图 7-12　湿式自动喷水灭火系统示意图

②系统结构简单，施工、管理方便，建设投资和经常管理费较省。

③适用于各类保护对象，应用范围最广。

(3)适用范围

环境温度不低于 4℃且不高于 70℃的场所，应采用湿式系统。

2. 干式自动喷水灭火系统

(1)组成及工作原理

为满足在低于 4℃或高于 70℃的场所安装使用自动喷水灭火系统，在湿式系统的基础上，将报警阀后灭火管网内的有压水改为充满用于启动系统的有压气体，以适应低温或高温场所需要。而在报警阀前的管道内仍充以压力水，并将其设置在适宜的环境温度中。由于报警阀后灭火管网内平时没有水，故称为干式系统。该系统的组成与湿式系统基本相同，如图 7-13 所示。

干式系统的工作原理：平时干式报警阀后灭火管网及喷头内充满有压气体，干式报警阀处于关闭状态。发生火灾时，喷头动作后首先喷出气体，报警阀后的压力下降，水源压力水将干式报警阀打开，并进入灭火管网，将剩余压力气体从动作的喷头处推赶出去，进而喷水灭火。在干式报警阀被打开的同时，通向水力警铃和压力开关的报警信号管路也被打开，水流推动水力警铃和压力开关发出声响报警信号，并启动消防水泵加压供水。干式系统的主要工作过程与湿式系统无本质区别，只是在喷头动作后有一个排气过程，这将影响灭火的速度

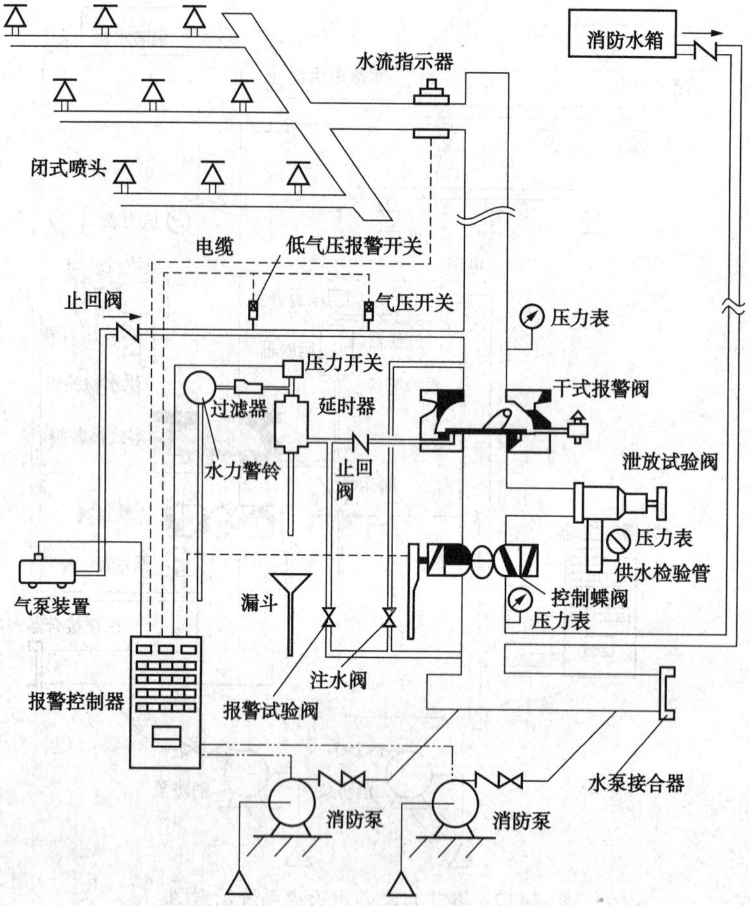


图 7-13　干式自动喷水灭火系统示意图

和效果。因此，为使压力水迅速进入充气管网，缩短排气时间，及早喷水灭火，干式系统的配水管道应设快速排气阀，有压充气管道的快速排气阀入口前应设电动阀。

(2)主要特点

①干式报警阀后的配水管道内平时无水，不怕冻结，可适应环境温度低的场所。

②建设投资和经常管理费用较高。

③在灭火速度上不如湿式系统快。

(3)适用范围

环境温度低于4℃或高于70℃的场所，应采用干式系统。

3. 预作用自动喷水灭火系统

(1)组成及工作原理

预作用系统由火灾自动探测控制系统和在配水管道内充以有压或无压气体的闭式喷水灭火系统所组成。它兼容了湿式系统和干式系统的优点，系统平时呈干式，火灾时由火灾探测系统自动开启报警阀使管道充水呈临时湿式系统。系统的转变过程包含着预备动作功能，故称预作用系统，如图 7-14 所示。

工作原理：该系统在报警阀后的管道内平时无水，充以有压或无压气体。发生火灾时，保护区内的火灾探测器首先发出火警报警信号，报警控制器在接到报警信号后作声光显示的同时立即启动电磁阀排气，报警阀随即打开，使压力水迅速充满管道，这样原来呈干式的系

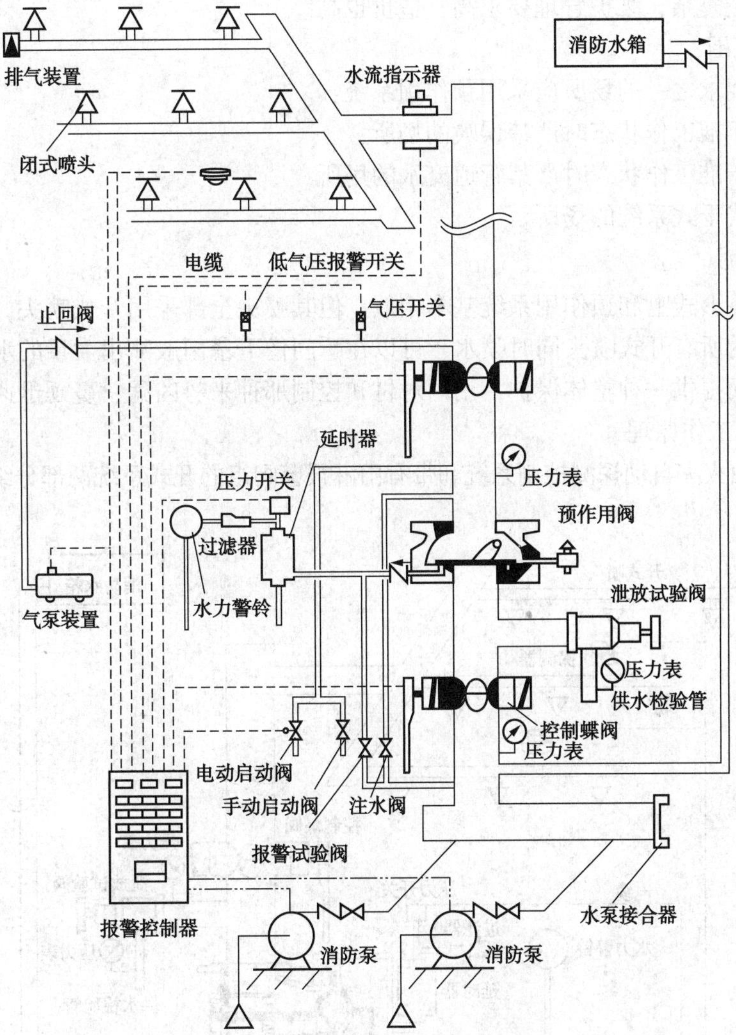


图 7-14　预作用系统组成示意图

统迅速自动转变成湿式系统，完成了预作用过程。待闭式喷头开启后，便即刻喷水灭火。预作用系统的火灾探测器动作应先于喷头的动作，确保当喷头受热开放前管道内已充满水，并应设有手动操作装置，以保证系统在火灾自动探测系统发生故障时仍能正常工作。

预作用系统在配水管路中充气的作用是为了监视管路的工作状态，即监视管路是否损坏和泄漏。在正常状况其气压可以由压力开关、控制器和微型空压机组成的自动充气装置来维持。当管路有破损时，微型空压机的充气能力已维持不了原定空气压力值，管网气压的不断下降最终会使压力开关送出故障报警信号，实现故障自动监控的目的。

(2) 主要特点

①具有干式系统的优点——失火前管网是干的，因而不怕环境温度高，也不怕环境温度低。

②具有湿式系统的优点——水可立即从动作的喷头中喷出，不延迟灭火时间。

③可有效避免因系统喷头破损而造成的水渍损失。

④能在喷头动作之前进行早期报警，以便及早组织扑救。

⑤可实现故障自动监测，从而提高了系统的安全可靠性。

⑥系统构造复杂，维护管理要求高，造价也高。

(3)适用范围

具有下列要求之一的场所应采用预作用系统：

①系统处于准工作状态时严禁误喷的场所；

②系统处于准工作状态时严禁管道充水的场所；

③用于替代干式系统的场所。

4. 雨淋系统

雨淋系统在形式上和预作用系统基本相似，但其喷头全部采用开式喷头，系统工作时设计喷水区域内的所有开式喷头同时喷水，可以在瞬间像下暴雨般喷出大量的水，覆盖或阻隔整个火区，从而提供一种整体保护，用以对付和控制那种来势凶猛、蔓延迅速场所的火灾。

(1)组成及工作原理

雨淋系统由火灾自动探测控制系统和带有雨淋报警阀组的开式系统两部分组成，如图7-15所示。

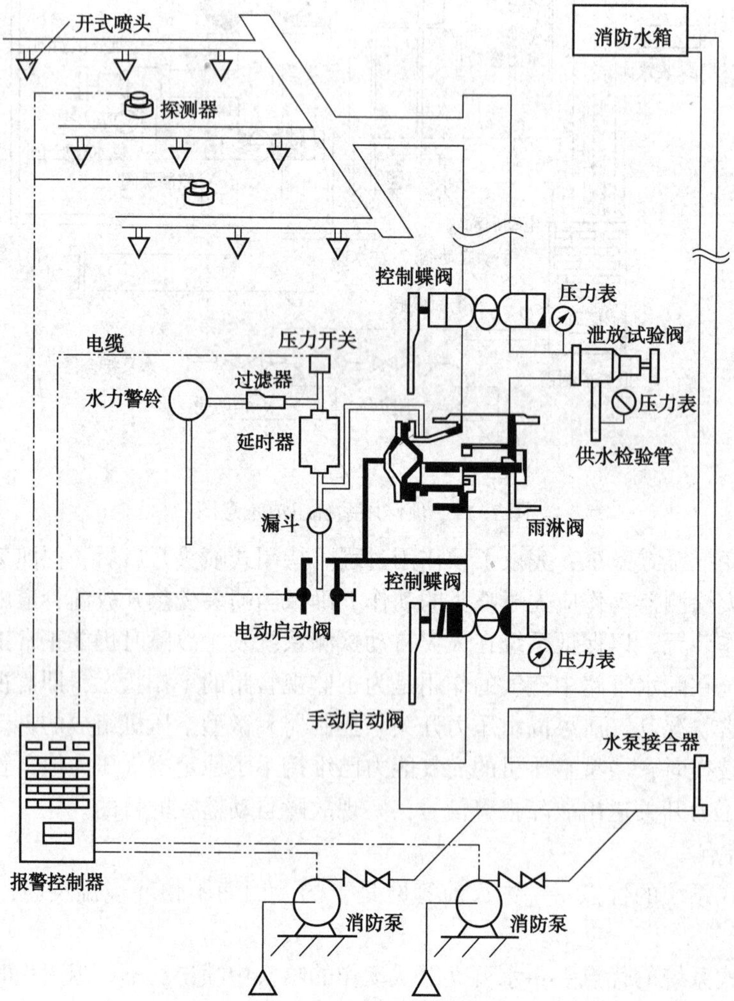


图 7-15　雨淋系统示意图

雨淋系统的启动控制通过雨淋阀实现，雨淋阀入口侧与进水管相通，出口侧接喷水灭火管路。由于传动管与进水管相连，平时充有压力水，在其作用下将雨淋阀关闭。喷水灭火管网一般为空管，但在易燃易爆特殊危险场所，为缩短喷头开始喷水的时间，提高喷水灭火效率，该管路可采用充水式，其充水的水面高度应低于开式喷头喷口所在的水平面，通常可以在主管路上设置管径小于15mm的溢流管来维持要求的水平面高度。发生火灾时，火灾探测器或感温探测控制元件(闭式喷头、易熔锁封)探测到火灾信号后，通过传动阀门(电磁阀、闭式喷头等)自动释放传动管网中的有压水，使传动管网中的水压骤然降低，由于传动管与进水管相连通的小孔阀来不及向传动管补水，于是雨淋阀在进水管的水压推动下瞬间自动开启，压力水便立即充满灭火管网，系统的所有开式喷头同时喷水，实现对保护区的整体灭火或控火。

(2)适用范围

具有下列条件之一的场所，应采用雨淋系统：

①火灾的水平蔓延速度快、闭式喷头的开放不能及时使喷水有效覆盖着火区域的场所。

②设置场所净空高度超过一定高度，且必须迅速扑救初期火灾的保护场所。

③火灾危险等级为严重危险级Ⅱ级的场所。

## 二、系统主要组件

自动喷水灭火系统由洒水喷头、报警阀组、水流报警装置等组件和末端试水装置，以及管道、供水设施等组成。

### 1. 洒水喷头

(1)喷头类型

①根据结构形式分类

a. 闭式喷头。具有释放机构的洒水喷头，如图7-16所示。该类喷头的喷水口由热敏感元件组成的释放机构封闭，喷头的感温、闭锁装置只有在预定的温度环境下，才会脱落。在火灾时主要有两个作用过程，首先是探测火灾，然后是布水灭火。

b. 开式喷头。无释放机构的洒水喷头，如图7-17所示。该类喷头的喷水口处于常开状态，承担布水灭火的任务。

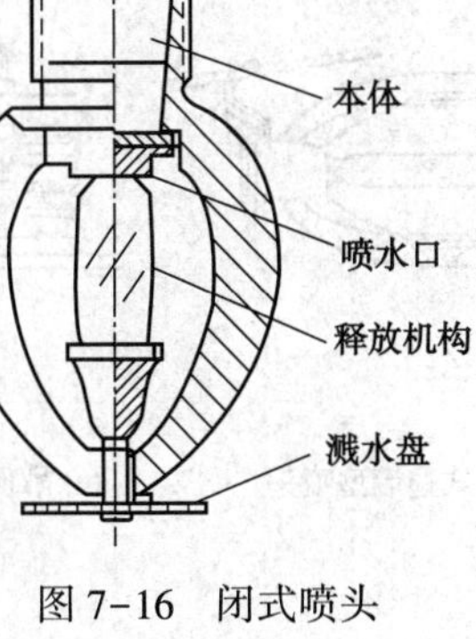


图7-16 闭式喷头

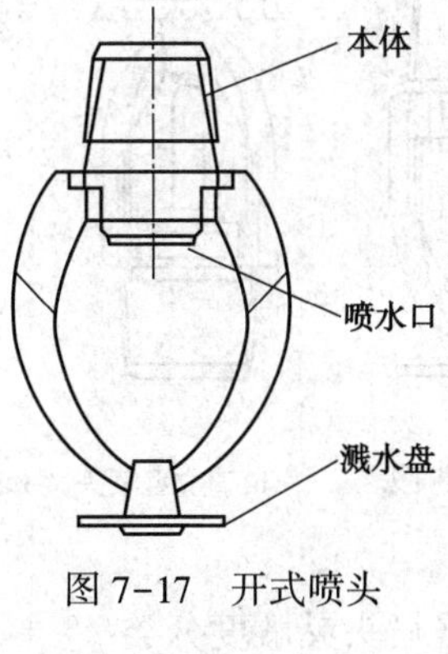


图7-17 开式喷头

②根据热敏感元件分类

a. 玻璃球喷头。如图7-16所示。通过玻璃球内充装的液体受热膨胀使玻璃球爆破而开启的喷头。该喷头由喷水口、玻璃球、框架、溅水盘、密封垫等组成。玻璃球支撑喷水口的密封垫，其内充装一种彩色高膨胀液体。火灾时，玻璃球内的液体受热膨胀，当达到其公称

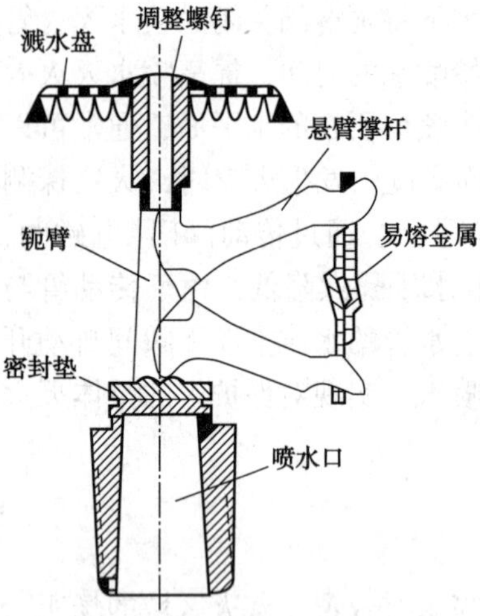

图 7-18　易熔元件喷头

动作温度范围时，玻璃球炸裂成碎片，喷水口的密封垫失去支撑，阀盖脱落，压力水便喷出灭火。玻璃球喷头一般用于美观要求较高的公共建筑和具有腐蚀性的场所。

b. 易熔元件喷头。通过易熔元件受热熔化而开启的喷头，如图 7-18 所示。该喷头热敏元件由易熔合金焊片与支撑构件焊在一起。火灾时在火焰或高温烟气的作用下，易熔合金片在预定温度下熔化，感温元件失去支撑，于是喷头开启灭火。易熔元件喷头用于外观要求不高，腐蚀性不大的工厂、仓库等。

③根据安装位置分类

a. 下垂型喷头，如图 7-19(a)所示。下垂安装，水流向下冲向溅水盘的喷头。该种喷头适用于安装在各种保护场所，应用较为普遍。

b. 直立型喷头，如图 7-19(b)所示。直立安装，水流向上冲向溅水盘的喷头。这种喷头的溅水盘呈平板或略有弧状，其 80%以上的水量通过溅水盘的反溅后直接洒向下方，其余的水量向上喷洒保护顶棚。适用于安装在管路下面经常有货物装卸或物体移动等作业的场所。

c. 边墙型喷头，如图 7-19(c)和图 7-19(d)所示。靠墙安装，在一定的保护面积内，将水向一边(半个抛物线)喷洒分布的喷头，有立式和水平式两种。这种喷头带有定向的溅水盘，安装在墙上，将 85%的水量从保护区的侧上方向保护区洒水，其余的水喷向喷头后面的墙上。适合安装在受空间限制、布置管路困难的场所和通道状的建筑部位。

d. 吊顶型喷头，吊顶型喷头按热敏元件与吊顶的相对位置关系，又分为齐平式、嵌入式和隐藏式三种，隐藏式如图 7-19(e)所示。带有装饰盖板的嵌入式喷头，盖盘被易熔合金焊接在调节护架上。当火灾发生后，盖盘受热，易熔元件熔化，盖盘先行脱落，喷头的溅水盘和玻璃球露出，温度达到喷淋头玻璃球破裂时喷水灭火。适合安装在需要保证天花平整整洁效果的场所，具有美观的功能。

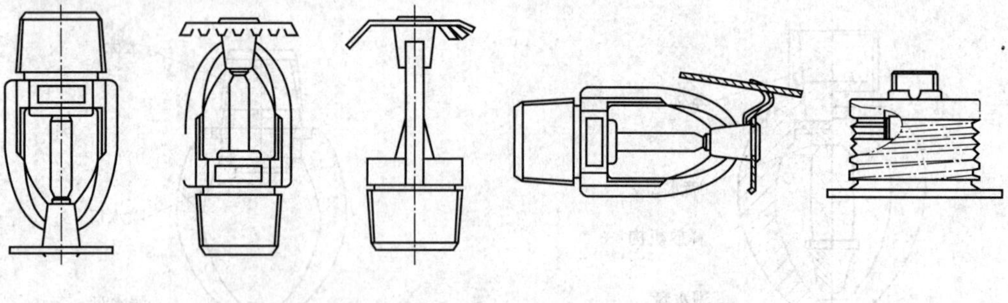

(a) 下垂型喷头　(b) 直立型喷头　(c) 直立式边墙型喷头　(d) 水平式边墙型喷头　(e) 吊顶隐蔽式喷头

图 7-19　闭式喷头的构造

④根据喷头灵敏度分类

a. 快速响应喷头。响应时间系数 *RTI* 小于等于 50 $(m \cdot s)^{0.5}$的喷头。

b. 特殊响应喷头。响应时间系数 *RTI* 大于 50 $(m \cdot s)^{0.5}$且小于 80 $(m \cdot s)^{0.5}$的喷头。

c. 标准响应喷头。响应时间系数 *RTI* 大于 80 $(m \cdot s)^{0.5}$且小于 350 $(m \cdot s)^{0.5}$的喷头，简

称 ESSR 喷头，用于保护高堆垛与高货架仓库。

d. 早期抑制快速响应喷头。在热的作用下，在预定的温度范围内自行启动，使水以一定的形状和密度在设计的保护面积上分布，以达到早期抑制效果的一种喷水装置，简称 ESFR 喷头。该喷头的响应时间系数 $RTI \leqslant 28 \pm 8\ (\mathrm{m \cdot s})^{0.5}$，属于大流量特种洒水喷头，用于保护高堆垛与高货架仓库。

(2)喷头选型与设置要求

①喷头选型

a. 对于湿式自动喷水灭火系统，在吊顶下布置喷头时，应采用下垂型或吊顶型喷头；顶板为水平面的轻危险级、中危险级Ⅰ级住宅建筑、宿舍、旅馆建筑客房、医疗建筑病房和办公室，可采用边墙型喷头；易受碰撞的部位，应采用带保护罩的喷头或吊顶型喷头；在不设吊顶的场所内设置喷头，当配水支管布置在梁下时，应采用直立型喷头；应采用直立型喷头；顶板为水平面，且无梁、通风管道等障碍物影响喷头洒水的场所，可采用扩大覆盖面积洒水喷头；住宅建筑和宿舍、公寓等非住宅类居住建筑宜采用家用喷头；不宜选用隐蔽式洒水喷头，确需采用时，应仅适用于轻危险级和中危险级Ⅰ级场所。

b. 对于干式系统和预作用系统，应采用直立型喷头或干式下垂型喷头。

c. 对于水幕系统，防火分隔水幕应采用开式洒水喷头或水幕喷头，防护冷却水幕应采用水幕喷头。

d. 自动喷水防护冷却系统可采用边墙型洒水喷头。

e. 对于公共娱乐场所，中庭环廊，医院、疗养院的病房及治疗区域，老年、少儿、残疾人的集体活动场所，超出消防水泵接合器供水高度的楼层，地下商业场所，宜采用快速响应洒水喷头。当采用快速响应洒水喷头时，系统应为湿式系统。

f. 闭式系统的喷头，其公称动作温度宜比环境最高温度高 30℃。

②喷头设置要求

a. 喷头应布置在顶板或吊顶下易于接触到火灾热气流并有利于均匀布水的位置。当喷头附近有障碍物时，应符合喷头与障碍物距离的相关规定或增设补偿喷水强度的喷头。

b. 直立型、下垂型标准覆盖面积洒水喷头的布置，包括同一根配水支管上喷头的间距及相邻配水支管的间距，应根据设置场所的火灾危险等级、洒水喷头类型和工作压力确定，并不应大于表 7-13 的规定，且不应小于 1.8m。

**表 7-13　直立型、下垂型标准覆盖面积洒水喷头的布置**

| 火灾危险等级 | 正方形布置的边长/m | 矩形或平行四边形布置的长边边长/m | 一只喷头的最大保护面积/m² | 喷头与端墙的距离/m | |
|---|---|---|---|---|---|
| | | | | 最大 | 最小 |
| 轻危险级 | 4.4 | 4.5 | 20.0 | 2.2 | 0.1 |
| 中危险级Ⅰ级 | 3.6 | 4.0 | 12.5 | 1.8 | |
| 中危险级Ⅱ级 | 3.4 | 3.6 | 11.5 | 1.7 | |
| 严重危险级、仓库危险级 | 3.0 | 3.6 | 9.0 | 1.5 | |

注：1. 设置单排洒水喷头的闭式系统，其洒水喷头间距应按地面不留漏喷空白点确定。

2. 严重危险级或仓库危险级场所宜采用流量系数大于 80 的洒水喷头。

c. 边墙型标准覆盖面积洒水喷头的最大保护跨度与间距，应符合表 7-14 的规定。

表 7-14　边墙型标准覆盖面积洒水喷头的最大保护跨度与间距　m

| 火灾危险等级 | 配水支管上喷头的最大间距 | 单排喷头的最大保护跨度 | 两排相对喷头的最大保护跨度 |
|---|---|---|---|
| 轻危险级 | 3.6 | 3.6 | 7.2 |
| 中危险级Ⅰ级 | 3.0 | 3.0 | 6.0 |

注：1. 两排相对洒水喷头应交错布置；

2. 室内跨度大于两排相对喷头的最大保护跨度时，应在两排相对喷头中间增设一排喷头。

d. 直立型、下垂型扩大覆盖面积洒水喷头应采用正方形布置，其布置间距不应大于表 7-15 的规定，且不应小于 2.4m。

表 7-15　直立型、下垂型扩大覆盖面积洒水喷头的布置间距

| 火灾危险等级 | 正方形布置的边长/m | 一只喷头的最大保护面积/$m^2$ | 喷头与端墙的距离/m | |
|---|---|---|---|---|
| | | | 最大 | 最小 |
| 轻危险级 | 5.4 | 29.0 | 2.7 | 0.1 |
| 中危险级Ⅰ级 | 4.8 | 23.0 | 2.4 | |
| 中危险级Ⅱ级 | 4.2 | 17.5 | 2.1 | |
| 严重危险级 | 3.6 | 13.0 | 1.8 | |

e. 边墙型扩大覆盖面积洒水喷头的最大保护跨度和配水支管上的洒水喷头间距，应按洒水喷头工作压力下能够喷湿对面墙和邻近端墙距溅水盘 1.2m 高度以下的墙面确定，且保护面积内的喷水强度应符合民用建筑和厂房采用湿式系统的设计基本参数的规定。

f. 除吊顶型洒水喷头及吊顶下设置的洒水喷头外，直立型、下垂型早期抑制快速响应喷头、特殊应用喷头和家用喷头溅水盘与顶板的距离应符合表 7-16 的规定。

表 7-16　喷头溅水盘与顶板的距离　mm

| 喷头类型 | | 喷头溅水盘与顶板的距离 $S_L$ |
|---|---|---|
| 早期抑制快速响应喷头 | 直立型 | $100 \leqslant S_L \leqslant 150$ |
| | 下垂型 | $150 \leqslant S_L \leqslant 360$ |
| 特殊应用喷头 | | $150 \leqslant S_L \leqslant 200$ |
| 家用喷头 | | $25 \leqslant S_L \leqslant 100$ |

2. 报警阀组

自动喷水灭火系统根据不同的系统选用不同的报警阀组。

(1)报警阀组的分类及组成

报警阀组分为湿式报警阀组、干式报警阀组、雨淋报警阀组和预作用报警装置。

①湿式报警阀组

湿式报警阀组的组成：湿式报警阀是湿式系统的专用阀门，是只允许水流入系统，并在规定压力、流量下驱动配套部件报警的一种单向阀。湿式报警阀组的主要元件为止回阀，其开启条件与入口压力及出口流量有关，它与延迟器、水力警铃、压力开关、控制阀等组成报警阀组，如图 7-20 所示。

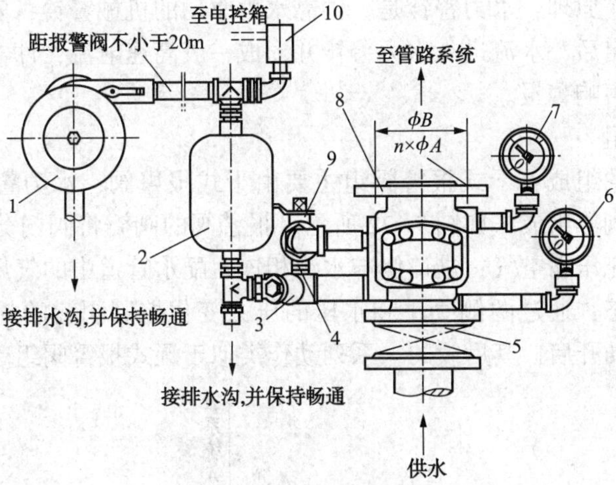


图 7-20　湿式报警阀组

1—水力警铃；2—延迟器；3—过滤器；4—试验球阀；5—水源控制阀；
6—进水侧压力表；7—出水侧压力表；8—报警阀；9—排水球阀；10—压力开关

湿式报警阀的工作原理：湿式报警阀组中报警阀的结构有两种，即隔板座圈型和导阀型。隔板座圈型湿式报警阀的结构如图 7-21 所示。

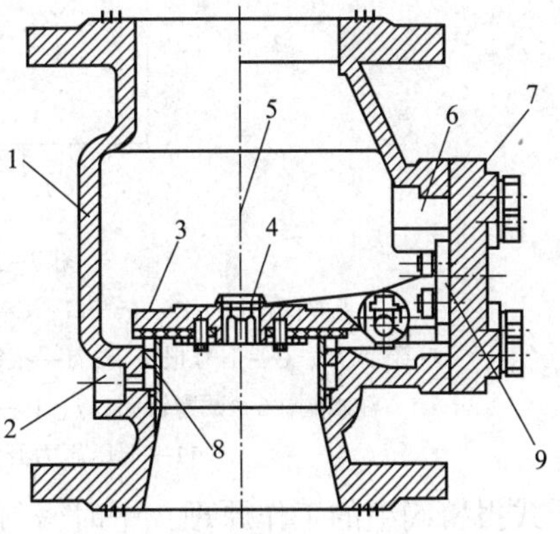


图 7-21　隔板座圈型湿式报警阀

1—阀体；2—报警口；3—阀瓣；4—补水单向阀；
5—测试口；6—检修口；7—阀盖；8—座圈；9—支架

隔板座圈型湿式报警阀上设有进水口、报警口、测试口、检修口和出水口，阀内部设有阀瓣、阀座等组件，是控制水流方向的主要可动密封件。在准工作状态时，阀瓣上下充满水，水的压强近似相等。由于阀瓣上面与水接触的面积大于下面与水接触的面积，因此阀瓣受到的水压合力向下。在水压力及自重的作用下，阀瓣坐落在阀座上，处于关闭状态。当水源压力出现波动或冲击时，通过补偿器(或补水单向阀)使上、下腔压力保持一致，水力警铃不发生报警，压力开关不接通，阀瓣仍处于准工作状态。补偿器具有防止误报或误动作功能。闭式喷头喷水灭火时，补偿器来不及补水，阀瓣上面的水压下降，当其下降到使下腔的水压足以开启阀瓣时，下腔的水便向洒水管网及动作喷头供水，同时水沿着报警阀的环形槽进入报警口，流向延迟器、水力警铃，警铃发出声响报警，压力开关开启，发出电信号并启动自动喷水灭火系统的给水泵。

延迟器的工作原理：延迟器是一个罐式容器，其入口与报警阀的报警水流通道连接，出口与压力开关和水力警铃连接，延迟器入口前安装有过滤器。在准工作状态下，可防止因压力波动而产生误报警。当配水管道发生渗漏时，有可能引起湿式报警阀阀瓣的微小开启，使水进入延迟器。但是，由于水的流量小，进入延迟器的水会从延迟器底部的节流孔排出，使延迟器无法充满水，更不能从出口流向压力开关和水力警铃。只有当湿式报警阀开启，经报警通道进入延迟器的水流将延迟器注满并由出口溢出时，方能驱动水力警铃和压力开关。

水力警铃的工作原理：水力警铃是一种靠水力驱动的机械警铃，安装在报警阀组的报警管道上。报警阀开启后，水流进入水力警铃并形成一股高速射流，冲击水轮带动铃锤快速旋转，敲击铃盖发出声响警报。

②干式报警阀组

干式报警阀组的组成：干式报警阀组主要由干式报警阀、水力警铃、压力开关、空压机、安全阀、控制阀等组成，如图 7-22 所示。报警阀的阀瓣将阀门分成两部分，出口侧与系统管路相连，内充压缩空气，进口侧与水源相连，配水管道中的气压抵住阀瓣，使配水管道始终保持干管状态，通过两侧气压和水压的压力变化控制阀瓣的封闭和开启。喷头开启后，干式报警阀自动开启，其后续的一系列动作类似于湿式报警阀组。

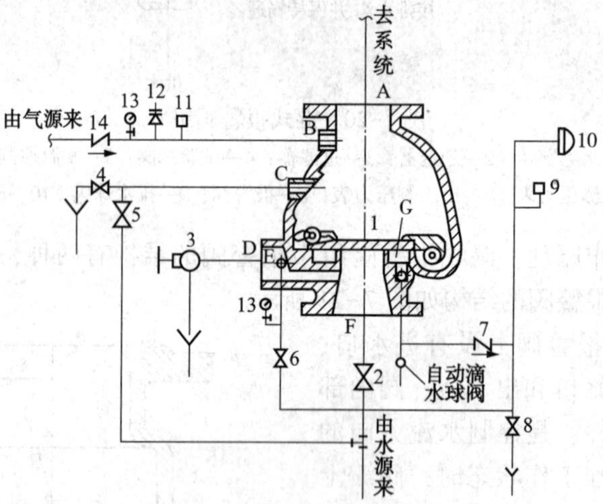


图 7-22　干式报警阀组

A—报警阀出口；B—充气口；C—注水、排水口；D—主排水口；E—试警铃口；F—供水口；G—信号报警口；1—报警阀；2—水源控制阀；3—主排水阀；4—排水阀；5—注水阀；6—试警铃阀；7、14—止回阀；8—小孔阀；9—压力开关；10—警铃；11—低压压力开关；12—安全阀；13—压力表

干式报警阀组的工作原理：平时密封组件出口侧所受的力大于进口侧水源施加的力，因此，阀门处于闭合状态。火灾时闭式喷头打开，出口侧气压下降，当降到一定程度时，进口侧水的压力大于阀瓣出口侧施加的力，密封组件打开，水流入配水管道，供给已动作喷头喷水灭火。干式阀启动后防复位的目的是防止出口侧静水压等压力使阀门重新复位而影响供水灭火。由于干式报警阀两侧受压面面积不等，使得灭火管网中所充气压要小于水压。

③雨淋报警阀组

雨淋报警阀组的组成：雨淋报警阀是通过电动、机械或其他方法开启，使水能够自动流入喷水灭火系统并同时进行报警的一种单向阀。其按照结构可分为隔膜式、推杆式、活塞式、蝶阀式雨淋报警阀。雨淋报警阀广泛应用于雨淋系统、水幕系统、水雾系统等各类开放自动喷水灭火系统中。雨淋报警阀组的组成如图 7-23 所示。

雨淋阀的工作原理：雨淋阀是水流控制阀，可以通过电动、液动、气动及机械方式开启，其构造如图 7-24 所示。

雨淋阀的阀腔分成上腔、下腔和控制腔三部分。控制腔与供水管道连通，中间设限流传压的孔板。供水管道中的压力水推动控制腔中的膜片，进而推动驱动杆顶紧阀瓣锁定杆，锁定杆产生力矩，把阀瓣锁定在阀座上。阀瓣使下腔的压力水不能进入上腔。控制腔泄压时，

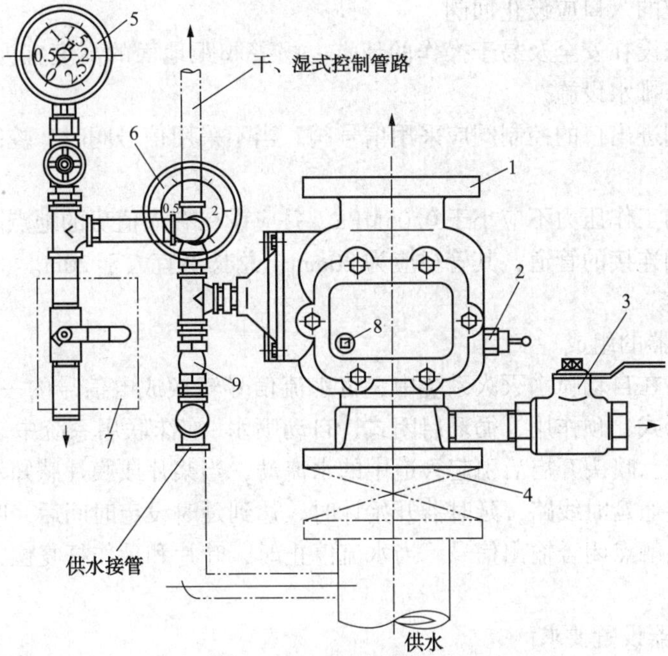


图 7-23　雨淋报警阀组

1—雨淋阀；2—自动滴水阀；3—排水球阀；4—供水控制阀；5—隔膜室压力表；
6—供水压力表；7—紧急手动控制装置；8—阀瓣复位轴；9—节流阀

使驱动杆作用在阀瓣锁定杆上的力矩低于供水压力作用在阀瓣上的力矩，于是阀瓣开启，供水进入配水管道。

④预作用报警装置

预作用报警装置由预作用报警阀组、控制盘、气压维持装置和空气供给装置等组成，它是通过电动、气动、机械或其他方式控制报警阀组开启，使水能够单向流入喷水灭火系统，并同时进行报警的一种单向阀组装置。

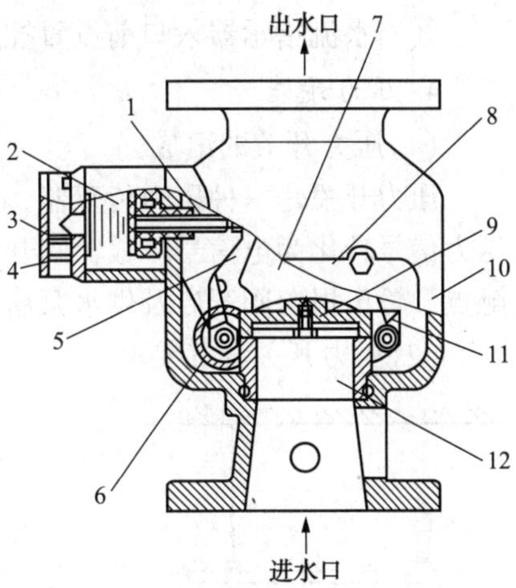


图 7-24　雨淋阀的构造

1—驱动杆总成；2—侧腔；3—同锥弹簧；4—节流孔；5—锁止机构；6—复位手轮；7—上腔；8—检修盖板；9—阀瓣总成；10—阀体总成；11—复位扭簧；12—下腔

(2)报警阀组设置要求

①自动喷水灭火系统应设报警阀组。保护室内钢屋架等建筑构件的闭式系统，应设独立的报警阀组。水幕系统应设独立的报警阀组或感温雨淋报警阀。

②串联接入湿式系统配水干管的其他自动喷水灭火系统，应分别设置独立的报警阀组，其控制的洒水喷头数计入湿式报警阀组控制的洒水喷头总数。

③一个报警阀组控制的洒水喷头数，对湿式系统、预作用系统不宜超过 800 只，对干式系统不宜超过 500 只；当配水支管同时设置保护吊顶下方和上方空间的洒水喷头时，应只将数量较多一侧的洒水喷头计入报警阀组控制的洒水喷头总数。

④每个报警阀组供水的最高与最低位置洒水喷头，其高程差不宜大于 50m。

⑤雨淋报警阀组的电磁阀，其入口应设过滤器。并联设置雨淋报警阀组的雨淋系统，其

雨淋报警阀控制腔的入口应设止回阀。

⑥报警阀组宜设在安全及易于操作的地点，报警阀距地面的高度宜为 1.2m。设置报警阀组的部位应设有排水设施。

⑦连接报警阀进出口的控制阀应采用信号阀。当不采用信号阀时，控制阀应设锁定阀位的锁具。

⑧水力警铃的工作压力不应小于 0.05MPa，并应设在有人值班的地点附近或公共通道的外墙上；与报警阀连接的管道，其管径应为 20mm，总长不宜大于 20m。

3. 水流指示器

(1)水流指示器的组成

水流指示器是在自动喷水灭火系统中，将水流信号转换成电信号的一种水流报警装置，一般用于湿式、干式、预作用、循环启闭式、自动喷水-泡沫联用系统中。水流指示器的叶片与水流方向垂直，喷头开启后引起管道中的水流动，当桨片或膜片感知水流的作用力时带动传动轴动作，接通延时线路，延时器开始计时。达到延时设定时间后，叶片仍向水流方向偏转无法回位，电触点闭合输出信号。当水流停止时，叶片和动作杆复位，触点断开，信号消除。

(2)水流指示器设置要求

①除报警阀组控制的洒水喷头只保护不超过防火分区面积的同层场所外，每个防火分区、每个楼层均应设水流指示器。

②仓库内顶板下洒水喷头与货架内置洒水喷头应分别设置水流指示器。

③当水流指示器入口前设置控制阀时，应采用信号阀。

4. 压力开关

(1)压力开关的组成

压力开关是一种压力传感器，它是自动喷水灭火系统中的一个部件，其作用是将系统的压力信号转化为电信号。报警阀开启后，报警管道充水，压力开关受到水压的作用后接通电触点，输出报警阀开启及供水泵启动的信号，报警阀关闭时电触点断开。

(2)压力开关设置要求

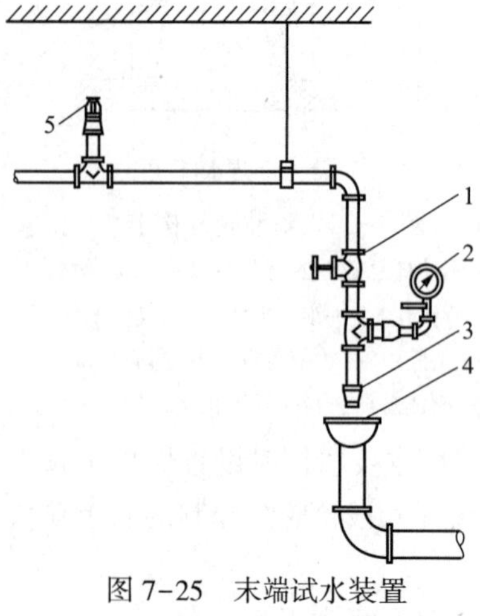

图 7-25　末端试水装置

1—截止阀；2—压力表；3—试水接头；4—排水漏斗；5—最不利点处喷头

①雨淋系统和防火分隔水幕，其水流报警装置应采用压力开关。

②自动喷水灭火系统应采用压力开关控制稳压泵，并应能调节启停压力。

5. 末端试水装置

(1)末端试水装置的组成

末端试水装置由试水阀、压力表以及试水接头等组成，其作用是检验系统的可靠性，测试干式系统和预作用系统的管道充水时间。末端试水装置的构造如图 7-25 所示。

(2)末端试水装置设置要求

①每个报警阀组控制的最不利点洒水喷头处应设末端试水装置，其他防火分区、楼层均应设直径为 25mm 的试水阀。

②末端试水装置应由试水阀、压力表以及试水接头组成。试水接头出水口的流量系数，应等同于同楼层或防火分区内的最小流量系数洒水喷头。末端试水装置的出水，应采取孔口出流的方式排入排水管道，排水立管宜设伸顶通气管，且管径不应小于75mm。

③末端试水装置和试水阀应有标识，距地面的高度宜为1.5m，并应采取不被他用的措施。

6. 管道

配水管道可采用内外壁热镀锌钢管、涂覆钢管、铜管、不锈钢管和氯化聚氯乙烯(PVC-C)管，其工作压力不应大于1.20MPa，并不应设置其他用水设施。

配水管道的连接方式为：镀锌钢管、涂覆钢管可采用沟槽式连接件(卡箍)、螺纹或法兰连接，当报警阀前采用内壁不防腐钢管时，可焊接连接；铜管可采用钎焊、沟槽式连接件(卡箍)、法兰和卡压等连接方式；不锈钢管可采用沟槽式连接件(卡箍)、法兰、卡压等连接方式，不宜采用焊接；氯化聚氯乙烯(PVC-C)管材、管件可采用粘接连接，氯化聚氯乙烯(PVC-C)管材、管件与其他材质管材、管件之间可采用螺纹、法兰或沟槽式连接件(卡箍)连接；铜管、不锈钢管、氯化聚氯乙烯(PVC-C)管应采用配套的支架、吊架。

系统中直径等于或大于100mm的管道，应分段采用法兰或沟槽式连接件(卡箍)连接。水平管道上法兰间的管道长度不宜大于20m；立管上法兰间的距离，不应跨越3个及以上楼层。净空高度大于8m的场所内，立管上应有法兰。

管道的直径应经水力计算确定。配水管道的布置，应使配水管入口的压力均衡。轻危险级、中危险级场所中各配水管入口的压力均不宜大于0.40MPa；配水管两侧每根配水支管控制的标准流量洒水喷头数量，轻危险级、中危险级场所不应超过8只，同时在吊顶上下设置喷头的配水支管，上下侧均不应超过8只。严重危险级及仓库危险级场所均不应超过6只。

## 复习思考题

1. 简述水灭火剂的灭火机理和适用范围。
2. 试列举几种工业生产和生活中常用的灭火剂，说明在使用过程中应注意的问题。
3. 哪些情况下灭火器应予以报废？
4. 简述室内消火栓系统的给水方式。
5. 简述湿式自动喷水灭火系统的工作原理。

# 附录A　物质的防火防爆安全参数

表A　一些物质的防火防爆安全参数

| 序号 | 名称 | 爆炸危险度 | 最大爆炸压力 /×$10^5$Pa | 爆炸极限/%(体积) | | 闪点 /℃ | 自燃温度 /℃ |
|---|---|---|---|---|---|---|---|
| | | | | 爆炸下限 | 爆炸上限 | | |
| 1 | 氢 | 17.5 | 7.4 | 4.1 | 76 | 气态 | 500~571 |
| 2 | 一氧化碳 | 4.9 | 7.3 | 12.5 | 74.2 | 气态 | 610 |
| 3 | 二硫化碳 | 37.5 | 7.8 | 1.3 | 50.0 | -30 | 90 |
| 4 | 硫化氢 | 10 | 5.0 | 4.3 | 46.0 | -106 | 260 |
| 5 | 呋喃 | 5.2 | — | 2.3 | 14.3 | -35 | 390 |
| 6 | 噻吩 | 7.3 | — | 1.5 | 12.5 | -1 | 395 |
| 7 | 吡啶 | 5.9 | — | 1.8 | 12.4 | 20 | 482 |
| 8 | 尼古丁 | 4.7 | — | 0.8 | 4.0 | — | 244 |
| 9 | 萘 | 5.5 | — | 0.9 | 5.9 | 78.9 | 526 |
| 10 | 顺萘 | 6.0 | — | 0.7 | 4.9 | 61 | 260 |
| 11 | 四乙基铅 | — | — | 1.8 | — | 93.3 | 127 |
| 12 | 煤气 | 7.9 | 7.0 | 4.5 | 40.0 | 气态 | 648.9 |
| 13 | 汽油 | 4.5 | 8.5 | 1.3 | 7.1 | -58~10 | 250~530 |
| 14 | 煤油 | 6.1 | 8.0 | 0.7 | 5.0 | ≥30 | 210 |
| 15 | 航空汽油 | 4.4 | 8.0 | 1.4 | 7.6 | -37~-42 | 439~471 |
| 16 | 柴油 | 9.8 | 7.5 | 0.6 | 6.5 | — | — |
| 17 | 甲烷 | 2.0 | 7.2 | 5.0 | 15.0 | -218 | 537 |
| 18 | 乙烷 | 3.2 | — | 3.0 | 12.5 | -135 | 472 |
| 19 | 丙烷 | 3.5 | 8.6 | 2.1 | 9.5 | -104 | 450 |
| 20 | 丁烷 | 3.5 | 8.6 | 1.9 | 8.5 | -60 | 287 |
| 21 | 戊烷 | 4.2 | 8.7 | 1.5 | 7.8 | -40 | 260 |
| 22 | 己烷 | 5.8 | 8.7 | 1.1 | 7.5 | -22 | 225 |
| 23 | 庚烷 | 5.4 | 8.6 | 1.1 | 6.7 | -4 | 215 |
| 24 | 辛烷 | 5.5 | — | 1.0 | 6.5 | 13 | 206 |
| 25 | 壬烷 | 2.6 | — | 0.8 | 2.9 | 31 | 205 |
| 26 | 癸烷 | 5.8 | 7.5 | 0.8 | 5.4 | 46 | 210 |
| 27 | 硝基甲烷 | 7.9 | — | 7.1 | 63.0 | 35 | 418 |
| 28 | 氯甲烷 | 1.1 | — | 8.1 | 17.4 | -46 | 632 |
| 29 | 二氯甲烷 | 0.6 | 5.0 | 14 | 22 | -4 | 556 |
| 30 | 氯乙烷 | 3.1 | — | 3.6 | 14.8 | -50 | 519 |
| 31 | 1，1-二氯乙烷 | 1.0 | — | 5.6 | 11.4 | -17 | 458 |
| 32 | 正氯基丁烷 | 4.3 | 8.8 | 1.9 | 10.1 | -9 | 460 |

续表

| 序号 | 名称 | 爆炸危险度 | 最大爆炸压力 /×$10^5$Pa | 爆炸极限/%(体积) | | 闪点 /℃ | 自燃温度 /℃ |
|---|---|---|---|---|---|---|---|
| | | | | 爆炸下限 | 爆炸上限 | | |
| 33 | 2-甲基戊烷 | 6.0 | — | 1.0 | 7.0 | -32 | 264 |
| 34 | 2，2-二甲基戊烷 | 7.3 | — | 1.0 | 8.3 | -9.44 | 337 |
| 35 | 环丙烷 | 3.3 | — | 2.4 | 10.3 | -94 | 500 |
| 36 | 环丁烷 | 4.6 | — | 1.8 | 10 | 10 | — |
| 37 | 环己烷 | 5.5 | 8.6 | 1.3 | 8.4 | -18 | 245 |
| 38 | 环氧乙烷 | 32.3 | 9.9 | 3.0 | 100.0 | -29 | 429 |
| 39 | 乙烯 | 12.3 | 8.9 | 2.7 | 36.0 | -135 | 450 |
| 40 | 丙烯 | 3.3 | 8.6 | 2.4 | 10.3 | -108 | 460 |
| 41 | 丁烯 | 5.3 | — | 1.6 | 10.0 | -80 | 385 |
| 42 | 戊烯 | 5.2 | — | 1.4 | 8.7 | -28 | 275 |
| 43 | 1，3-丁二烯 | 13.8 | 7.0 | 1.1 | 16.3 | -76 | 415 |
| 44 | 苯乙烯 | 6.6 | 6.6 | 0.9 | 6.8 | 31 | 490 |
| 45 | 2-氯丙烯 | 2.6 | — | 4.5 | 16.0 | -34 | — |
| 46 | 2-丁烯 | 4.3 | — | 1.7 | 9.0 | -12 | 324 |
| 47 | 乙炔 | 31.8 | 103 | 2.5 | 82.0 | -18 | 305 |
| 48 | 丙炔 | 5.9 | — | 1.7 | 11.7 | <-30 | 340.15 |
| 49 | 1-丁炔 | 5.0 | — | 1.1 | 6.6 | <-6.7 | — |
| 50 | 苯 | 5.7 | 9.0 | 1.2 | 8.0 | -11 | 560 |
| 51 | 甲苯 | 5.5 | 6.8 | 1.1 | 7.1 | 4 | 480 |
| 52 | 乙苯 | 5.7 | — | 1.0 | 6.7 | 12.8 | 432 |
| 53 | 丙苯 | 6.5 | — | 0.8 | 6.0 | 30 | 450 |
| 54 | 丁基苯 | 6.3 | — | 0.8 | 5.8 | 60 | 410 |
| 55 | 1，3-二甲苯 | 5.4 | 7.8 | 1.1 | 7.0 | 25 | 527 |
| 56 | 均三甲苯 | 5.4 | — | 1.0 | 6.0 | 44 | 550 |
| 57 | 联苯 | 8.7 | — | 0.6 | 5.8 | 113 | 540 |
| 58 | 甲醇 | 5.1 | 7.4 | 6.0 | 36.5 | 12.2 | 464 |
| 59 | 乙醇 | 4.8 | 7.5 | 3.3 | 19.0 | 13 | 363 |
| 60 | 正丙醇 | 5.4 | — | 2.1 | 13.5 | 15 | 371 |
| 61 | 丁醇 | 7.1 | 7.5 | 1.4 | 11.3 | 29 | 355~365 |
| 62 | 正戊醇 | 7.75 | — | 1.2 | 10.5 | 33 | 300 |
| 63 | 乙二醇 | 3.8 | — | 3.2 | 15.3 | 111 | 398 |
| 64 | 氯乙醇 | 2.2 | — | 4.9 | 15.9 | 60 | 425 |
| 65 | 异戊醇 | 6.5 | — | 1.2 | 9.0 | 33 | 347 |
| 66 | 甲醛溶液 | 9.4 | — | 7.0 | 73.0 | 83 | 430 |
| 67 | 乙醛 | 13.3 | 7.3 | 4.0 | 57.0 | -39 | 175 |
| 68 | 丙醛 | 5.5 | — | 2.6 | 17.0 | -30 | 207 |
| 69 | 丁醛 | 5.6 | 6.6 | 1.9 | 12.5 | -22 | 218.3 |
| 70 | 苯甲醛 | 5.1 | — | 1.4 | 8.5 | 63 | 192 |
| 71 | 2-丁烯醛 | 6.4 | — | 2.1 | 15.5 | 13 | 232 |
| 72 | 糠醛 | 8.2 | — | 2.1 | 19.3 | 60 | 315 |

续表

| 序号 | 名称 | 爆炸危险度 | 最大爆炸压力 /×$10^5$Pa | 爆炸极限/%(体积) | | 闪点 /℃ | 自燃温度 /℃ |
|---|---|---|---|---|---|---|---|
| | | | | 爆炸下限 | 爆炸上限 | | |
| 73 | 甲酸甲酯 | 2.4 | — | 5.9 | 20.0 | -19 | 449 |
| 74 | 甲酸乙酯 | 5.1 | — | 2.7 | 16.5 | -20 | 455 |
| 75 | 甲酸丁酯 | 3.7 | — | 1.7 | 8.0 | 17.7 | 322.5 |
| 76 | 甲酸异戊酯 | 5.7 | — | 1.2 | 8.0 | 22 | — |
| 77 | 乙酸甲酯 | 4.2 | 8.8 | 3.1 | 16.0 | -10 | 454 |
| 78 | 乙酸乙酯 | 4.2 | 8.7 | 2.2 | 11.5 | -4 | 426.7 |
| 79 | 乙酸异丙酯 | 3.3 | — | 1.8 | 7.8 | 2 | 460 |
| 80 | 乙酸丁酯 | 5.1 | 7.7 | 1.2 | 7.6 | 22 | 421 |
| 81 | 乙酸叔丁酯 | 4.6 | — | 1.3 | 7.3 | 16.6~22.2 | 421 |
| 82 | 丙酸甲酯 | 4.2 | — | 2.5 | 13.0 | -2 | 468 |
| 83 | 异丁烯酸甲酯 | 5.0 | 7.7 | 2.1 | 12.5 | 10 | 421~435 |
| 84 | 硝酸乙酯 | 1.5 | >10.5 | 4 | 10 | 10 | 85 |
| 85 | 二甲醚 | 6.9 | — | 3.4 | 27.0 | -41 | 350 |
| 86 | 甲乙醚 | 4.1 | 8.5 | 2.0 | 10.1 | -37 | 190 |
| 87 | 乙醚 | 27.8 | 9.2 | 1.7 | 49.0 | -45 | 160~180 |
| 88 | 二乙烯醚 | 14.9 | — | 1.7 | 27.0 | -30 | 360 |
| 89 | 二异丙醚 | 14.7 | 8.5 | 1.4 | 22 | -28 | 443 |
| 90 | 二正丁基醚 | 4.1 | — | 1.5 | 7.6 | 25 | 194.4 |
| 91 | 丙酮 | 4.1 | 8.9 | 2.5 | 12.8 | -18 | 465 |
| 92 | 2-丁酮 | 5.4 | 8.5 | 1.8 | 11.5 | -9 | 404 |
| 93 | 环己酮 | 7.5 | — | 1.1 | 9.4 | 44 | 420 |
| 94 | 氢氰酸 | 6.1 | 9.4 | 5.6 | 40.0 | -17.8 | 538 |
| 95 | 乙腈 | 4.3 | — | 3.0 | 16.0 | 12.8 | 524 |
| 96 | 丙腈 | 3.5 | — | 3.1 | 14.0 | 2 | 512 |
| 97 | 丙烯腈 | 4.7 | — | 3.0 | 17.0 | -1 | 481 |
| 98 | 氨气 | 0.9 | 6.0 | 15.0 | 28.0 | -54 | 651 |
| 99 | 甲胺 | 3.1 | — | 5.0 | 20.7 | 气态 | 475 |
| 100 | 二甲胺 | 4.1 | — | 2.8 | 14.4 | -20 | 400 |
| 101 | 三甲胺 | 4.8 | — | 2.0 | 11.6 | -12.2 | 190 |
| 102 | 乙胺 | 3.0 | — | 3.5 | 14.0 | -17 | 385 |
| 103 | 乙二胺 | 4.6 | — | 2.7 | 16.6 | 33.9 | 385 |
| 104 | 丙胺 | 4.2 | — | 2.0 | 10.4 | -37 | 317.8 |
| 105 | 乙酸 | 2 | 54 | 5.4 | 16 | 39 | 426 |
| 106 | 樟脑 | 4.8 | — | 0.6 | 3.5 | 65.6 | 466 |

# 附录B　生产的火灾危险性分类举例

**表B　生产的火灾危险性分类举例**

| 生产类别 | 举　例 |
|---|---|
| 甲 | 1. 闪点<28℃的油品和有机溶剂的提炼，回收或洗涤部位及其泵房，橡胶制品的涂胶和胶浆部位，二硫化碳的粗馏、精馏工段及其应用部位，青霉素提炼部位，原料药厂的非纳西汀车间的烃化、回收及电感精馏部位，皂素车间的抽提、结晶及过滤部位，冰片精制部位，农药厂乐果厂房，敌敌畏的合成厂房、磺化法糖精厂房，氯乙醇厂房，环氧乙烷、环氧丙烷工段，苯酚厂房的磺化、蒸馏部位，焦化厂吡啶工段，胶片厂片基车间，汽油加铅室，甲醇、乙醇、丙酮、丁酮、异丙醇、醋酸乙酯、苯等的合成或精制厂房，集成电路工厂的化学清洗间(使用闪点小于28℃的液体)，植物油加工厂的浸出车间；白酒液态法酿酒车间、酒精蒸馏塔，酒精度为38度及以上的勾兑车间、灌装车间、酒泵房；白兰地蒸馏车间、勾兑车间、灌装车间、酒泵房 |
| | 2. 乙炔站，氢气站，石油气体分馏(或分离)厂房，氯乙烯厂房，乙烯聚合厂房，天然气、石油伴生气、矿井气、水煤气或焦炉煤气的净化(如脱硫)厂房压缩机室及鼓风机室，液化石油气罐瓶间，丁二烯及其聚合厂房，醋酸乙烯厂房，电解水或电解食盐厂房，环己酮厂房，乙基苯和苯乙烯厂房，化肥厂的氢氮气压缩厂房，半导体材料厂使用氢气的拉晶间，硅烷热分解室 |
| | 3. 硝化棉厂房及其应用部位，赛路珞厂房，黄磷制备厂房及其应用部位，三乙基铝厂房，染化厂某些能自行分解的重氮化合物生产，甲胺厂房，丙烯腈厂房 |
| | 4. 金属钠、钾加工厂房及其应用部位，聚乙烯厂房的一氧二乙基铝部位、三氯化磷厂房，多晶硅车间三氯氢硅部位，五氧化二磷厂房 |
| | 5. 氯酸钠、氯酸钾厂房及其应用部位，过氧化氢厂房，过氧化钠、过氧化钾厂房，次氯酸钙厂房 |
| | 6. 赤磷制备厂房及其应用部位，五硫化二磷厂房及其应用部位 |
| | 7. 洗涤剂厂房石蜡裂解部位，冰醋酸裂解厂房 |
| 乙 | 1. 28℃≤闪点<60℃的油品和有机溶剂的提炼、回收、洗涤部位及其泵房，松节油或松香蒸馏厂房及其应用部位，醋酸酐精馏厂房，己内酰胺厂房，甲酚厂房，氯丙醇厂房，樟脑油提取部位，环氧氯丙烷厂房，松针油精制部位，煤油罐桶间 |
| | 2. 一氧化碳压缩机室及净化部位，发生炉煤气或鼓风炉煤气净化部位，氨压缩机房 |
| | 3. 发烟硫酸或发烟硝酸浓缩部位，高锰酸钾厂房，重铬酸钠(红钒钠)厂房 |
| | 4. 樟脑或松香提炼厂房，硫黄回收厂房，焦化厂精萘厂房 |
| | 5. 氧气站，空分厂房 |
| | 6. 铝粉或镁粉厂房，金属制品抛光部位，煤粉厂房，面粉厂的碾磨部位，活性炭制造及再生厂房，谷物筒仓工作塔，亚麻厂的除尘器和过滤器室 |

续表

| 生产类别 | 举　例 |
| --- | --- |
| 丙 | 1. 闪点≥60℃的油品和有机液体的提炼、回收工段及其抽送泵房，香料厂的松油醇部位和乙酸松油脂部位，苯甲酸厂房，苯乙酮厂房，焦化厂焦油厂房，甘油、桐油的制备厂房，油浸变压器室，机器油或变压油灌桶间，润滑油再生部位，配电室(每台装油量>60kg的设备)，沥青加工厂房，植物油加工厂的精炼部位 |
|  | 2. 煤、焦炭、油母页岩的筛分、转运工段和栈桥或储仓，木工厂房，竹、藤加工厂房，橡胶制品的压延、成型和硫化厂房，针织品厂房，纺织、印染、化纤生产的干燥部位，服装加工厂房，棉花加工和打包厂房，造纸厂备料、干燥厂房、印染厂成品厂房，麻纺厂粗加工车间，谷物加工房，卷烟厂的切丝、卷制、包装车间，印刷厂的印刷车间，毛涤厂选毛车间，电视机、收音机装配厂房，显像管厂装配工煅烧枪间，磁带装配厂房，集成电路工厂的氧化扩散间、光刻间，泡沫塑料厂的发泡、成型、印片压花部位，饲料加工厂房，畜(禽)屠宰、分割及加工车间、鱼加工车间 |
| 丁 | 1. 金属冶炼、锻造、铆焊、热轧、铸造、热处理厂房 |
|  | 2. 锅炉房，玻璃原料熔化厂房，灯丝烧拉部位，保温瓶胆厂房，陶瓷制品的烘干、烧成厂房，蒸汽机车库，石灰焙烧厂房，电石炉部位，耐火材料烧成部位，转炉厂房，硫酸车间焙烧部位，电极煅烧工段配电室(每台装油量≤60kg的设备) |
|  | 3. 难燃铝塑料材料的加工厂房，酚醛泡沫塑料的加工厂房，印染厂的漂炼部位，化纤厂后加工润湿部位 |
| 戊 | 制砖车间、石棉加工车间、卷扬机室，不燃液体的泵房和阀门室，不燃液体的净化处理工段，金属(镁合金除外)冷加工车间，电动车库，钙镁磷肥车间(焙烧炉除外)，造纸厂或化学纤维厂的浆粕蒸煮工段，仪表、器械或车辆装配车间，氟利昂厂房，水泥厂的轮窑厂房，加气混凝土厂的材料准备、构件制作厂房 |

# 附录C 储存物品的火灾危险性分类举例

**表C 储存物品的火灾危险性分类举例**

| 储存物品类别 | 举 例 |
|---|---|
| 甲 | 1. 己烷，戊烷，环戊烷，石脑油，二硫化碳，苯、甲苯，甲醇、乙醇，乙醚，蚁酸甲脂、醋酸甲酯、硝酸乙酯，汽油，丙酮，丙烯，酒精度为38度及以上的白酒 |
| | 2. 乙炔，氢，甲烷，环氧乙烷，水煤气，液化石油气，乙烯、丙烯、丁二烯，硫化氢，氯乙烯，电石，碳化铝 |
| | 3. 硝化棉，硝化纤维胶片，喷漆棉，火胶棉，赛璐珞棉，黄磷 |
| | 4. 金属钾、钠、锂、钙、锶，氢化锂，四氢化锂铝，氢化钠 |
| | 5. 氯酸钾，氯酸钠，过氧化钾，过氧化钠，硝酸铵 |
| | 6. 赤磷，五硫化磷，三硫化二磷 |
| 乙 | 1. 煤油，松节油，丁烯醇，异戊醇，丁醚，醋酸丁酯，硝酸戊酯，乙酰丙酮，环己胺，溶剂油，冰醋酸，樟脑油，蚁酸 |
| | 2. 氨气、一氧化碳 |
| | 3. 硝酸铜，铬酸，亚硝酸钾，重铬酸钠，铬酸钾，硝酸，硝酸汞，硝酸钴，发烟硫酸，漂白粉 |
| | 4. 硫黄，镁粉，铝粉，赛璐珞板(片)，樟脑，萘，生松香，硝化纤维漆布，硝化纤维色片 |
| | 5. 氧气、氟气，液氯 |
| | 6. 漆布及其制品，油布及其制品，油纸及其制品，油绸及其制品 |
| 丙 | 1. 动物油，植物油，沥青，蜡，润滑油，机油，重油，闪点≥60℃的柴油，糠醛，白兰地成品库 |
| | 2. 化学、人造纤维及其织物，纸张，棉、毛、丝、麻及其织物，谷物，面粉，粒径大于等于2mm的工业成型硫黄，天然橡胶及其制品，竹、木及其制品，中药材，电视机、收录机等电子产品，计算机房已录数据的磁盘储存间，冷库中的鱼、肉间 |
| 丁 | 自熄性塑料及其制品，酚醛泡沫塑料及其制品，水泥刨花板 |
| 戊 | 钢材，铝材，玻璃及其制品，搪瓷制品，陶瓷制品，不燃气体，玻璃棉，岩棉，陶瓷棉，硅酸铝纤维，矿棉，石膏及其无纸制品，水泥，石，膨胀珍珠岩 |

# 附录D 工业建筑灭火器配置场所的危险等级举例

表D 工业建筑灭火器配置场所的危险等级举例

| 危险等级 | 举例 | |
|---|---|---|
| | 厂房和露天、半露天生产装置区 | 库房和露天、半露天堆场 |
| 严重危险级 | 1. 闪点<60℃的油品和有机溶剂的提炼、回收、洗涤部位及其泵房、灌桶间 | 1. 化学危险物品库房 |
| | 2. 橡胶制品的涂胶和胶浆部位 | 2. 装卸原油或化学危险物品的车站、码头 |
| | 3. 二硫化碳的粗馏、精馏工段及其应用部位 | 3. 甲、乙类液体储罐区、桶装库房、堆场 |
| | 4. 甲醇、乙醇、丙酮、丁酮、异丙醇、醋酸乙酯、苯等的合成、精制厂房 | 4. 液化石油气储罐区、桶装库房、堆场 |
| | 5. 植物油加工厂的浸出厂房 | 5. 棉花库房及散装堆场 |
| | 6. 洗涤剂厂房石蜡裂解部位、冰醋酸裂解厂房 | 6. 稻草、芦苇、麦秸等堆场 |
| | 7. 环氧氢丙烷、苯乙烯厂房或装置区 | 7. 赛璐珞及其制品、漆布、油布、油纸及其制品，油绸及其制品库房 |
| | 8. 液化石油气灌瓶间 | 8. 酒精度为60度以上的白酒库房 |
| | 9. 天然气、石油伴生气、水煤气或焦炉煤气的净化(如脱硫)厂房压缩机室及鼓风机室 | |
| | 10. 乙炔站、氢气站、煤气站、氧气站 | |
| | 11. 硝化棉、赛璐珞厂房及其应用部位 | |
| | 12. 黄磷、赤磷制备厂房及其应用部位 | |
| | 13. 樟脑或松香提炼厂房，焦化厂精萘厂房 | |
| | 14. 煤粉厂房和面粉厂房的碾磨部位 | |
| | 15. 谷物筒仓工作塔、亚麻厂的除尘器和过滤器室 | |
| | 16. 氯酸钾厂房及其应用部位 | |
| | 17. 发烟硫酸或发烟硝酸浓缩部位 | |
| | 18. 高锰酸钾、重铬酸钠厂房 | |
| | 19. 过氧化钠、过氧化钾、次氯酸钙厂房 | |
| | 20. 各工厂的总控制室、分控制室 | |
| | 21. 国家和省级重点工程的施工现场 | |
| | 22. 发电厂(站)和电网经营企业的控制室、设备间 | |

续表

| 危险等级 | 举例 | |
|---|---|---|
| | 厂房和露天、半露天生产装置区 | 库房和露天、半露天堆场 |
| 中危险级 | 1. 闪点≥60℃的油品和有机溶剂的提炼、回收工段及其抽送泵房 | 1. 丙类液体储罐区、桶装库房、堆场 |
| | 2. 柴油、机器油或变压器油灌桶间 | 2. 化学、人造纤维及其织物和棉、毛、丝、麻及其织物的库房、堆场 |
| | 3. 润滑油再生部位或沥青加工厂房 | 3. 纸、竹、木及其制品的库房、堆场 |
| | 4. 植物油加工精炼部位 | 4. 火柴、香烟、糖、茶叶库房 |
| | 5. 油浸变压器室和高、低压配电室 | 5. 中药材库房 |
| | 6. 工业用燃油、燃气锅炉房 | 6. 橡胶、塑料及其制品的库房 |
| | 7. 各种电缆廊道 | 7. 粮食、食品库房、堆场 |
| | 8. 油淬火处理车间 | 8. 电脑、电视机、收录机等电子产品及家用电器库房 |
| | 9. 橡胶制品压延、成型和硫化厂房 | 9. 汽车、大型拖拉机停车库 |
| | 10. 木工厂房和竹、藤加工厂房 | 10. 酒精度小于60度的白酒库房 |
| | 11. 针织品厂房和纺织、印染、化纤生产的干燥部位 | 11. 低温冷库 |
| | 12. 服装加工厂房、印染厂成品厂房 | |
| | 13. 麻纺厂粗加工厂房、毛涤厂选毛厂房 | |
| | 14. 谷物加工厂房 | |
| | 15. 卷烟厂的切丝、卷制、包装厂房 | |
| | 16. 印刷厂的印刷厂房 | |
| | 17. 电视机、收录机装配厂房 | |
| | 18. 显像管厂装配工煅烧枪间 | |
| | 19. 磁带装配厂房 | |
| | 20. 泡沫塑料厂的发泡、成型、印片、压花部位 | |
| | 21. 饲料加工厂房 | |
| | 22. 地市级及以下的重点工程的施工现场 | |
| 轻危险级 | 1. 金属冶炼、铸造、铆焊、热轧、锻造、热处理厂房 | 1. 钢材库房、堆场 |
| | 2. 玻璃原料熔化厂房 | 2. 水泥库房、堆场 |
| | 3. 陶瓷制品的烘干、烧成厂房 | 3. 搪瓷、陶瓷制品库房、堆场 |
| | 4. 酚醛泡沫塑料的加工厂房 | 4. 难燃烧或非燃烧的建筑装饰材料库房、堆场 |
| | 5. 印染厂的漂炼部位 | 5. 原木库房、堆场 |
| | 6. 化纤厂后加工润湿部位 | 6. 丁、戊类液体储罐区、桶装库房、堆场 |
| | 7. 造纸厂或化纤厂的浆粕蒸煮工段 | |
| | 8. 仪表、器械或车辆装配车间 | |
| | 9. 不燃液体的泵房和阀门室 | |
| | 10. 金属(镁合金除外)冷加工车间 | |
| | 11. 氟利昂厂房 | |

# 附录 E 民用建筑灭火器配置场所的危险等级举例

表 E 民用建筑灭火器配置场所的危险等级举例

| 危险等级 | 举例 |
|---|---|
| 严重危险级 | 1. 县级及以上的文物保护单位、档案馆、博物馆的库房、展览室、阅览室 |
| | 2. 设备贵重或可燃物多的实验室 |
| | 3. 广播电台、电视台的演播室、道具间和发射塔楼 |
| | 4. 专用电子计算机房 |
| | 5. 城镇及以上的邮政信函和包裹分拣房、邮袋库、通信枢纽及其电信机房 |
| | 6. 客房数在 50 间以上的旅馆、饭店的公共活动用房、多功能厅、厨房 |
| | 7. 体育场(馆)、电影院、剧院、会堂、礼堂的舞台及后台部位 |
| | 8. 住院床位在 50 张及以上的医院的手术室、理疗室、透视室、心电图室、药房、住院部、门诊部、病历室 |
| | 9. 建筑面积在 $2000m^2$ 及以上的图书馆、展览馆的珍藏室、阅览室、书库、展览厅 |
| | 10. 民用机场的候机厅、安检厅及空管中心、雷达机房 |
| | 11. 超高层建筑和一类高层建筑的写字楼、公寓楼 |
| | 12. 电影、电视摄影棚 |
| | 13. 建筑面积在 $1000m^2$ 及以上的经营易燃易爆化学物品的商场、商店的库房及铺面 |
| | 14. 建筑面积在 $200m^2$ 及以上的公共娱乐场所 |
| | 15. 老人住宿床位在 50 张及以上的养老院 |
| | 16. 幼儿住宿床位在 50 张及以上的托儿所、幼儿园 |
| | 17. 学生住宿床位在 100 张及以上的学校集体宿舍 |
| | 18. 县级及以上的党政机关办公大楼的会议室 |
| | 19. 建筑面积在 $500m^2$ 及以上的车站和码头的候车(船)室、行李房 |
| | 20. 城市地下铁道、地下观光隧道 |
| | 21. 汽车加油站、加气站 |
| | 22. 机动车交易市场(包括旧机动车交易市场)及其展销厅 |
| | 23. 民用液化气、天然气灌装站、换瓶站、调压站 |

续表

| 危险等级 | 举　例 |
| --- | --- |
| 中危险级 | 1. 县级以下的文物保护单位、档案馆、博物馆的库房、展览室、阅览室 |
| | 2. 一般的实验室 |
| | 3. 广播电台电视台的会议室、资料室 |
| | 4. 设有集中空调、电子计算机、复印机等设备的办公室 |
| | 5. 城镇以下的邮政信函和包裹分拣房、邮袋库、通信枢纽及其电信机房 |
| | 6. 客房数在50间以下的旅馆、饭店的公共活动用房、多功能厅和厨房 |
| | 7. 体育场(馆)、电影院、剧院、会堂、礼堂的观众厅 |
| | 8. 住院床位在50张以下的医院的手术室、理疗室、透视室、心电图室、药房、住院部、门诊部、病历室 |
| | 9. 建筑面积在2000m$^2$ 以下的图书馆、展览馆的珍藏室、阅览室、书库、展览厅 |
| | 10. 民用机场的检票厅、行李厅 |
| | 11. 二类高层建筑的写字楼、公寓楼 |
| | 12. 高级住宅、别墅 |
| | 13. 建筑面积在1000m$^2$ 以下的经营易燃易爆化学物品的商场、商店的库房及铺面 |
| | 14. 建筑面积在200m$^2$ 以下的公共娱乐场所 |
| | 15. 老人住宿床位在50张以下的养老院 |
| | 16. 幼儿住宿床位在50张以下的托儿所、幼儿园 |
| | 17. 学生住宿床位在100张以下的学校集体宿舍 |
| | 18. 县级以下的党政机关办公大楼的会议室 |
| | 19. 学校教室、教研室 |
| | 20. 建筑面积在500m$^2$ 以下的车站和码头的候车(船)室、行李房 |
| | 21. 百货楼、超市、综合商场的库房、铺面 |
| | 22. 民用燃油、燃气锅炉房 |
| | 23. 民用的油浸变压器室和高、低压配电室 |
| 轻危险级 | 1. 日常用品小卖店及经营难燃烧或非燃烧的建筑装饰材料商店 |
| | 2. 未设集中空调、电子计算机、复印机等设备的普通办公室 |
| | 3. 旅馆、饭店的客房 |
| | 4. 普通住宅 |
| | 5. 各类建筑物中以难燃烧或非燃烧的建筑构件分隔的并主要存储难燃烧或非燃烧材料的辅助房间 |

# 参 考 文 献


[1]霍然，杨振宏，柳静献. 火灾爆炸预防控制工程学[M]. 北京：机械工业出版社，2007.
[2]王信群，黄冬梅，梁晓瑜. 火灾爆炸理论与预防控制技术[M]. 北京：冶金工业出版社，2014.
[3]和丽秋. 消防燃烧学[M]. 北京：机械工业出版社，2014.
[4]蔡芸，李孝斌. 防火与防爆工程[M]. 北京：中国质检出版社，中国标准出版社，2014.
[5]伍爱友，彭新. 防火与防爆工程[M]. 北京：国防工业出版社，2014.
[6]李斌，解立峰，徐森，等. 防火与防爆工程[M]. 哈尔滨：哈尔滨工业大学出版社，2016.
[7]王学谦，景绒，陈南. 建筑防火设计手册(第三版)[M]. 北京：中国建筑工业出版社，2015.
[8]公安部消防局. 消防安全技术实务[M]. 北京：机械工业出版社，2016.
[9]张英华，黄志安，高玉坤. 燃烧与爆炸学(第2版)[M]. 北京：冶金工业出版社，2015.
[10]公安部消防局. 中国消防年鉴2012[M]. 北京：中国人事出版社，2012.
[11]公安部消防局. 中国消防年鉴2013[M]. 北京：中国人事出版社，2013.
[12]公安部消防局. 中国消防年鉴2014[M]. 北京：中国人事出版社，2014.
[13]公安部消防局. 中国消防年鉴2015[M]. 北京：中国人事出版社，2015.
[14]GB 6944—2012 危险货物分类和品名编号[S].
[15]GB 30000. 2—2013 化学品分类和标签规范[S].
[16]GB 30000. 15—2013 化学品分类和标签规范[S].
[17]李钰，王春青. 建筑消防工程学(第2版)[M]. 北京：中国矿业大学出版社，2016.
[18]傅智敏. 工业企业防火[M]. 北京：中国人民公安大学出版社，2014.
[19]张树平. 建筑防火设计(第二版)[M]. 北京：中国建筑工业出版社，2009.
[20]霍然，胡源，李元洲. 建筑火灾安全工程导论(第2版)[M]. 合肥：中国科学技术大学出版社，2009.
[21]吕显智，张宏宇. 工业企业防火[M]. 北京：机械工业出版社，2014.
[22]陈莹. 工业火灾与爆炸事故预防[M]. 北京：化学工业出版社，2010.
[23]杨泗霖. 防火防爆技术[M]. 北京：中国劳动社会保障出版社，2008.
[24]崔政斌，石跃武. 防火防爆技术(第二版)[M]. 北京：化学工业出版社，2010.
[25]王丽琼. 防火防爆技术基础[M]. 北京：北京理工大学出版社，2009.
[26]GB 50016—2014 建筑设计防火规范[S].
[27]GB 50140—2005 建筑灭火器配置设计规范[S].
[28]GA 95—2007 灭火器维修与报废规程[S].
[29]GB 50974—2014 消防给水及消火栓系统技术规范[S].
[30]GB 50084—2017 自动喷水灭火系统设计规范[S].
[30]孙万付，郭秀云，李运才. 危险化学品安全技术全书(第三版)[M]. 北京：化学工业出版社，2017.